IUV-ICT 技术实训教学系列丛书

新一代5G网络
——全网部署与优化

马芳芸　李英祥　刘　忠　陈佳莹　林　磊　编著

中国铁道出版社有限公司
CHINA RAILWAY PUBLISHING HOUSE CO., LTD.

内 容 简 介

本书共4章,配套“IUV-5G全网部署与优化”虚拟仿真软件编写,主要介绍5G网络的规划、建设、维护、优化、应用端到端5G网络部署与优化流程。全书根据岗位实际技能与知识点要求进行难度分级,分别考查基础网络开通调试、网络信号与网络业务优化、网络切片编排应用。全面覆盖了5G典型工作岗位内容与关键技能要求。

本书基于5G全网理论框架,可配合《新一代5G网络——从原理到应用》理论教学、学习使用,并在IUV官方网站配套相关教学视频,可作为高等院校移动通信相关专业的教材或参考资料,也适合需通过仿真实训软件学习了解5G网络的相关通信技术人员阅读。

图书在版编目(CIP)数据

新一代5G网络:全网部署与优化/马芳芸等编著.—北京:中国铁道出版社有限公司,2022.3 (2024.8重印)
(IUV-ICT技术实训教学系列丛书)
ISBN 978-7-113-28889-1

Ⅰ.①新… Ⅱ.①马… Ⅲ.①第五代移动通信系统-研究 Ⅳ.①TN929.538

中国版本图书馆CIP数据核字(2022)第032059号

书　　名:新一代5G网络——全网部署与优化
作　　者:马芳芸　李英祥　刘　忠　陈佳莹　林　磊

策划编辑:王春霞　　编辑部电话:(010)63551006
责任编辑:王春霞　王占清
封面设计:郑春鹏
责任校对:孙　玫
责任印制:樊启鹏

出版发行:中国铁道出版社有限公司(100054,北京市西城区右安门西街8号)
网　　址:https://www.tdpress.com/51eds
印　　刷:天津嘉恒印务有限公司
版　　次:2022年3月第1版　2024年8月第4次印刷
开　　本:850 mm×1 168 mm 1/16　印张:17.25　字数:450千
书　　号:ISBN 978-7-113-28889-1
定　　价:54.00元

前言

随着信息技术的快速发展,5G已成为商业科技的热点话题,5G网络凭借其得天独厚的技术优势正引领着新一代ICT产业革新。随着“新基建”的快速推进,我国5G基站建设进入高速发展阶段。2020年,李克强总理代表国务院作的政府工作报告中指出,要加大5G网络建设力度,丰富5G应用场景。在党和政府的大力支持下,我国5G发展步入快车道。

作为新一代移动通信网络,5G网络建设与应用已大范围铺开,具有深厚的5G理论基础与完备的工程岗位经验的人才,已成为5G网络侧人才需求的最大短板,据相关机构预测,到2025年我国5G相关信息技术产业人才缺口将达千万级别,人才供给与岗位需求将严重失衡。

为促进高校信息化教学发展,推进移动通信相关专业“三教改革”,加快新一代5G网络的高校应用与推广,提高高校毕业生的就业竞争力与综合技能水平,IUV-ICT教学研究中心面向5G网络的初学者、高职高专与本科院校的通信相关专业学生,结合“IUV-5G全网部署与应用”虚拟仿真软件编写了本书,详细介绍了如何通过5G网络仿真软件完成5G网络规划计算、站点选址、设备配置、数据配置、业务调试与网络优化流程。全书通过碎片化项目流程,辅助软件中实训项目存档进行学习,以便进一步理解相关5G基础理论和工程建设内容。5G移动通信技术方向采用“1+1”结构编写,1本理论教材+1本实训指导,归属于IUV-ICT技术实训教学系列丛书,理论教材《新一代5G网络——从原理到应用》与实训指导《新一代5G网络——全网部署与优化》相结合,全面阐述5G网络理论与工程规范。

本书主要章节构成如下:

第1章主要介绍“IUV-5G全网部署与优化”平台基本内容、软件功能模块、优势特色、实训学习路线与实训项目数据存档设计等内容。读者可根据不同难度的学习路线进行后续章节学习。

第2章主要介绍5G网络开通调试的基础项目,包含5G端到端规划计算、站点选址、网络拓扑设计、设备配置、数据配置与业务开通等内容。通过本章内容,读者可在仿真软件中完成5G网络基础配置与开通调试,保障5G网络控制面与用户面链路正常。

第3章主要介绍5G网络信号优化与业务优化,优化内容与优化方法与现网完全一致,涵盖信号质量优化、网络速率优化、移动性业务(切换、重选、漫游)优化等内容,全面体现了5G无线网络参数原理与系统性能的关联。

第4章在网络通道与网络质量正常的基础上，将5G网络的典型切片应用，如自动驾驶、智慧灯杆、智慧农业、远程医疗等内容通过虚拟仿真的形式引入项目实训，在对网络切片原理的实训基础上，系统体现了5G网络典型应用场景的不同业务需求与网络性能的最优平衡，深度还原了ICT技能融合的真实岗位特征。

本书为仿真软件的配套实训指导教材，侧重于工程岗位技能实训。由于编者水平有限，且5G网络仍处于演进历程之中，书中部分技术细节可能存在遗漏，敬请读者谅解并指正。

编　　者

2021年12月

目 录

第1章

平台概述与实训设计

1.1 实训平台概述

5G网络的快速发展,带来了全产业的应用革新,5G+应用已成为新时期移动通信发展的主要方向,最大化网络资源利用、全产业应用切片级网络划分也成了5G网络的主要建设挑战。为深入契合商用网络发展,在万物互联的加速引导下,高校移动通信相关课程亟待升级,深化产教融合改革、规建维优与切片编排等多维实训技能将成为5G移动网络高校实训的最重要的建设方向。但受限于商用网络的私密性与5G技术的先进性,加之5G硬件设备高额的硬件成本,传统移动通信网络硬件实训方式的实训难度较大、实训效果差,无法满足原理与技能的有效融合实训,在此背景下,“IUV-5G全网部署与优化”仿真系统应运而生。

“IUV-5G全网部署与优化”仿真系统以商用城市级5G网络为原型,涵盖1个省下3个城市系统级5G网络,对应了5G中密集居民区、商业中心、郊区三类典型场景。软件中Option3x、Option2、Option4a三种典型的5G组网选项均以商用网络中的NSA与SA网络部署为规范进行设计,每个城市均可独立选择相应的组网架构。软件涵盖网络规划、网络配置、业务调试从理论到实践的全方位知识体系,涵盖规划计算、站点选址、设备部署、数据配置、链路检测、网络优化等全流程岗位内容。要求学生在深刻理解5G基础原理与关键技术特点的基础上,熟练掌握工程实操技能,由表及里、系统突破5G网络学习壁垒。平台整体架构如图1-1所示。

1.2 平台功能

1. 规划计算

规划计算模块涵盖无线综合规划、无线覆盖规划、无线容量规划、5GC与EPC(Evolved Packet Core,演进的分组核心)核心网容量规划、承载网接入层容量规划、承载网汇聚层(各区汇聚与骨干汇聚)容量规划、承载网核心层容量规划、承载网骨干层容量规划。用户需根据任务背景与城市特征选定各市5G组网架构,确定SA或NSA组网方式。在完成各部分参数输入后,遵循步骤公式完成计算,并根据无线综合结果得出站点数目。此外核心网容量规划与承载网容量规划计算结果决定最终设备配置部分设备型号选择。规划计算部分完全以协议规定模型规范为出发点,考查学生5G链路预算、速率计算、基站吞吐量、承载网结构、5GC与EPC核心网性能等多种规划基础知识。

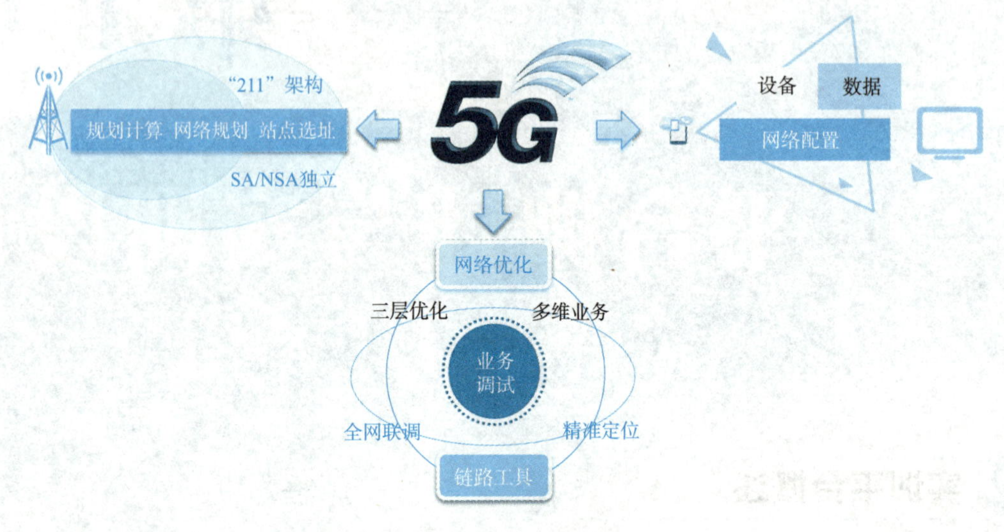

图1-1 5G平台整体架构

2. 站点选址

在完成规划计算后,用户需根据提示完成3个城市下不同场景的站点选址,场景包含居民区、商业中心、郊区三类。选址需遵循工程选址规范,仅可在指定区域选址,并完成站型选择、站点扇区工程参数配置。此处单小区覆盖面积与规划计算部分无线覆盖规划计算结果一致,工程参数配置影响后续网络优化。网络规划部分完全以协议规定模型及工程选址规范为出发点,考查学生5G蜂窝小区模型、站点模型、工程参数配置等多种选址基础知识。

3. 设备配置

用户完成网络规划计算后,需根据计算结果在三市所有机房中完成设备选型、板卡选择与对接配置。三市共22个机房,分别为1个省骨干机房、2个核心网机房、3个承载中心机房、3个承载骨干汇聚机房、7个承载汇聚机房(3个机房与CU机房共存)、6个站点机房(4个机房与无线DU或BBU设备共存)。所有机房设备均去厂商化,以通用接口模型和设备形态为原型设计。设备配置与规划部分SA/NSA选择相关,用户需根据所选5G组网架构完成相应机房中机柜配置。机房内设置快捷方式,可直接进入相应机房的数据配置界面。

无线接入网机房设备配置,需要完成三市共4个站点机房、3个CU机房(仅CU-DU分离架构下配置)的设备部署、塔顶射频设备布局以及网元线缆连接等步骤。

承载网部分,通过容量计算结果判断从骨干网到接入各机房的设备性能,以此为基础进行IP承载设备和光传输设备在机房内部署,同时完成设备之间、设备与ODF架之间的连线操作。

核心网部分,首先根据容量估算结果进行设备类型及性能的选择,然后完成设备布放以及核心网设备内部及核心网设备与外设之间的线缆连接。

4. 数据配置

依据设备选型与网络拓扑架构,在各机房中完成相应设备数据配置,以保障各项业务正常运行。

无线接入网需要完成包括 gNodeB(简称 gNB)基础参数配置、地面链路传输资源配置、CU 小区基础参数配置、DU 小区基础参数配置、物理信道与信号配置、定时器配置、邻接小区配置、测量参数配置、切换重选配置、5G 关键技术配置、网络切片配置、双连接参数配置等内容。用户需理解各参数具体含义及对应的业务表现,在充分考虑参数取值的情况下,力争最优参数配置组合。

承载网业务开通包括 IP 承载和光传输配置两部分。IP 承载设备需要完成 IP 地址、路由、VPN 等的设计与配置,光传输设备则包括电交叉、频率的规划与配置操作。

核心网部分的数据配置和业务开通操作,主要包括核心网 5GC 通用设备中 AMF、SMF、UPF、NSSF、AUSF、UDM、UDSF、PCF、NRF 虚拟对接配置、切片业务配置、NF 策略配置、控制面与用户面基础配置、用户签约鉴权配置等。

5. 业务调试

业务调试面向控制面与用户面基础链路,涵盖由省骨干网到接入机房全网承载节点。软件包含业务验证、Ping、Trace、光路检测、路由表、信令跟踪、告警等多种链路调测工具。用户可在实验模式与工程模式下,通过充分运用调测工具,保障网络通道的连通性。

业务验证:Option2 与 Option4a 组网选项下可进行注册与会话业务验证,Option3x 组网选项下包含联网验证。用户通过终端基础信息配置与小区基础信息配置后,可通过将终端拖放至指定小区完成基础控制面与用户面通道验证。

Ping、Trace:通过两种调试工具选择网络中的两个节点,并检测源与目的 IP 地址的可达性或包转发路径,从而对节点之间的联通性进行判断。Ping 工具中用户可根据需要在允许范围内自行设置报文大小与报文个数,进而理解 IP 检测的不同输入带来的结果反馈效果。

光路检测:该工具在光传输网络中的选择源与目的两个关联端口,对两端口间进行光路的可达性检测,并在光路不可达时给出故障原因说明,协助用户解决光传输链路故障。

路由表:该工具可用于查看指定设备内所有路由信息,包含路由配置的目的地址、下一跳、出接口、路由来源、优先级以及度量值等,可用于协助用户定位处理 IP 承载网的链路故障。

信令跟踪:该模块涵盖终端→gNB→5GC 及 5GC 内部完整的端到端信令,所有信令均进行了详细解码,并对信令方向与信令类型进行了详细说明,相关字段与数据配置保持强联动,可协助用户进行网络故障排查与网络优化分析。

告警:告警工具是 5G 网络调试的重要工具,通过直观的告警信息与告警位置的呈现,可协助用户快速定位故障位置,解决网络故障。

6. 网络优化

网络优化为移动通信网络相关岗位中最重要的环节之一,是保障网络高质量运行不可或缺的部分。软件中网络优化以考查难度为依据,划分为基础优化、移动性管理、网络切片编排三个层级,分别面向初、中、高三个等级网络优化工程师部分工作岗位技能需求。

基础优化部分主要考查基础业务单站验证测试,包含空载、数据业务,用户需对 RSRP、SINR、速率等基础参数进行优化。移动性管理主要考查全业务 CQT 与 DT 测试,业务类型除基础空载业务外,还包含语音、FTP 上传下载等,在测试过程中,涉及切换、重选、漫游等网络行为,多种业务与测试方式动态组合,全面考查 RSRP、SINR、速率、切换重选成功率、漫游成功次数等网络优化关键指标。网络切片编排通过端到端网络切片编排，保障eMBB、uRLLC、mMTC下自动驾驶、智慧路灯、智慧喷灌、AR远程医疗的基础时延与丢包等KPI达到性能基础需求，并能正常进行业务。

1.3 平台特色

平台基于模块化理念，以广度深度兼备、多样化软件操作、多维度教学服务为出发点进行设计，全面服务不同层次、不同阶段的理论与实训教学。

1.3.1 点线面5G原理

IUV把握5G最新发展趋势，以当前最新的5G网络为知识体系，从无线网、核心网、IP+光承载网多个维度分层次设计课程内容，点线面的5G知识点设计实现了实训与理论高度融合，可极大帮助教师、学生全面了解及熟练掌握5G理论及实际网络应用知识。

无线部分以5G NR中CU-DU架构部署为面，以物理层/MAC/RLC/PDCP/SDAP为线，全面涵盖工作频段、BWP基础、物理信道与物理信号时频资源、随机接入原理、RLC/PDCP/SDAP数据传输、QoS映射规范、切换重选漫游原理、无线网络切片、载波聚合、负载均衡、SU/MU-MIMO、波束赋形、4G/5G双连接等5G NR核心理论点，所有知识点的工作原理与配置设计均依照3GPP协议规范设计，深度还原了5G NR工作原理。

核心网部分涵盖以SBA架构为面，以NFV基础部署为线，全面涵盖SBI接口对接、http通信基础、PFCP对接、用户策略定制、NF核心网切片编排、用户签约鉴权算法原理、LBO漫游对接等NF基础原理，深度解析了5GC中各NF的虚拟化部署与工作原理。此外，Option3x的EPC核心网相关会话解析与GTPv2相关原理在软件中也做了系统说明。

承载网部分以城市级网络架构为面，以IP+光传输，全面涵盖OTN、SPN、路由器等设备的网络部署及数据配置、OTN波分通信原理、光交叉及电交叉的应用、SPN切片相关的FlexE原理及应用、基础数据通信相关的VLAN、OSPF、静态路由等知识点，深度还原了城市级运营商网络的网络部署原理与规范。

1.3.2 多样化软件操作

"IUV-5G全网部署与优化"仿真系统依托开放的华为云、阿里云等公有云设计，在真实还原5G网络中各设备类型与参数类型的基础上，全方位模拟端到端网络建设过程。软件在实训方向上共设计了实训、测评、竞技三种模式，实训模式可用于用户日常练习，测评模式可用于考试测评，竞技模式可用于各类竞赛承办、毕业设计等。

在软件实训分级层面，包含实验模式和工程模式两种实训方案，实训模式需完成终端、无线网、核心网相关配置，工程模式需完成终端、无线网、承载网、核心网端到端网络配置，用户可根据专业方向与具体需求进行模式选择。

此外，在软件操作层面上，以轻量化与趣味性操作为目标，为用户提供更为便捷的软件操作体验，软件提供了拖放、输入、下拉、连线、点选等操作方式。操作过程中可对网络设备、站点类型、终端等进行拖放，可对数据参数、计算结果等进行输入或下拉，可对设备对接、参数配置等进行连线或点选。软件通过3D场景的高精度仿真建模,化繁为简深度还原了商用5G设备基础特性,以第一人称视角的形式将使用者带入了5G全网建设的整个流程。

在软件难度上,参考PC游戏中副本难度分级模式,对5G全网建设与优化各阶段仿真进行更深入的难度划分,初级难度对应基础网络规划、实验模式网络开通调试等基础网络规划建设方法,中级难度对应端到端完整网络规划部署、基础信号测试等进阶内容,高级难度对应复杂网络规划部署、端到端切片调试、移动性业务测试与切片编排等5G网络核心难点工作内容。软件中内置多种实训存档,分别对应不同实训项目,用户通过读取不同存档,可对具体单一任务进行实训,也可对多个知识点进行综合考查。

1.3.3　多维度教学服务

实训教学通过虚拟仿真实训的形式,打破了传统硬件实训的限制,突破了地点和时间的限制,实现了随时、随地、随心的实训教学。除了涵盖专业的5G网络基础原理与关键技术外,IUV还提供了配套的教育辅助功能和丰富的配套教育资源,能够让教师与学生零门槛学习和使用,全方位服务专业教学。

1. 教学辅助

课堂中:教师通过IUV二级管理平台将课堂理论关联的实训数据推送给学生,并采用“IUV-5G全网部署与优化”仿真系统进行教学,学生同步跟进老师的实训步骤;

课堂后:老师将对应的课后练习题发送给学生,学生在竞技模式下规定时间内完成,老师可在5G全网监控台随时查看学生的完成情况和详细的实训过程;

自学:学生也可在实训模式下进行自由开放的学习和练习;

统计:老师可通过IUV二级管理平台统计学生的学习情况、使用状态、使用时长等数据,方便跟进每一个学生的学习情况和学习动态。

2. 配套资源

软件配套两本教材,即《新一代5G网络——全网部署与优化》和《新一代5G网络——从原理到应用》,分别对应软件实训指导和5G理论基础。此外,对于每个知识点,均配有相应PPT、微课与教学视频。对于部分晦涩难懂的原理类知识点,也可采用动画的形式对相关原理进行可视化呈现。所有资源均可登录http://www.iuvbox.com.cn/进行查看。

1.4　实训课程设计

实训教学作为高校教学的重点环节,长期面临着实训资源不完备、实训内容不直观、实训效果不明显、实训应用难落地等问题。由于学生理论基础的差异,完全统一的实训路线无法满足所有学生的需求。在此背景下,“IUV-5G全网部署与优化”仿真系统以网络部署与优化的知识点为依据,通过单个实训项目进行理论知识点匹配。对于不同层次的实训需求,通过差异化的实训项目组合可以设计出相应难度的实训路线,服务于移动通信类、物联网类等专业不同层次的实训课程。

1.4.1　实训项目设计

软件支持的实训项目可分为三大类型,分别为基础开通调试、进阶优化调试、5G切片应用,其中基础开通调试包含网络规划篇、网络配置篇、网络调试篇，进阶优化调试包含承载调试篇与网络优化篇，5G 切片业务应用包含切片业务篇，各篇章中根据网络部署流程进行实训项目的详细划分。所有实训项目包含在表 1-1 所示的实训项目列表中。

表 1-1　实训项目列表

章　节　名	实训篇章	实训项目
基础开通调试	网络规划篇	场景化站点选址与工程参数配置
		无线覆盖链路预算
		无线容量规划与峰值速率计算
		5G 承载网容量计算
		EPC 核心网容量计算
		5GC 核心网容量计算
		城市级网络拓扑规划设计
	网络配置篇	无线设备配置
		核心网设备配置
		无线对接参数配置
		无线小区基础参数配置
		双连接配置
		5G 关键技术配置
		EPC 核心网配置
		5GC 虚拟化接口对接配置
		5GC 核心网 NF 功能策略配置
		核心网签约配置
		5G 网络切片配置
	网络调试篇	Option3x 业务开通
		Option2 业务开通
		Option4a 业务开通
		故障检测与信令分析
进阶优化调试	承载调试篇	承载网设备配置
		承载网数据配置
		Ping&Trace& 状态查询应用
		光传输网设备配置
		光传输网数据配置
		光路检测与调试

续表

章　节　名	实训篇章	实训项目
进阶优化调试	网络优化篇	信号质量优化
		上行速率优化
		下行速率优化
		语音业务开通优化
		小区切换配置与优化
		小区重选配置与优化
		漫游配置与优化
5G 切片业务应用	切片业务篇	自动驾驶应用与优化
		智慧农业应用与优化
		智慧灯杆应用与优化
		远程医疗应用与优化

1.4.2　实训学习路线

针对不同难度的实训课程，软件中各实训项目可通过组合形成初、中、高三个等级的实训路线。初级实训学习方案如图 1-2 所示，可匹配 48 课时实训课程。

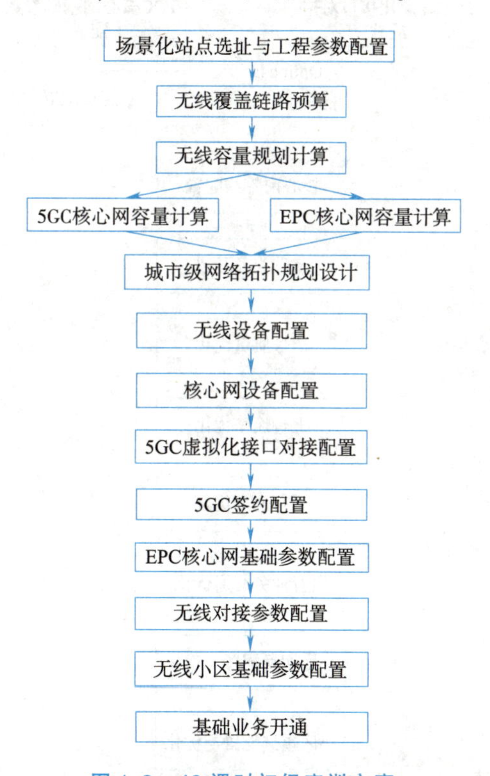

图 1-2　48 课时初级实训方案

中级实训方案如图 1-3 所示，可匹配 64 课时实训课程。

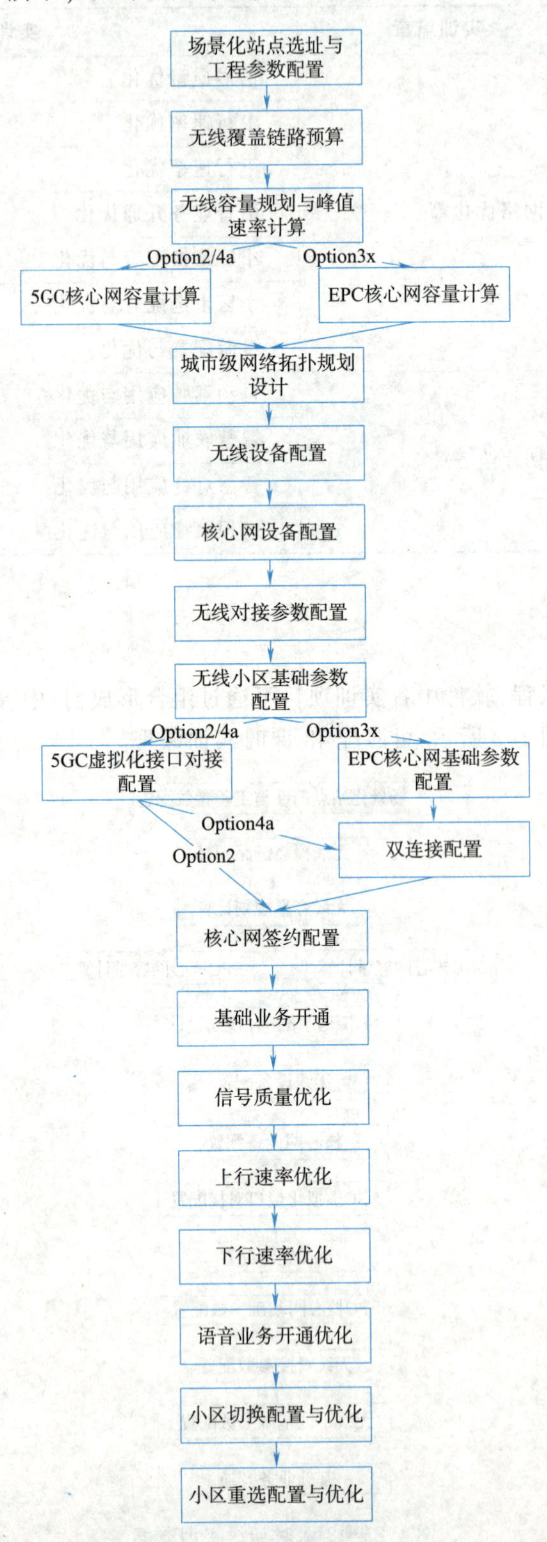

图 1-3　64 课时中级实训方案

高级实训方案如图 1-4 所示，可匹配 72 课时实训课程。

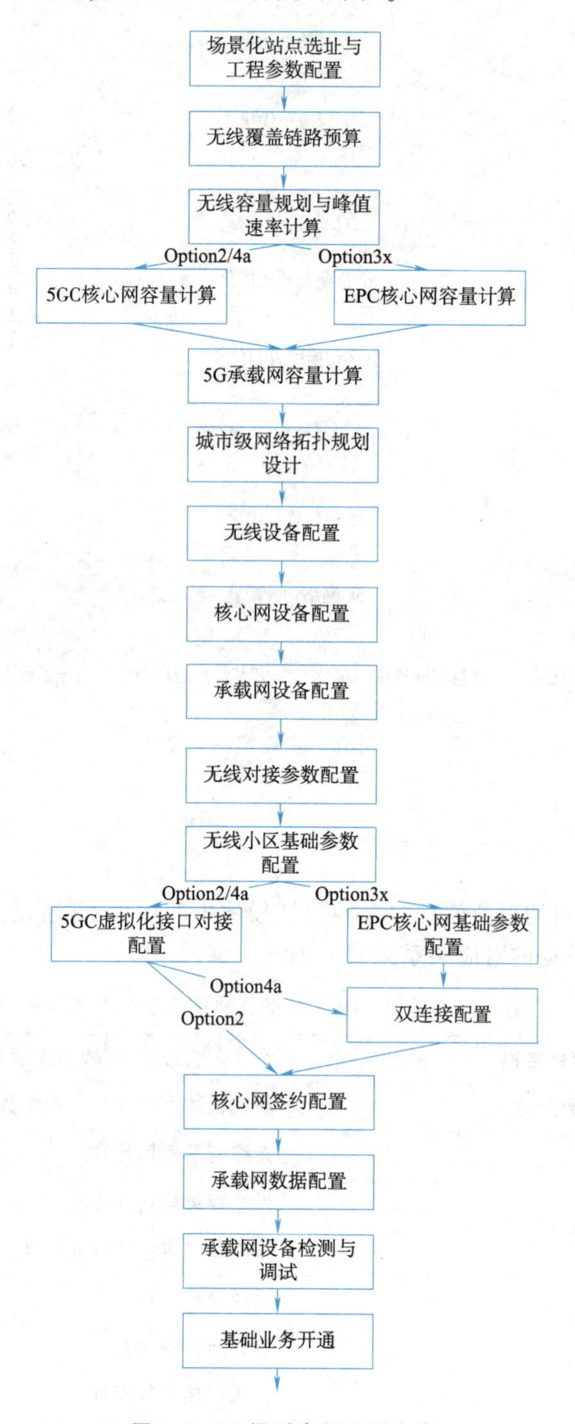

图 1-4　72 课时高级实训方案

图 1-4　72 课时高级实训方案(续)

1.4.3　实训数据设计

本教材中所有实训项目均对应软件“实训项目”模块中的项目,可通过读取项目数据进行具体项目实训,实训项目与实训数据的对应关系见表 1-2。

表 1-2　章节实训内容与软件实训项目对比关系

教材实训项目名称	软件实训项目名称
场景化站点选址与工程参数配置	场景化站点选址与工程参数配置
无线覆盖规划计算	无线覆盖规划计算
无线容量规划计算	无线容量规划计算
城市级网络拓扑规划设计	城市级网络拓扑规划设计
无线设备配置	无线设备配置
核心网设备配置	核心网设备配置
无线对接参数配置	无线对接参数配置
无线小区基础参数配置	无线小区基础参数配置
EPC 核心网配置	EPC 核心网配置

续表

教材实训项目名称	软件实训项目名称
信号质量优化	信号质量优化
承载网设备配置	承载网设备配置
承载网数据配置	承载网数据配置
小区重选 X6-X4	小区重选 X6-X4
小区切换 X6-X4	小区切换 X6-X4
5GC 虚拟化接口对接配置	5GC 虚拟化接口对接配置
核心网签约配置	核心网签约配置
双连接配置	双连接配置
自动驾驶应用与优化	自动驾驶应用与优化
智慧农业应用与优化	智慧农业应用与优化
智慧灯杆应用与优化	智慧灯杆应用与优化
远程医疗应用与优化	远程医疗应用与优化
上行速率优化	上行速率优化
语音业务开通优化	语音业务开通优化

第2章 基础实训项目

2.1 场景化站点选址与工程参数配置

2.1.1 理论概述

通信网络中射频信号需通过AAU(Active Antenna Unit,有源天线单元)或天线发送,经折射、反射、绕射等过程后到达终端天线。为提高天线的覆盖面积,AAU与天线一般部署在铁塔、管塔、美化树等信号塔之上。信号塔在建设完成后,高度固定不可更改,但可调整AAU或天线悬挂的位置对实际的信号发射高度进行调整。

当信号塔位置选定后,在设备安装时,一般需关注天线或AAU的方位角、下倾角、高度3个工程参数,需注意塔高的标定与实际高度略有差异,在实际工程现场以实际测量为准。

2.1.2 实训目的

软件包含四水市、建安市、兴城市三个城市,分别对应郊区、密集城区住宅区、密集城区商业中心三个典型5G应用场景。学生在不同场景下通过站点选址可掌握不同站型与场景的匹配关系,同时工程参数的设置也可为后续网络优化做好铺垫。

2.1.3 实训任务

随着5G网络的波束赋形与MIMO(Multi Input Multi Output,多输入多输出)技术的发展,以用户为中心的动态波束权值成为现实。通过动态调整小区的波束下倾角、方位角,在站点可覆盖范围内,充分保障了用户实时信号质量,实现了网络资源的最大化利用。

场景化站点选址主要流程配置说明如下:

(1)根据场景类型选择不同的铁塔,例如,郊区场景需选择美化树,住宅小区场景、广告街场景需选择楼顶铁塔或楼顶管塔；

(2)工程参数规划配置，例如，方位角、下倾角等，如图 2-1 所示。

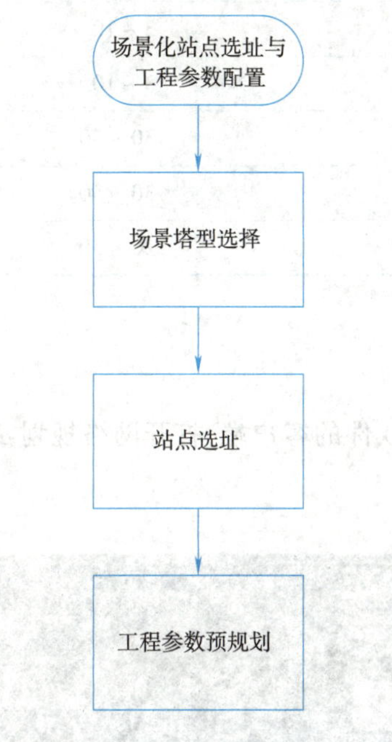

图 2-1 站点选址与工程参数规划流程

2.1.4 建议时长

2 课时。

2.1.5 实训规划

站点选址时，需遵循各场景内的最大站点数目要求，实训中不同场景的最大站点数目要求，见表 2-1。

表 2-1 站点选址规划站点数

城市名称	最大站点数目
四水市	1
建安市	2
兴城市	1

工程参数配置时，每个站点预置 3 个扇区的配置，需注意扇区 1、扇区 2、扇区 3 间两两差值不低于 60°。同时不同塔型的可布放 AAU 的高度有相应范围，对应塔高参数，见表 2-2。

表 2-2　塔型与 AAU 高度限制

塔　　型	塔高范围/m
楼顶铁塔	3～10
楼顶管塔	3～10
铁塔	30～50
管塔	30～50
美化树	20～30

2.1.6　实训步骤

登录 IUV-5G 全网部署与优化软件的客户端，打开网络规划-站点选址模块，如图 2-2 所示。本实训选择建安市作为选址候选城市。

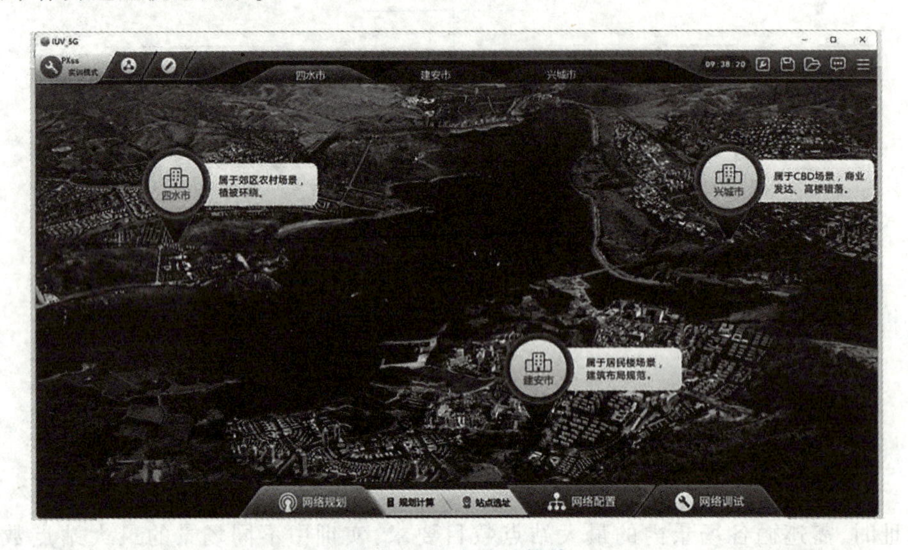

图 2-2　站点选址模块

站点选址主页选择建安市即可进入站点选址，具体步骤如下：

(1)选择楼顶铁塔或楼顶管塔作为建安市塔顶塔型；

(2)工程参数配置，可对塔高(AAU 挂高)、3 个扇区的方位角、下倾角进行配置，需注意配置的角度规范；

(3)小区信号测试，通过基础信号测试检查规划的 AAU 塔高、方位角、下倾角是否合理。

塔型选择时不同塔型的应用场景存在较大差异，室外铁塔一般部署在郊区、农村等空旷的区域，管塔多部署在工厂厂房密集的区域，楼顶铁塔、楼顶管塔多用于密集城区场景，美化树则用于高档住宅小区等。通过鼠标可将资源池中的塔拖入场景内黄色热点选址候选位置，软件配置界面如图 2-3 所示。

工程参数配置包含 AAU 塔高、方位角、下倾角配置，此类参数为设备的环境工程参数，说明见表 2-3。

图 2-3 建安市站点选址界面

表 2-3 工程参数含义

参 数	含 义
方位角	从某点的正北方向线起,依顺时针方向到目标方向线之间的水平夹角
下倾角	AAU 和竖直面的夹角
塔高	仿真软件中表示 AAU 距离塔底的高度

工程参数配置界面如图 2-4 所示。

图 2-4 工程参数配置界面

小区信号测试主要对规划的扇区方位进行大致范围测试,通过测试过程中的 Cell ID 确定测试位置的扇区,可在网络优化-基础优化界面通过拖放终端至场景内任意位置进行小区位置定界。测试时选择实验模式，软件界面如图2-5所示。

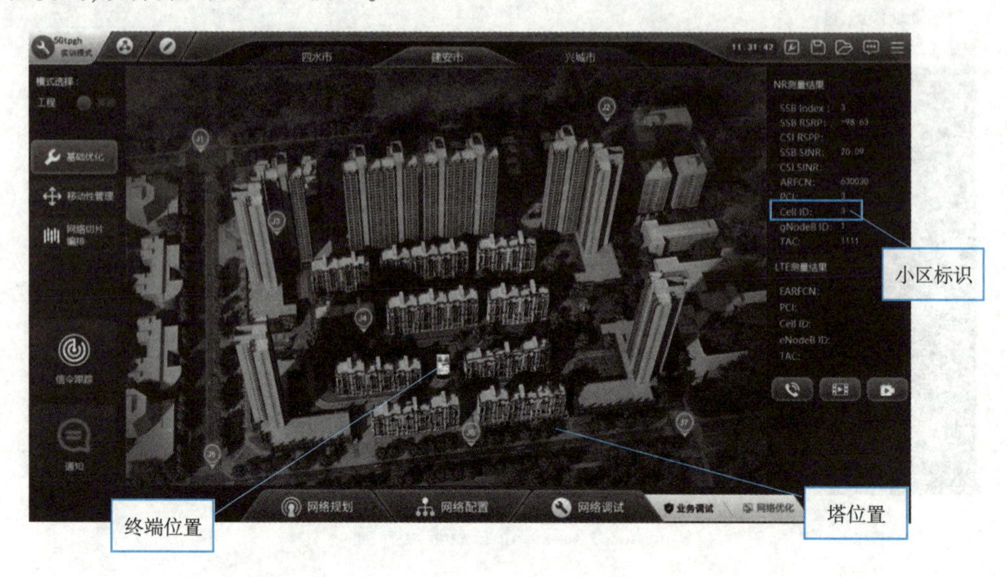

图2-5　信号测试

测试时可围绕信号塔周边进行测试，Cell ID为1表明对应扇区1、为2表明对应扇区2、为3表明对应扇区3。

2.2　无线覆盖规划计算

2.2.1　理论概述

覆盖规划的主要目的是通过无线链路预算与传播模型计算，得到区域内站点数目，指导后续网络建设。链路预算是网络规划中的重要环节，是对系统的覆盖能力进行评估，通过链路预算得到最大允许路径损耗（MAPL），再结合传播模型计算得到小区覆盖范围。

1. 链路预算

链路预算又分为下行链路预算和上行链路预算，实际中，由于手机功率是定值，上行受限情况较多，优先考虑上行链路预算，然后再计算下行链路预算，链路预算模型如图2-6所示。

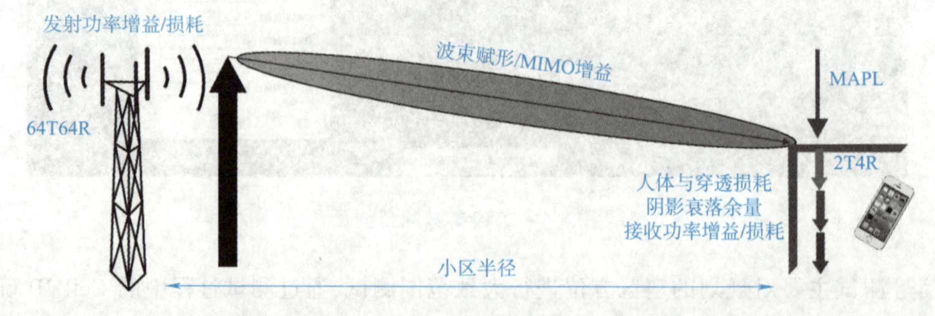

图2-6　链路预算模型

链路预算的一般公式见表 2-4、表 2-5。

表 2-4　上行链路预算

<table>
<tr><th colspan="2">发送端参数</th><td rowspan="20">MAPL = eUE Tx Power + eUE Antenna Gain + Hand off Gain + eNB Antenna Gain − eNodeB Sensitivity − UL Interference Margin − Cable Loss − Body Loss − Penetration Loss − Shadow fading Margin</td></tr>
<tr><td>eUE Tx Power</td><td>终端发射功率</td></tr>
<tr><td>eUE Antenna Gain</td><td>终端天线增益</td></tr>
<tr><th colspan="2">接收端参数</th></tr>
<tr><td>Thermal Noise Density</td><td>热噪声密度</td></tr>
<tr><td>eNodeB Noise Figure</td><td>基站噪声系数</td></tr>
<tr><td>Required SINR</td><td>期望 SINR 值</td></tr>
<tr><td>eNodeB Sensitivity</td><td>基站灵敏度</td></tr>
<tr><td>eNB Antenna Gain</td><td>基站天线增益</td></tr>
<tr><td>UL Interference Margin</td><td>上行干扰余量</td></tr>
<tr><td>Cable Loss</td><td>线缆损耗</td></tr>
<tr><td>Body Loss</td><td>人体损耗</td></tr>
<tr><th colspan="2">环境参数</th></tr>
<tr><td>Cell Area Coverage Probability</td><td>小区覆盖区域比例</td></tr>
<tr><td>Penetration Loss</td><td>穿透损耗</td></tr>
<tr><td>Std Dev of Slow Fading</td><td>慢衰落标准差</td></tr>
<tr><td>Shadow fading Margin</td><td>阴影衰落余量</td></tr>
<tr><td>Hand off Gain</td><td>对接增益</td></tr>
<tr><td>MAPL</td><td>最大允许路损</td></tr>
</table>

表 2-5　下行链路预算

<table>
<tr><th colspan="2">发送端参数</th><td rowspan="20">MAPL = eNB Tx Power + eNB Antenna Gain + eUAntennaGain + Hand off Gain − Cable Loss − eUSensitivity − DL Interference Margin − Body Loss-Penetration Loss − Shadow fading Margin</td></tr>
<tr><td>eNB Tx Power</td><td>基站发射功率</td></tr>
<tr><td>eNB Antenna Gain</td><td>基站天线增益</td></tr>
<tr><th colspan="2">接收端参数</th></tr>
<tr><td>Thermal Noise Density</td><td>热噪声密度</td></tr>
<tr><td>eUE Noise Figure</td><td>终端噪声系数</td></tr>
<tr><td>Required SINR</td><td>期望 SINR 值</td></tr>
<tr><td>eUE Sensitivity</td><td>终端灵敏度</td></tr>
<tr><td>eU Antenna Gain</td><td>终端天线增益</td></tr>
<tr><td>DL Interference Margin</td><td>下行干扰余量</td></tr>
<tr><td>Cable Loss</td><td>线缆损耗</td></tr>
<tr><td>Body Loss</td><td>人体损耗</td></tr>
<tr><th colspan="2">环境参数</th></tr>
<tr><td>Cell Area Coverage Probability</td><td>小区覆盖区域比例</td></tr>
<tr><td>Penetration Loss</td><td>穿透损耗</td></tr>
<tr><td>Std Dev of Slow Fading</td><td>慢衰落标准差</td></tr>
<tr><td>Shadow fading Margin</td><td>阴影衰落余量</td></tr>
<tr><td>Hand off Gain</td><td>对接增益</td></tr>
<tr><td>MAPL</td><td>最大允许路损</td></tr>
</table>

2. 传播模型

现网 5G 网络主要采用 UMa 模型作为室外宏站的传播模型，UMa 模型是一种适合高频的传播模型，适用频率在 0.8 GHz～100 GHz 之间，基站一般安装在居民楼等较高建筑的楼顶上。UMa 传播模型根据接收端与发送端之间的无线环境中是否有遮挡又可分为 LOS（Line of Sight，视距无线传输，无遮挡）和 NLOS（Non Line of Sight，非视距无线传播，有遮挡）两种应用场景，现实多为 NLOS 场景。NLOS 场景下 UMa 模型的传播模型公式为

$$PL_{3D-UMa-NLOS} = 161.04 - 7.1\lg W + 7.5\lg h - [24.37 - 3.7(h/h_{BS})^2]\lg(h_{BS}) + [43.42 - 3.1\lg(h_{BS})][\lg(d_{3D}) - 3] + 20\lg(f_c) - [3.2\lg(17.625)^2 - 4.97] - 0.6(h_{UT} - 1.5)$$

式中各参数含义见表 2-6。

表 2-6　UMa 模型公式参数含义

参数名	含义
h	平均建筑物高度
W	街道宽度
h_{UT}	终端高度
h_{BS}	基站高度
$PL_{3D\text{-}UMa\text{-}NLOS}$	路损
f_c	频率
d_{3D}	AAU 与终端的直线距离

计算出 d_{3D} 后，需转换成 d_{2D} 以得到最终小区覆盖半径，相关高度之间的关系如图 2-7 所示。

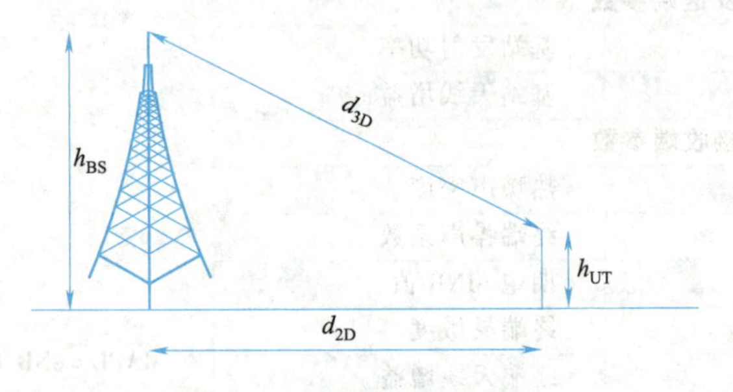

图 2-7　覆盖模型高度关系

其中，$d_{3D} = \sqrt{(d_{2D})^2 + (h_{BS} - h_{UT})^2}$。

2.2.2　实训目的

通过无线网络覆盖规划计算，可帮助学生掌握 5G 无线上下行链路预算基本流程，深入理解链路预算中不同类型的损耗与增益的含义，并能熟练掌握 UMa 模型下多种环境参数、频率参数等对无线网络覆盖距离的影响，为真实商用环境无线站点规划奠定良好的基础。

2.2.3　实训任务

无线覆盖规划计算的主要目的是通过最大允许路径损耗、传播模型的计算，从而得出无线覆盖规划中的站点数目。

具体流程如图 2-8 所示。

通过计算上行和下行的信道最大允许路径损耗等关联参数，从而得出上行和下行信道所需的基站数目，将上行和下行所需的基站数目进行比较，最终结果取最大值。

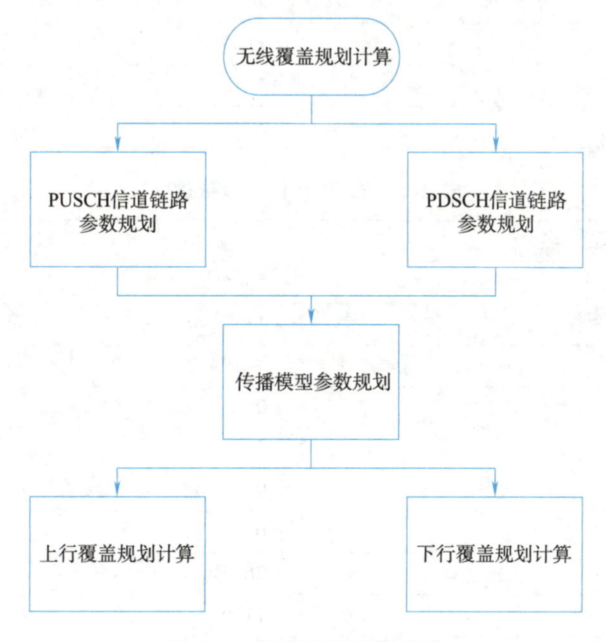

图 2-8　无线覆盖规划计算

2.2.4　建议时长

2 课时。

2.2.5　实训规划

无线覆盖规划时，需对链路预算相关参数与传播模型参数进行合理规划，任一参数不合理均可严重影响后续小区半径计算结果，本实训以建安市 Option2 组网选项下 3.5 GHz 频率、64T64R 收发模式为例进行实训设计，相关规划参数见表 2-7、表 2-8、表 2-9。

表 2-7　PUSCH 信道参数规划

参　数　名	取　　值
终端发射功率/dBm	26
终端天线增益/dBi	0

续表

参 数 名	取 值
基站灵敏度/dBm	-125.08
基站天线增益/dBi	11
上行干扰余量/dB	2
线缆损耗/dB	0
人体损耗/dB	0
穿透损耗/dB	26
阴影衰落余量/dB	11.6
对接增益/dB	4.52
单站小区数/个	3

表2-8 PDSCH信道参数规划

参 数 名	取 值
基站发射功率/dBm	53
基站天线增益/dBi	11
终端灵敏度/dBm	-104.25
终端天线增益/dB	0
下行干扰余量/dBi	7
线缆损耗/dB	0
人体损耗/dB	0
穿透损耗/dB	26
阴影衰落余量/dB	11.6
对接增益/dB	4.52
单站小区数/个	3

表2-9 传播模型参数

参 数 名	取 值
平均建筑物高度/m	20
街道宽度/m	20
终端高度/m	1.5
基站高度/m	25
工作频率/GHz	3.5
本市区域面积/km^2	2 000

2.2.6 实训步骤

登录IUV-5G全网部署与优化软件的客户端，打开网络规划-规划计算模块，选择建安市并选择Option2组网后，单击“下一步”按钮进入规划计算，下拉选择“无线网”，单击“无线覆盖”后即可进行无线覆盖规划计算，如图 2-9 所示。

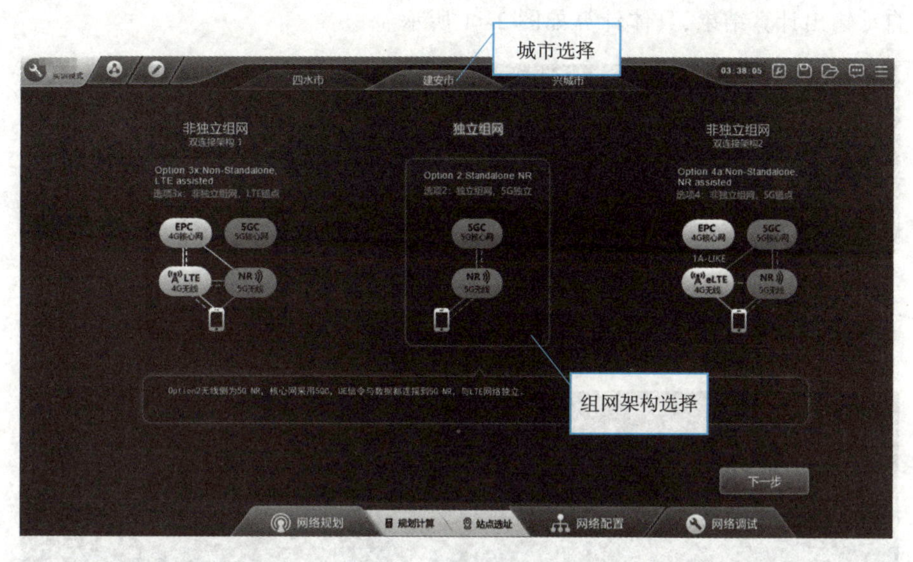

图 2-9 规划计算主页

进入规划计算后，具体步骤如下：

(1) PUSCH 无线覆盖参数规划；

(2) PUSCH 信道链路预算计算；

(3) PDSCH 无线覆盖参数规划；

(4) PDSCH 信道链路预算计算。

PUSCH 无线覆盖参数规划包含 PUSCH 链路预算参数、传播模型参数两类，需与参数规划值保持一致，软件界面如图 2-10 所示。

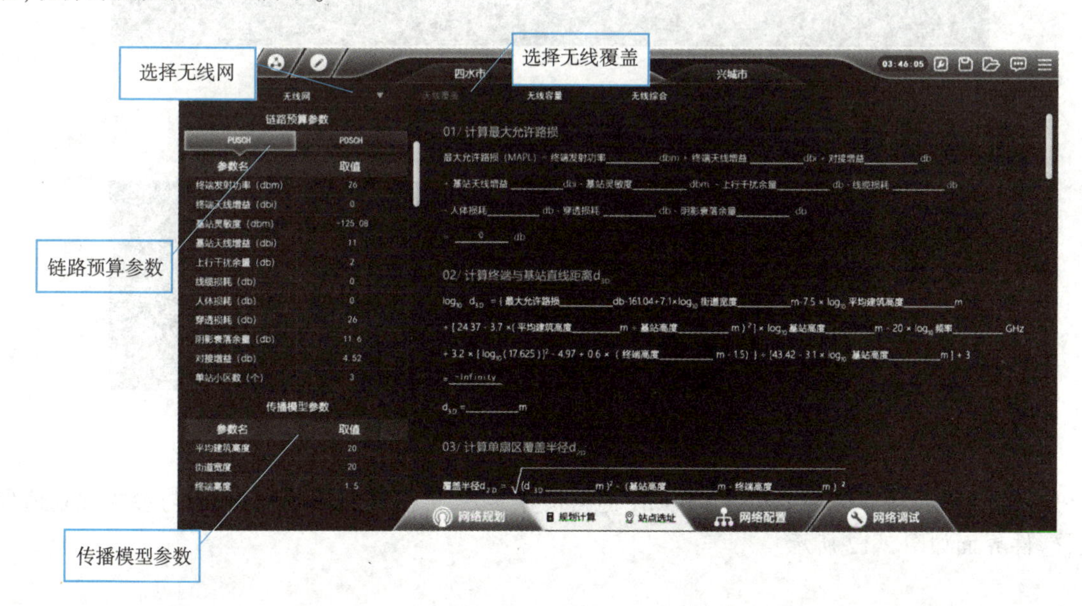

图 2-10 PUSCH 信道参数规划

PUSCH 信道链路预算计算时，根据左侧规划的参数完成各步骤内容的计算，除 d_{3D} 外，其他计算步骤系统将自动输出计算结果，具体计算如图 2-11 所示。

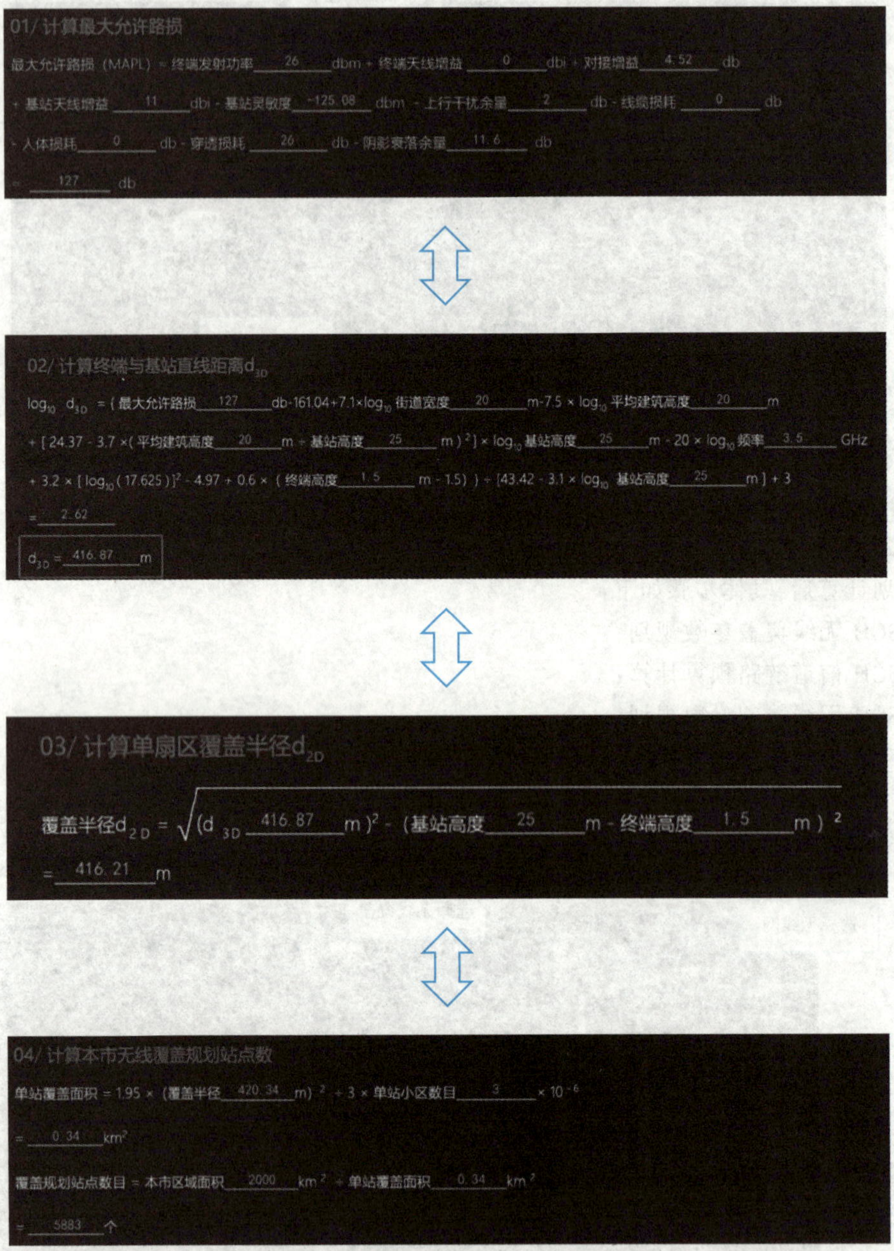

01/ 计算最大允许路损

最大允许路损（MAPL）= 终端发射功率 26 dbm + 终端天线增益 0 dbi + 对接增益 4.52 db

+ 基站天线增益 11 dbi - 基站灵敏度 -125.08 dbm - 上行干扰余量 2 db - 线缆损耗 0 db

- 人体损耗 0 db - 穿透损耗 26 db - 阴影衰落余量 11.6 db

= 127 db

02/ 计算终端与基站直线距离 d_{3D}

$\log_{10} d_{3D}$ =（最大允许路损 127 db-161.04+7.1×$\log_{10}$ 街道宽度 20 m-7.5×$\log_{10}$ 平均建筑高度 20 m

+ [24.37 - 3.7×(平均建筑高度 20 m ÷ 基站高度 25 m)^2] × $\log_{10}$ 基站高度 25 m - 20 × $\log_{10}$ 频率 3.5 GHz

+ 3.2 × [$\log_{10}$(17.625)]^2 - 4.97 + 0.6 ×（终端高度 1.5 m - 1.5））÷ [43.42 - 3.1 × $\log_{10}$ 基站高度 25 m] + 3

= 2.62

d_{3D} = 416.87 m

03/ 计算单扇区覆盖半径 d_{2D}

覆盖半径 d_{2D} = √((d$_{3D}$ 416.87 m)^2 -（基站高度 25 m - 终端高度 1.5 m）^{2})

= 416.21 m

04/ 计算本市无线覆盖规划站点数

单站覆盖面积 = 1.95 ×（覆盖半径 420.34 m）^{2} ÷ 3 × 单站小区数目 3 × 10^{-6}

= 0.34 km^2

覆盖规划站点数目 = 本市区域面积 2000 km^2 ÷ 单站覆盖面积 0.34 km^2

= 5883 个

图 2-11　PUSCH 信道覆盖规划计算

PDSCH 无线覆盖参数规划包含 PDSCH 链路预算参数、传播模型参数两类，需与参数规划值保持一致，软件界面如图 2-12 所示。

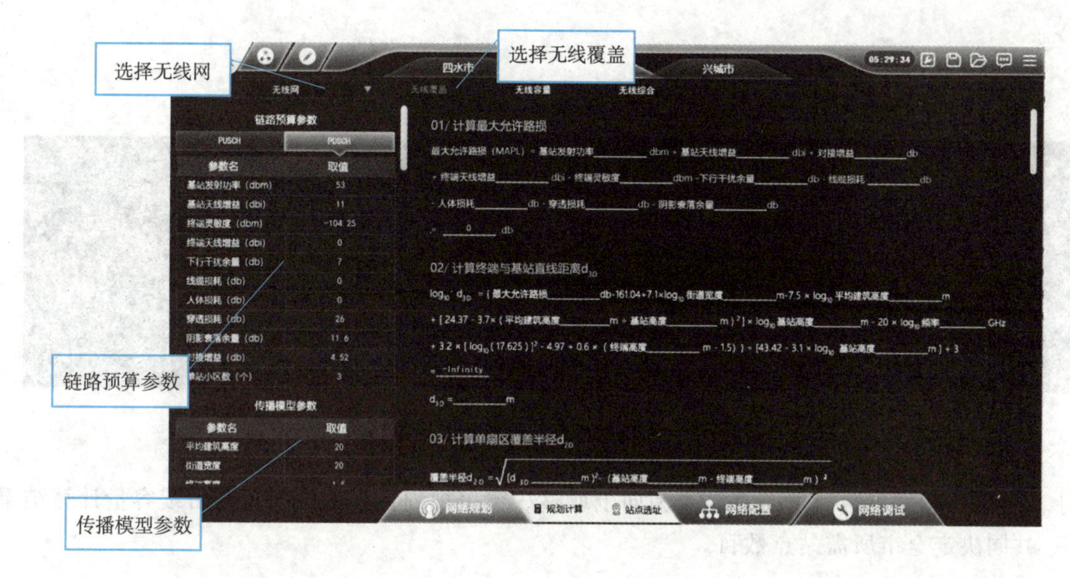

图 2-12　PDSCH 信道参数规划

PDSCH 信道链路预算计算时，根据左侧规划的参数完成各步骤内容的计算，除 d_{3D} 外，其他计算步骤，系统将自动输出计算结果，具体计算如图 2-13 所示。

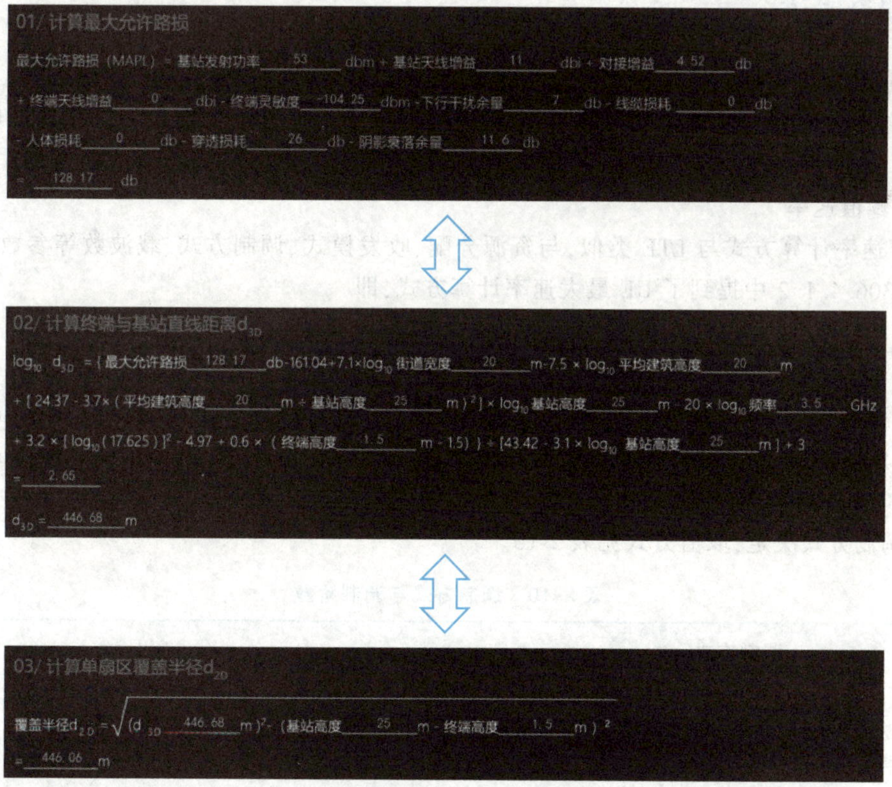

01/ 计算最大允许路损

最大允许路损（MAPL）= 基站发射功率 53 dbm + 基站天线增益 11 dbi + 对接增益 4.52 db

+ 终端天线增益 0 dbi − 终端灵敏度 −104.25 dbm − 下行干扰余量 7 db − 线缆损耗 0 db

− 人体损耗 0 db − 穿透损耗 26 db − 阴影衰落余量 11.6 db

= 128.17 db

02/ 计算终端与基站直线距离 d_{3D}

$\log_{10} d_{3D}$ = {最大允许路损 128.17 db − 161.04 + 7.1 × $\log_{10}$ 街道宽度 20 m − 7.5 × $\log_{10}$ 平均建筑高度 20 m

+ [24.37 − 3.7 × (平均建筑高度 20 m ÷ 基站高度 25 m)^2] × $\log_{10}$ 基站高度 25 m − 20 × $\log_{10}$ 频率 3.5 GHz

+ 3.2 × [$\log_{10}$(17.625)]^2 − 4.97 + 0.6 × (终端高度 1.5 m − 1.5)} ÷ [43.42 − 3.1 × $\log_{10}$ 基站高度 25 m] + 3

= 2.65

d_{3D} = 446.68 m

03/ 计算单扇区覆盖半径 d_{2D}

覆盖半径 $d_{2D} = \sqrt{(d_{3D}\ 446.68\ m)^2 - (基站高度\ 25\ m - 终端高度\ 1.5\ m)^2}$

= 446.06 m

图 2-13　PDSCH 信道覆盖规划计算

04/ 计算本市无线覆盖规划站点数

单站覆盖面积 = 1.95 × (覆盖半径 446.06 m)^2 ÷ 3 × 单站小区数目 3 × 10^{-6}

= 0.39 km^2

覆盖规划站点数目 = 本市区域面积 2000 km^2 ÷ 单站覆盖面积 0.39 km^2

= 5129 个

图 2-13　PDSCH 信道覆盖规划计算(续)

计算时需注意站点数目的结算结果为向上取整。覆盖规划计算的结果可与后续容量计算结果综合考虑,共同决定全市所需站点数目。

2.3 无线容量规划计算

2.3.1 理论概述

无线容量规划主要面向终端速率与基站容量,区别于覆盖规划仅保证基础区域覆盖,容量规划充分考虑了终端接入容量与基站最大吞吐量,可最大程度保证用户可正常接入网络并具备良好的基础业务质量。

1. 终端峰值速率

5G 峰值速率计算方式与 LTE 类似,与资源分配、收发模式、调制方式、载波数等参数相关,3GPP 协议 TS 38.306.4.1.2 中提到了 UE 最大速率计算方式,即

$$\text{data rate} = 10^{-6} \cdot \sum_{j=1}^{J}\left[v_{\text{Layers}}^{(j)} \cdot Q_{\text{m}}^{(j)} \cdot f^{(j)} \cdot R_{\max} \cdot \frac{N_{\text{PRB}}^{\text{BW}(j),\mu} \cdot 12}{T_{\text{s}}^{\mu}} \cdot (1 - OH^{(j)})\right]$$

式中,J 是载波数;$R_{\max} = 948/1024$;对于某个分量载波,$v_{\text{Layers}}^{(j)}$ 在下行方向由高层参数 maxNumberMIMO-LayersPDSCH 决定,上行方向由高层参数 maxNumberMIMO-LayersCB-PUSCH 和 maxNumberMIMO-LayersNonCB-PUSCH 共同决定;

$Q_{\text{m}}^{(j)}$ 由调制方式决定,取值方式见表 2-10。

表 2-10　调制方式与调制阶数

调制方式	$Q_{\text{m}}^{(j)}$
QPSK	2
16QAM	4

续表

调制方式	$Q_m^{(j)}$
64QAM	6
256QAM	8

调制方式的选取由 MCS 决定，3GPP 协议 TS 38.306.4.1.2 中规定了三种 MCS 与调制阶数的对应关系，实际上 MCS 映射表是在 CQI 标识的基础上基于频谱通过附庸和插值等方式得来的，具体表格的选择与高层参数 PDSCH-Config 中的 mcs-Table 的取值有关。

2. 接入容量

单小区同时在线用户数。

5G 系统中，eMBB 与 mMTC 场景下数据业务对时延的敏感度较低，且基于 IP 的数据业务的突发情况较少，只要 gNB 保持用户的信令连接，不需要每帧进行上行或下行业务就可以保证用户在线，因此最大同时在线并发用户数与 5G 系统协议字段的设计以及设备能力有更高的相关性，只要协议设计支持，并且不超过系统设备的负载能力，就可以保障尽可能多的用户同时在线。

单小区同时激活用户数。

激活用户表示当前用户正在通过上下行共享信道进行上行或下行业务，其 RRC 连接处于激活态，并且时刻保持上行同步。单小区同时激活用户数表示系统最大同时可调度的用户数，指的是在一定的时间间隔内，在调度队列中，有数据的用户数较单小区同时在线用户数，能更准确地反映控制面容量。

2.3.2　实训目的

通过无线容量规划计算，可帮助学生熟练掌握并理解终端峰值速率的典型计算方法，并深刻理解基站吞吐量与 RRC 用户数、峰值速率的关系。通过容量规划计算，可得到容量规划站点数与单站吞吐量，可与覆盖规划的站点数目计算结果协同得到最终的无线网络规划站点数目。

2.3.3　实训任务

无线容量规划是通过计算单站容量能容纳的用户数进而计算覆盖规划中总站点数是否能容纳实际的用户数。

无线容量规划流程如图 2-14 所示。

(1)通过关联参数来计算基站能容纳的用户(上行和下行速率关联参数计算)；

(2)将(1)中基站能容纳用户数的计算结果进行比较，最终结果取最大值；

(3)将容量规划中的基站总数乘以基站能容纳的用户数，进而与实际的用户数进行比较，基站数目不够容纳时，需要进行扩容。

2.3.4　建议时长

4 课时。

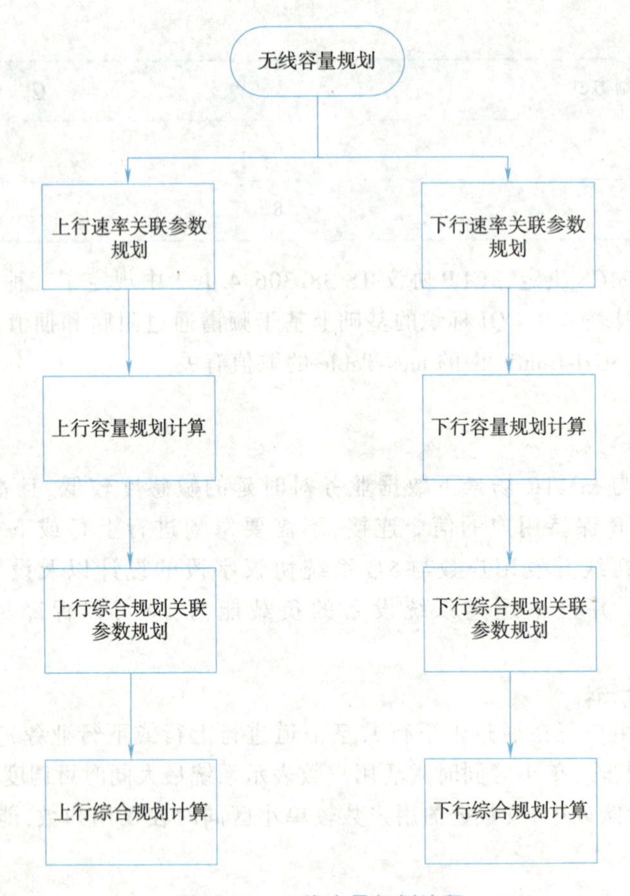

图2-14 无线容量规划流程

2.3.5 实训规划

无线容量规划计算包含两个方向,分别为终端速率计算和基站容量计算,在参数规划时需对速率关联参数合理规划,不可超过各参数允许的取值范围,并保证用户数等参数符合商用网络实际情况。此外本实训需与前序覆盖规划实训结合,加入无线综合规划,也需对综合规划计算相关参数进行合理规划,若综合规划参数涉及前序实训的计算结果,规划参数需以前实训的计算结果为准。相关参数规划见表2-11~表2-13。

表2-11 上行容量计算参数规划

参数名	取值
调制方式	64QAM
流数	2
μ	1
帧结构	1111111200
缩放因子	0.75

续表

参　数　名	取　　值
S 时隙中上行符号数	4
最大 RB 数	273
R_{max}	948/1024
开销比例	0. 08
单小区 RRC 最大用户数	1 200
本市 5G 用户数	1 200 万
编码效率	0. 8
上行速率转化因子	0. 8
在线用户比例	0. 1

表 2-12　下行容量计算参数规划

参　数　名	取　　值
调制方式	256QAM
流数	4
μ	1
帧结构	1111111200
缩放因子	0. 8
S 时隙中下行符号数	8
最大 RB 数	273
R_{max}	948/1 024
开销比例	0. 14
单小区 RRC 最大用户数	1 200
本市 5G 用户数	1 200 万
编码效率	0. 8
下行速率转化因子	0. 8
在线用户比例	0. 1

表 2-13　无线综合参数规划

参　数　名	取　　值
上行覆盖规划站点数目	参考无线覆盖计算项目结果
下行覆盖规划站点数目	参考无线覆盖计算项目结果
热点区域扩容比例	1. 5

2.3.6 实训步骤

上行容量计算参数规划包含时域资源规划、用户数规划、终端性能参数规划等类型，需注意调制方式与帧结构在后续容量计算中并非直接应用，而需进行相应转化。本项目以 30 kHz 系统子载波、5 ms 单周期配置为例，参考界面如图 2-15 所示。

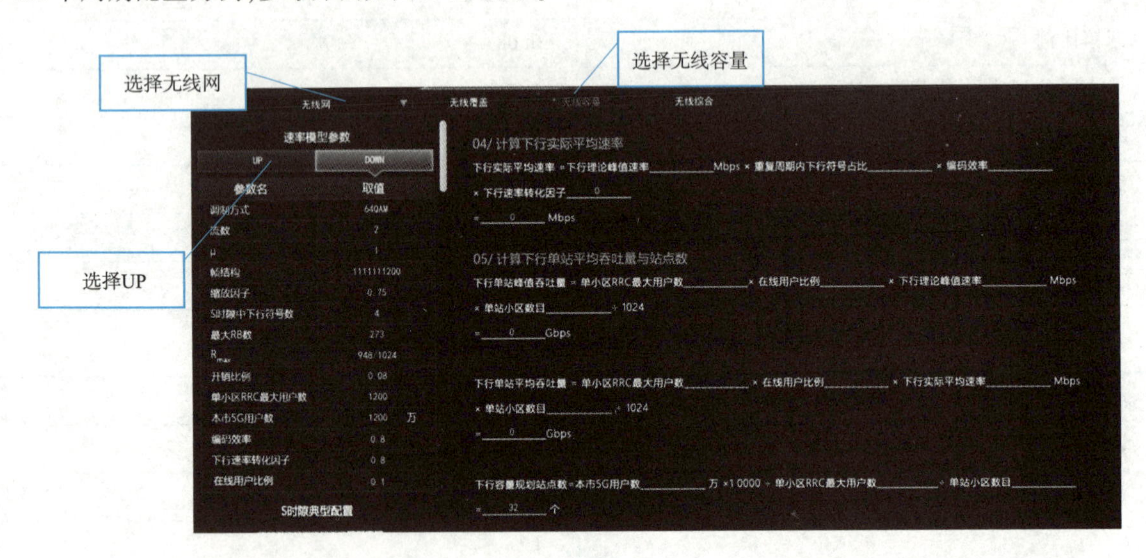

图 2-15　上行容量计算参数规划

(1) 上行容量计算参数规划；

(2) 上行无线容量计算；

(3) 下行容量计算参数规划；

(4) 下行无线容量计算；

(5) 无线综合参数规划；

(6) 无线综合规划计算。

上行无线容量计算时，需注意 1 个时隙中有 14 个 OFDM 符号，上行时隙中全为上行符号，单站小区数目与无线覆盖规划计算项目中保持一致，在计算时需将 Rmax 转换成小数填入到计算公式中，调制方式和比特数的对应关系参考表 2-11，具体计算如图 2-16 所示。

图 2-16　上行容量计算流程

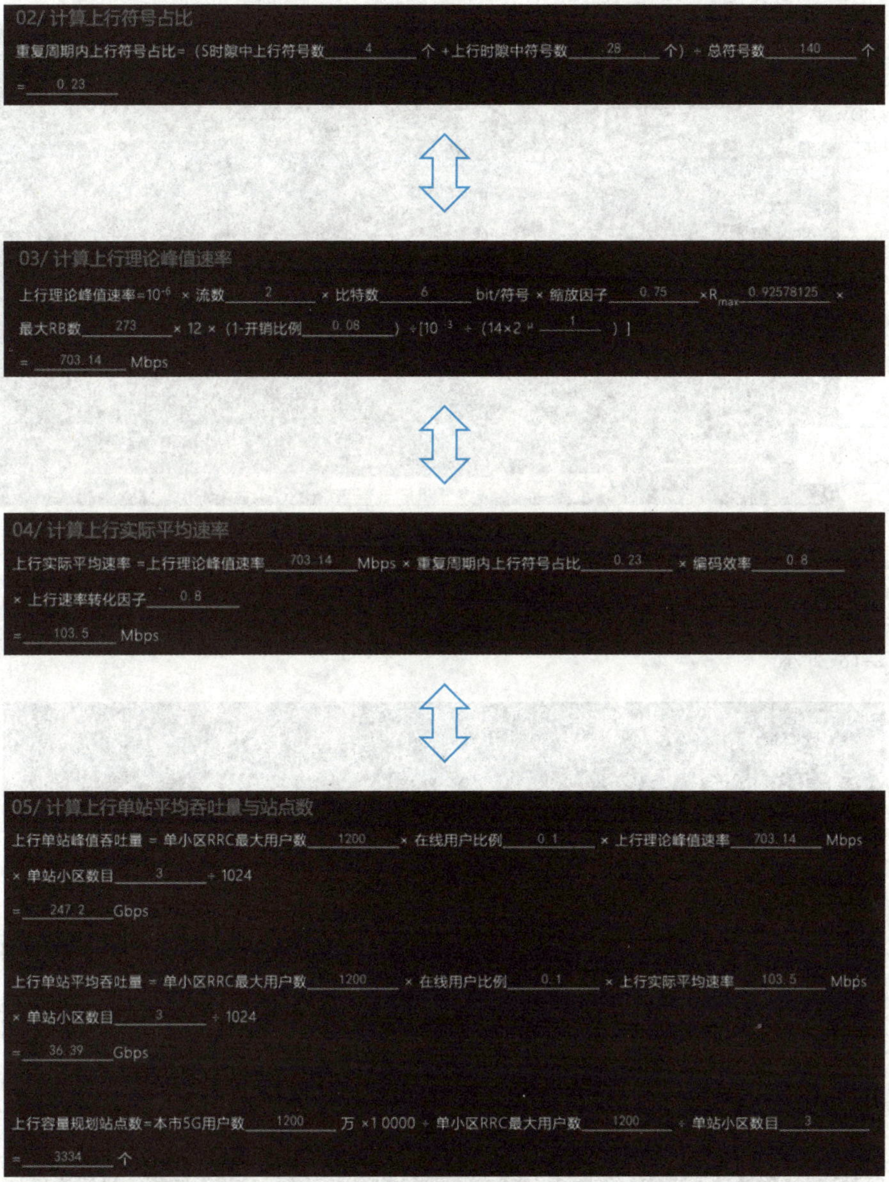

02/ 计算上行符号占比

重复周期内上行符号占比 = (S时隙中上行符号数 4 个 + 上行时隙中符号数 28 个) ÷ 总符号数 140 个

= 0.23

03/ 计算上行理论峰值速率

上行理论峰值速率 = 10^{-6} × 流数 2 × 比特数 6 bit/符号 × 缩放因子 0.75 × R_{max} 0.92578125 ×

最大RB数 273 × 12 × (1-开销比例 0.08) ÷ [10^{-3} ÷ ($14 \times 2^{\mu}$ 1)]

= 703.14 Mbps

04/ 计算上行实际平均速率

上行实际平均速率 = 上行理论峰值速率 703.14 Mbps × 重复周期内上行符号占比 0.23 × 编码效率 0.8

× 上行速率转化因子 0.8

= 103.5 Mbps

05/ 计算上行单站平均吞吐量与站点数

上行单站峰值吞吐量 = 单小区RRC最大用户数 1200 × 在线用户比例 0.1 × 上行理论峰值速率 703.14 Mbps

× 单站小区数目 3 ÷ 1024

= 247.2 Gbps

上行单站平均吞吐量 = 单小区RRC最大用户数 1200 × 在线用户比例 0.1 × 上行实际平均速率 103.5 Mbps

× 单站小区数目 3 ÷ 1024

= 36.39 Gbps

上行容量规划站点数 = 本市5G用户数 1200 万 × 1 0000 ÷ 单小区RRC最大用户数 1200 ÷ 单站小区数目 3

= 3334 个

图 2-16 上行容量计算流程(续)

下行容量计算参数规划包含时域资源规划、用户数规划、终端性能参数规划等类型,需注意帧结构、μ、用户数等参数为上下行公用参数,不可与上行规划值不同。其他注意事项与上行一致,参考界面如图 2-17 所示。

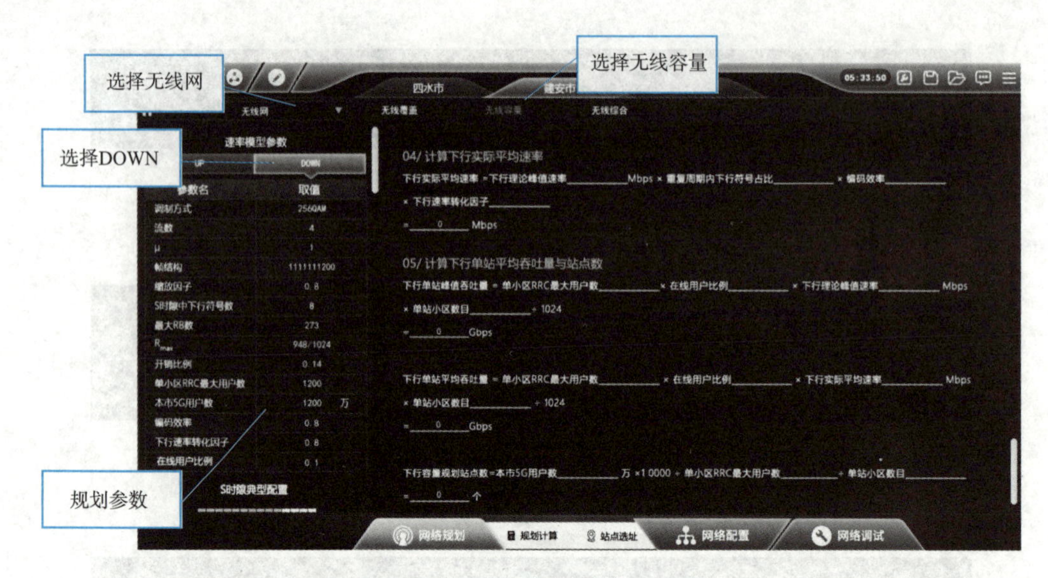

图 2-17　下行容量计算参数规划

下行无线容量计算时,需注意下行时隙中全为下行 OFDM 符号,其他注意事项与上行一致。具体计算如图 2-18 所示。

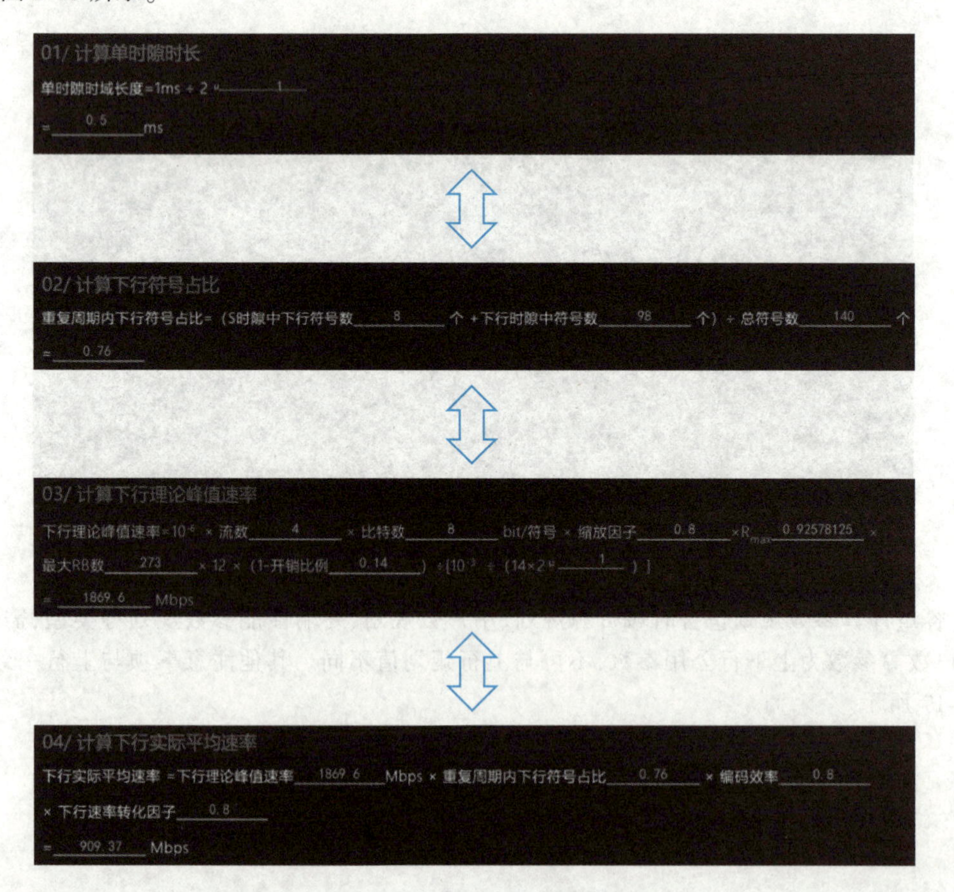

图 2-18　下行容量计算流程

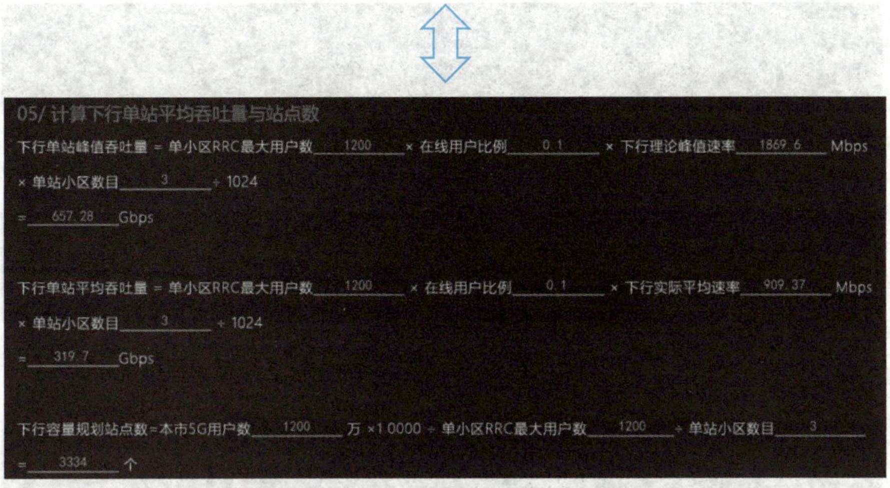

05/ 计算下行单站平均吞吐量与站点数
下行单站峰值吞吐量 = 单小区RRC最大用户数 1200 × 在线用户比例 0.1 × 下行理论峰值速率 1869.6 Mbps
× 单站小区数目 3 ÷ 1024
= 657.28 Gbps
下行单站平均吞吐量 = 单小区RRC最大用户数 1200 × 在线用户比例 0.1 × 下行实际平均速率 909.37 Mbps
× 单站小区数目 3 ÷ 1024
= 319.7 Gbps
下行容量规划站点数=本市5G用户数 1200 万 ×1 0000 ÷ 单小区RRC最大用户数 1200 ÷ 单站小区数目 3
= 3334 个

图 2-18　下行容量计算流程(续)

无线综合参数规划需结合无线覆盖规划计算结果进行规划，热点区域扩容比例表示站点冗余比例，规划配置如图 2-19 所示。

选择无线综合
选择无线网
规划参数
四水市
建安市
无线网
独立组网
无线覆盖
无线容量
01/ 计算覆盖规划5G站点数目
02/ 计算容量规划5G站点数目
03/ 计算网络规划5G站点数目
04/ 计算网络规划5G站点吞吐量
参数名
取值
上行覆盖规划站点数目
5883
下行覆盖规划站点数目
5129
热点区域扩容比例
1.5
网络规划
规划计算
站点选址
网络配置
网络调试

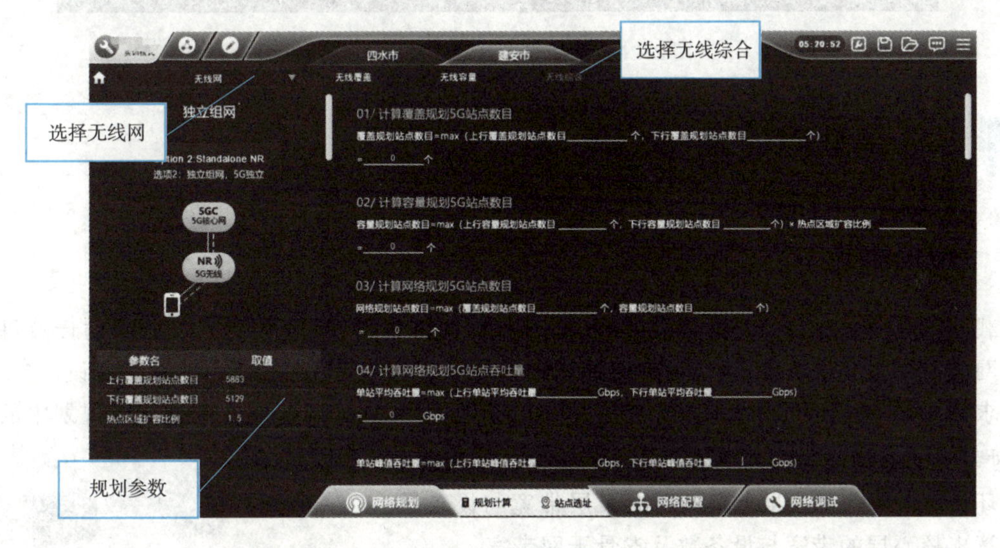

图 2-19　规划配置

无线综合规划计算时，需综合无线覆盖规划计算的结果与无线容量规划计算的结果，本实训以前序无线覆盖规划计算和无线容量规划计算两个实训的结果为例进行综合计算，计算流程如图 2-20 所示。

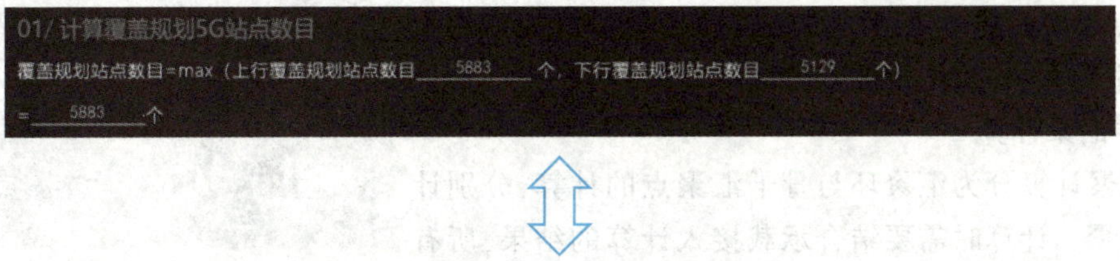

01/ 计算覆盖规划5G站点数目
覆盖规划站点数目=max（上行覆盖规划站点数目 5883 个，下行覆盖规划站点数目 5129 个）
= 5883 个

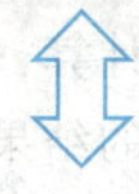

图 2-20　无线综合规划计算流程

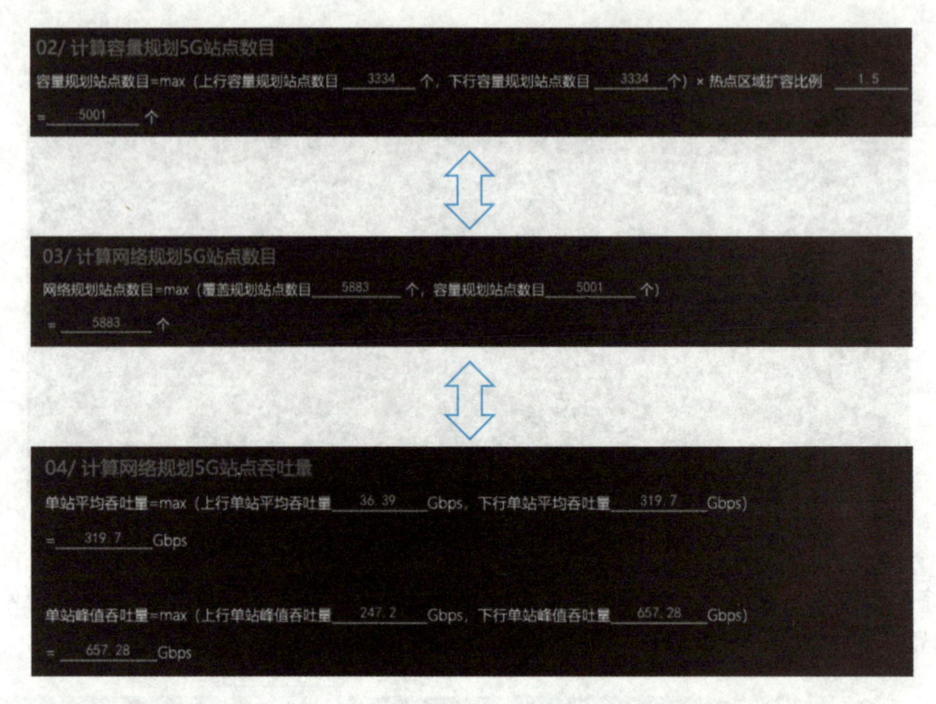

图 2-20　无线综合规划计算流程(续)

2.4　5G 承载网计算

2.4.1　理论概述

承载网计算的主要目的是通过接入层(见图 2-21)、汇聚层(见图 2-22)、核心层的计算得到区域内核心网所需带宽容量与设备数量,进而计算出省骨干网所需带宽,指导后续网络建设。5G 基站的带宽需求是 4G 的几十倍,对承载网带来了巨大的挑战,所有承载网容量计算是网络规划中的重要环节,是对系统的容量能力进行评估,通过承载接入层计算得到接入环带宽与设备数,再计算得到汇聚层带宽与设备数,最后计算出核心层的带宽与设备数及省骨干网带宽。

1. 承载接入计算

承载接入计算分为承载接入环的带宽计算与数量计算,在开始计算之前,首先需要确定组网方式与 5G 站点的频段。5G 高频站点、5G 低频站点、4G 站点的吞吐量峰值与均值不一样,且差距较大,导致所需的带宽计算方式也不一样。

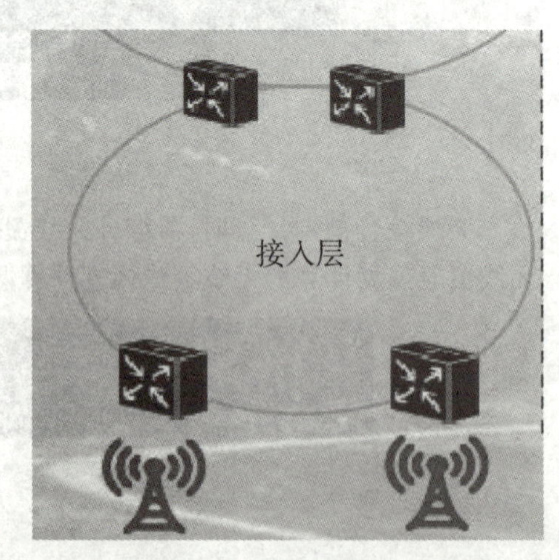

图 2-21　承载接入层

2. 承载汇聚计算

承载汇聚计算分为汇聚环与骨干汇聚点的计算,分别计算带宽与数量。计算时需要结合承载接入计算的结果,所有的组网方式与站点类型计算方法一致。

3. 承载核心计算

承载核心计算分为核心层带宽计算与省骨干网设备容量计算。计算时需要结合承载核心计算的结果,先计算出每个区域核心层的带宽与设备数量,最后计算出省骨干网设备容量。所有的组网方式与站点类型计算方法一致。

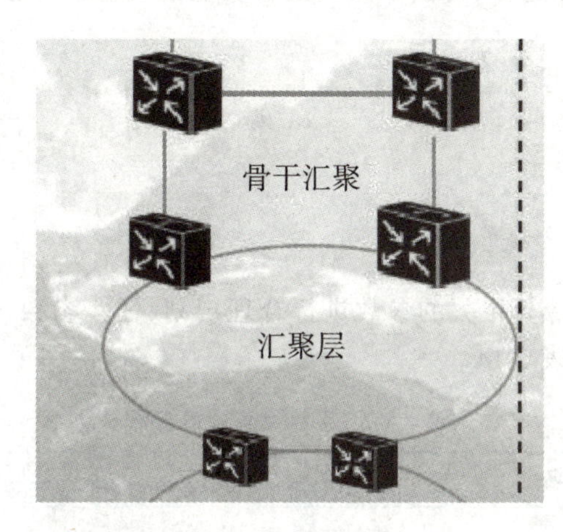

图 2-22　承载核心层

2.4.2　实训目的

通过承载网计算,可帮助学生掌握承载网的具体结构,深入理解承载计算中不同组网方式的计算方法,并能熟练掌握多种参数对承载计算的影响,为真实商用环境承载计算奠定良好的基础。

2.4.3　实训任务

承载网计算是计算单个承载设备所能承载的基站数目,根据承载设备所能承载的基站数进行合理划分。

承载网计算,如图 2-23 所示。

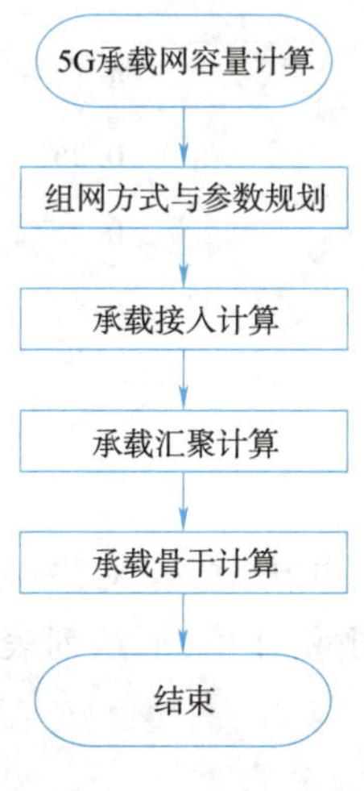

图 2-23　承载网计算

(1)对承载接入网设备所能承载的基站数目进行计算;

(2)对承载汇聚网设备所能承载的基站数目进行计算;

(3)对承载核心网设备所能承载的基站数目进行计算;

(4)将计算结果进行加法运算,得出承载网设备所能承载基站的总数目。

2.4.4 建议时长

2课时。

2.4.5 实训规划

5G承载网计算时,需对计算相关的参数进行合理规划,任一参数不合理均可严重影响后续计算结果。相关规划参数示例见表2-14。

表2-14 5G承载网计算参数规划

参数名	取值
5G低频站吞吐量均值/Gbit/s	1
5G低频站吞吐量峰值/Gbit/s	6
5G高频站吞吐量均值/Gbit/s	2
5G高频站吞吐量峰值/Gbit/s	8
5G基站数/个	5 883
接入层4G/5G站点比	3:1
接入环上接入5G设备数/个	6
接入环上接入4G设备数/个	20
5G基站带宽预留比	0.5
单核心层下挂骨干汇聚点数/个	3
单骨干汇聚点下挂汇聚环数/个	5
单汇聚环下挂接入环数/个	4
核心层带宽收敛比	0.25
骨干汇聚点带宽收敛比	0.25
汇聚环带宽收敛比	0.5

2.4.6 实训步骤

登录IUV-5G全网部署与优化的客户端,打开网络规划-规划计算模块,选择建安市并选择Option2组网后,单击"下一步"按钮进入规划计算,下拉列表选择"承载网",单击"承载接入"后即可进行承载接入规划计算,如图2-24所示。

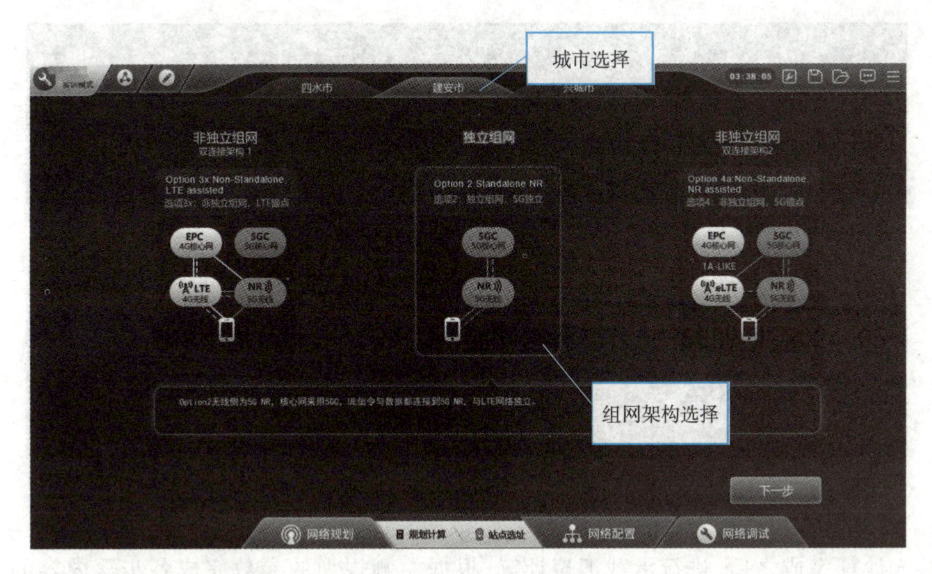

图 2-24　规划计算主页

进入承载接入后，具体步骤如下：

（1）承载网参数规划；

（2）5G 站点频段选择。

承载网参数规划包含基站参数、网络架构参数两类，需与参数规划值保持一致，软件界面如图 2-25 所示。

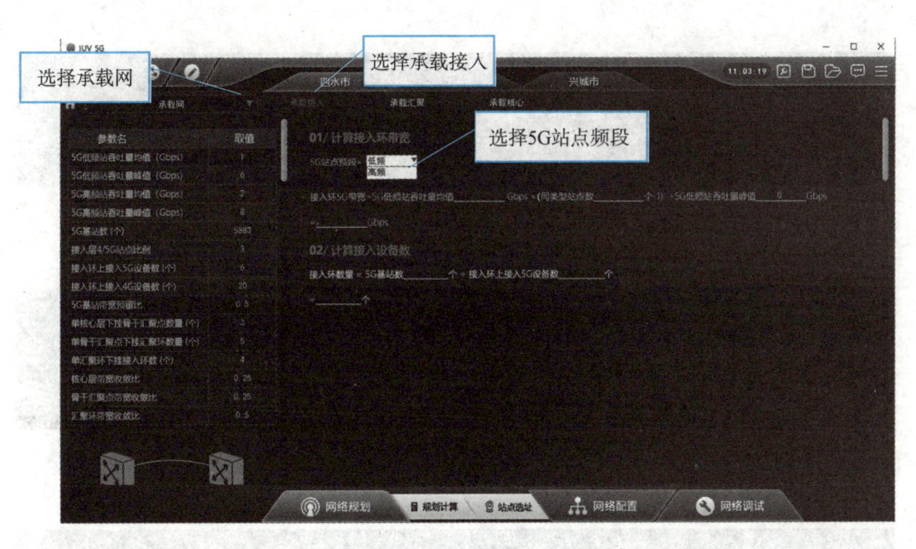

图 2-25　承载网参数规划

承载接入计算时，根据左侧规划的参数完成各步骤内容的计算，计算步骤系统将自动输出计算结果，设备数量应根据计算结果向上取整。具体计算如图 2-26 所示。

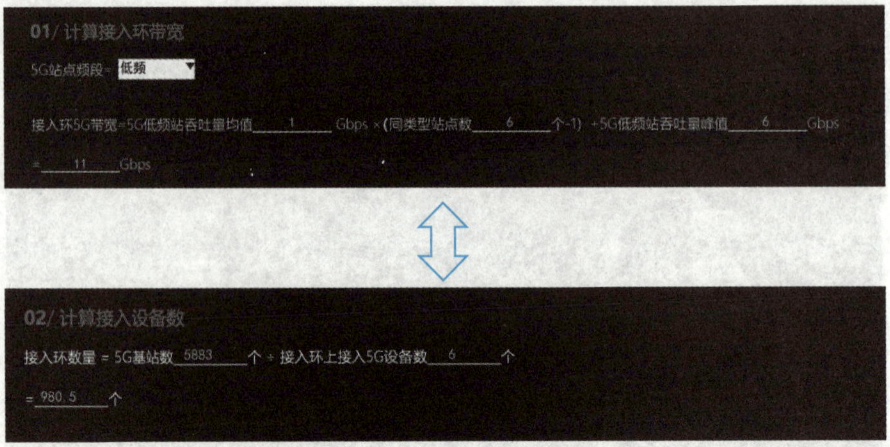

01/ 计算接入环带宽
5G站点频段= 低频
接入环5G带宽=5G低频站吞吐量均值 1 Gbps ×(同类型站点数 6 个-1) +5G低频站吞吐量峰值 6 Gbps
= 11 Gbps
02/ 计算接入设备数
接入环数量 = 5G基站数 5883 个 ÷ 接入环上接入5G设备数 6 个
= 980.5 个

图 2-26　承载网接入计算

承载接入计算完成之后，进行承载汇聚计算，根据左侧规划的参数完成各步骤内容的计算，计算步骤系统将自动输出计算结果，设备数量应根据计算结果向上取整。具体计算如图 2-27 所示。

01/ 计算汇聚环带宽
汇聚环带宽=接入环带宽 11 Gbps × 单汇聚环下挂接入环数 4 个 × 汇聚环带宽收敛比 0.5
= 22 Gbps
02/ 计算汇聚环数量
汇聚环数量=接入环数量 981 个 ÷ 单汇聚环下挂接入环数 4 个
= 246 个
03/ 计算骨干汇聚点带宽
骨干汇聚点带宽=汇聚环带宽 22 Gbps ×单骨干汇聚点下挂汇聚环数量 5 个 × 骨干汇聚点带宽收敛比 0.25 个
= 27.5 Gbps
04/ 计算骨干汇聚点数量
骨干汇聚点数量=汇聚环数量 246 个 ÷ 单骨干汇聚点下挂汇聚环数量 5 个
= 49.2 个

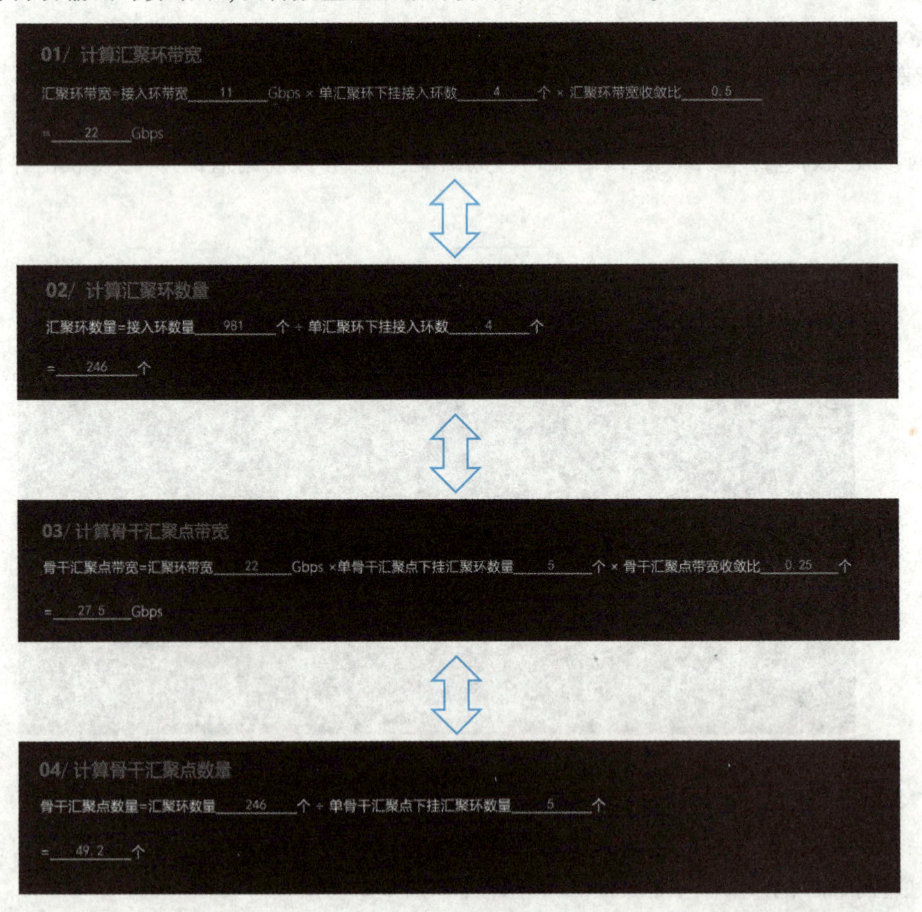

图 2-27　承载汇聚计算

承载汇聚计算完成之后，进行承载核心计算，根据左侧规划的参数完成各步骤内容的计算，计算步骤系统将自动输出计算结果。具体计算如图 2-28 所示。

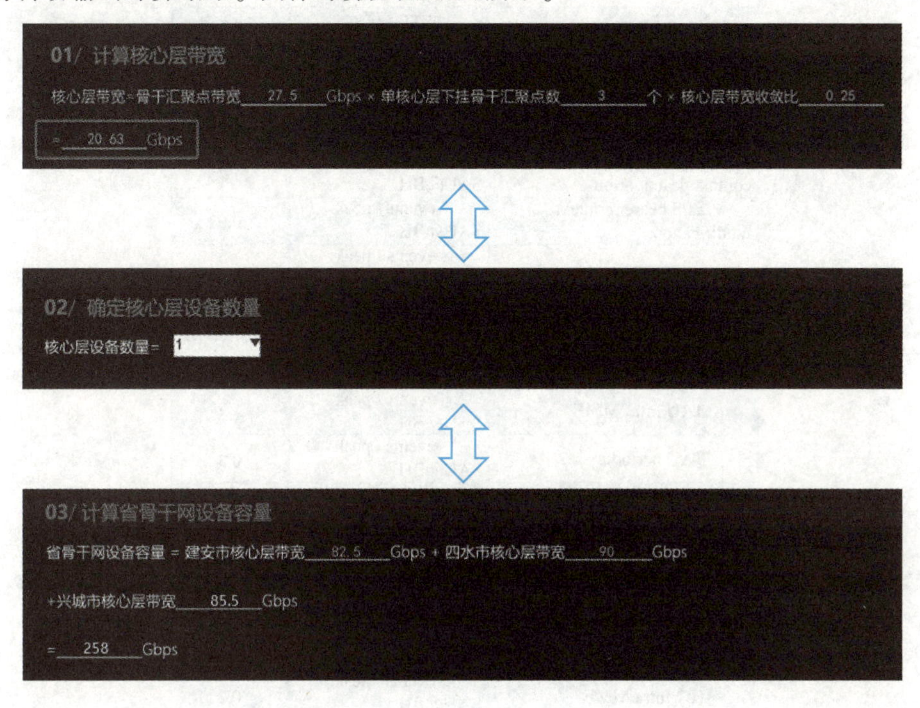

图 2-28　承载核心计算

2.5　EPC 核心网容量计算

2.5.1　理论概述

EPC 系统中各个网元的功能不同，因此影响各个网元容量的因素以及系统容量的估算方法也各不相同。

(1) MME 容量计算

影响 MME 设备选型的因素有很多，如用户容量、系统吞吐量、交换能力、特殊业务等。MME 为 EPC 系统中的纯控制网元，因此影响 MME 系统吞吐量只有信令流量。而 MME 处理的吞吐量即为各接口信令流量之和，MME 信令接口包括 S1-MME 接口、S11 接口及 S6a 接口。

各接口流量包括各种流程的信令消息的总流量，例如，经过 S1-MME 接口的信令消息包括附着、去附着、激活承载上下文、去激活承载上下文、修改承载上下文等信令消息，在现网对各接口的控制面吞吐量进行精密计算，计算公式为：Σ 根据话务模型计算的各个流程的每秒并发数 × 每个流程经该接口的消息对数 × 每个消息的平均大小。其中各流程的每秒并发数参照“MME 话务模型”，如图 2-29 所示。软件中规划计算进行了简化，仅考虑部分重要的接口流量。

流　程	单　位	值
Attaches	events / peak SAU@BH	0.3
Detaches	events / peak SAU@BH	0.3
Average number of earer context perSAU		2
Dedicated EPS bearer context activation	events / peak SAU@BH	1.25
Dedicated EPS bearer context deactivation	events / peak SAU@BH	1.25
EPS bearer context modification	events / peak SAU@BH	0.07
S1 connect	events / peak SAU@BH	6
S1 release	events / peak SAU@BH	7
TAU Intra MME	events / peak SAU@BH	2.7
TAU Intra MME	events / peak SAU@BH	1.3
TAU periodic	events / peak SAU@BH	0.3
TAU Inter RAT	events / peak SAU@BH	1.2
pagings	events / peak SAU@BH	2.2
HO X2	events / peak SAU@BH	3
HO Intra MME	events / peak SAU@BH	0.5
HO Intra MME	events / peak SAU@BH	0.2
CSFB	events / peak SAU@BH	0.5

图 2-29　MME 话务模型

（2）SGW 容量计算

SGW 设备容量主要由 SGW 支持的 EPS 承载上下文数、系统业务处理能力以及系统吞吐量决定。

EPS 承载上下文数即为系统接入用户的总激活的承载数量，是影响 SGW 处理能力的指标之一。

5G 用户是“永久在线”，也就是 5G 接入用户附着网络后，根据业务需求以及签约信息会建立至少一条默认承载或多条专有承载。SGW 系统处理能力即 SGW 系统处理的所有流量，包括 S1-U 上下行业务流量之和，如图 2-30 所示。

图 2-30　SGW 的接口流量

SGW 的数据接口包括 S1-U 和 S5 接口。考虑 S1-U 接口和 S5 接口均采用 GTP 封装，开销长度为 62 B，以典型包大小为 500 B，可以认为 S1-U 上行接口流量等同于 S5 上行接口流量，同理 S1-U 下行接口流量等同于 S5 下行接口流量。由于 S5 接口包括 GTPC 信令和 GTPU 报文，因此理论上 S5 接口的流量需要包括信令流量和用户面流量，但是考虑信令流量远小于用户面流量，S5 接口流量计算仅考虑用户面流量即可。

(3)PGW 容量计算

PGW 容量规划主要考虑 PGW 需要支持的 EPS 上下文、系统业务处理能力以及系统吞吐量。EPS 承载上下文数即为系统接入用户的总激活的承载数量,是影响 PGW 处理能力的指标之一。PGW 系统处理能力即 PGW 系统处理的所有流量,包括 S1-U 上下行业务流量之和。PGW 的数据接口包括 S5 和 SGi。SGi 接口一般考虑以太网接口封装,包头开销为 26 B。经统计计算 PGW 进流量约等于出流量。

2.5.2 实训目的

通过核心网计算,可帮助学生掌握核心网的具体结构,深入理解核心计算中不同组网方式的计算方法,并能熟练掌握多种参数对核心计算的影响,为真实商用环境核心计算奠定良好的基础。

2.5.3 实训任务

核心网容量计算是计算单个核心网设备能承载的基站数目,从而根据单个核心网设备所能承载的基站数来计算核心网所能承载的总基站数目。其中的组网方式的选择规划涉及 NSA 和 SA 组网,这里选择 NSA 组网。

NSA 核心网容量规划流程如图 2-31 所示。

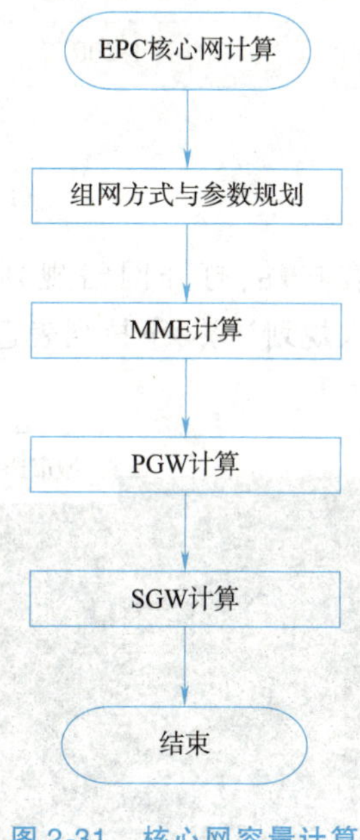

图 2-31 核心网容量计算

(1)对核心网 MME 设备所能承载的基站数目进行计算;
(2)对核心网 PGW 设备所能承载的基站数目进行计算;
(3)对核心网 SGW 设备所能承载的基站数目进行计算;
(4)将计算结果进行加法运算,得出核心网设备所能承载基站的总数目。

2.5.4 建议时长

2 课时。

2.5.5 实训规划

EPC 核心网计算时，需对计算相关的参数进行合理规划，任一参数不合理均可严重影响后续计算结果。相关规划参数示例见表 2-15。

表 2-15 EPC 核心网计算参数规划

参 数 名	取 值
在线用户比	0.1
附着激活比	0.8
S1-MME 接口每用户忙时平均信令流量/(kbit/s)	7
S11E 接口每用户忙时平均信令流量/(kbit/s)	3
S6a 接口每用户忙时平均信令流量/(kbit/s)	5
本市单用户忙时业务平均吞吐量/(kbit/s)	450 000
本市 5G 用户数/万	1 200

2.5.6 实训步骤

登录 IUV-5G 全网部署与优化的客户端，打开网络规划-规划计算模块，选择建安市并选择 Option3x 组网后，单击“下一步”按钮进入规划计算，下拉列表选择“核心网”，单击“核心接入”后即可进行核心接入规划计算，如图 2-32 所示。

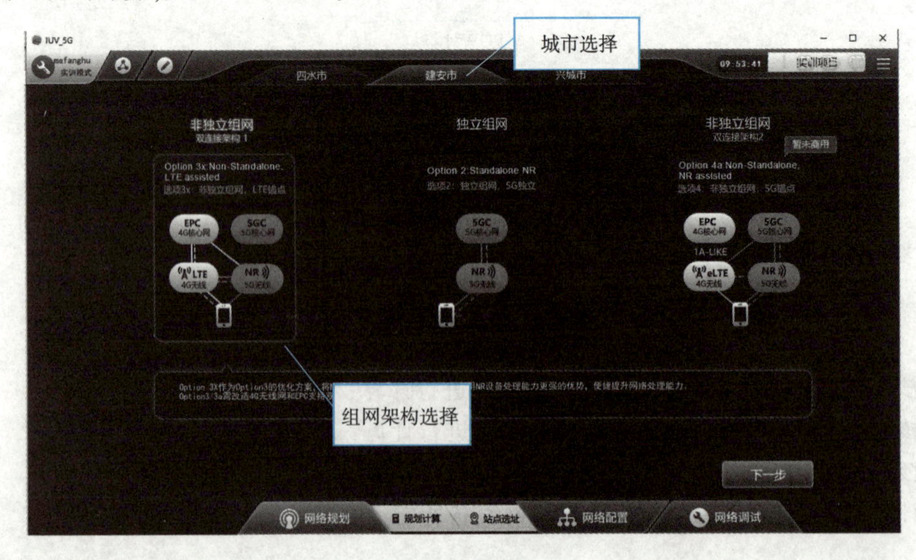

图 2-32 规划计算主页

进入核心接入后，具体步骤如下：

(1)核心网参数规划；

(2)接入网元参数计算。

软件界面如图 2-33 所示。

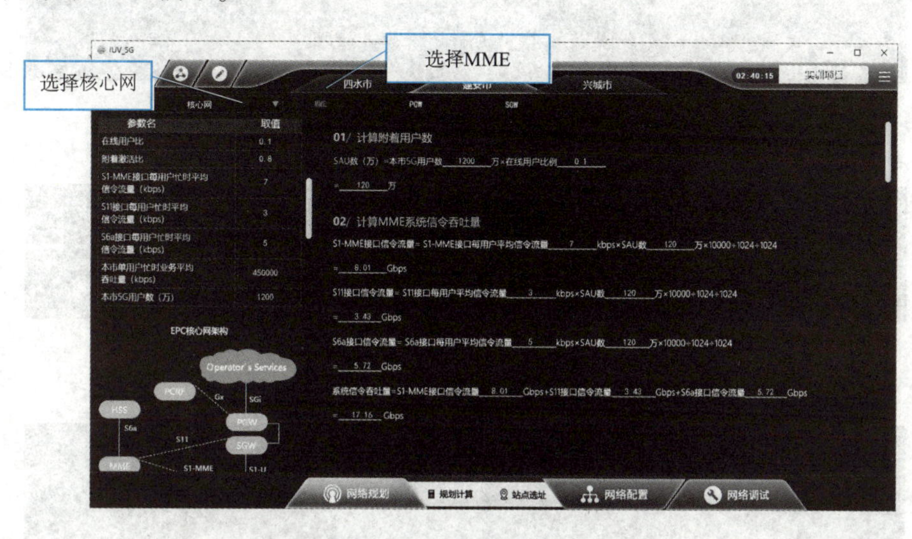

图 2-33　核心网参数规划

MME 接入计算时，根据左侧规划的参数完成各步骤内容的计算，计算步骤系统将自动输出计算结果，设备数量应根据计算结果向上取整。具体计算如图 2-34 所示。

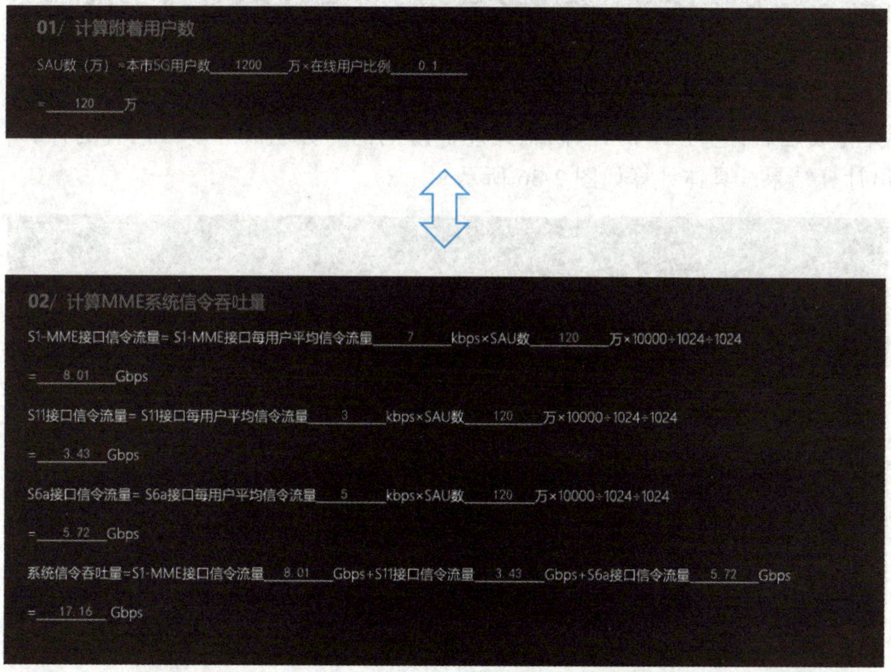

01/ 计算附着用户数

SAU数（万）=本市5G用户数__1200__万×在线用户比例__0.1__

=__120__万

02/ 计算MME系统信令吞吐量

S1-MME接口信令流量= S1-MME接口每用户平均信令流量__7__kbps×SAU数__120__万×10000÷1024÷1024

=__8.01__Gbps

S11接口信令流量= S11接口每用户平均信令流量__3__kbps×SAU数__120__万×10000÷1024÷1024

=__3.43__Gbps

S6a接口信令流量= S6a接口每用户平均信令流量__5__kbps×SAU数__120__万×10000÷1024÷1024

=__5.72__Gbps

系统信令吞吐量=S1-MME接口信令流量__8.01__Gbps+S11接口信令流量__3.43__Gbps+S6a接口信令流量__5.72__Gbps

=__17.16__Gbps

图 2-34　MME 接入计算

MME接入计算完成之后，进行PGW计算，根据左侧规划的参数完成各步骤内容的计算，计算步骤系统将自动输出计算结果，设备数量应根据计算结果向上取整。具体计算如图2-35所示。

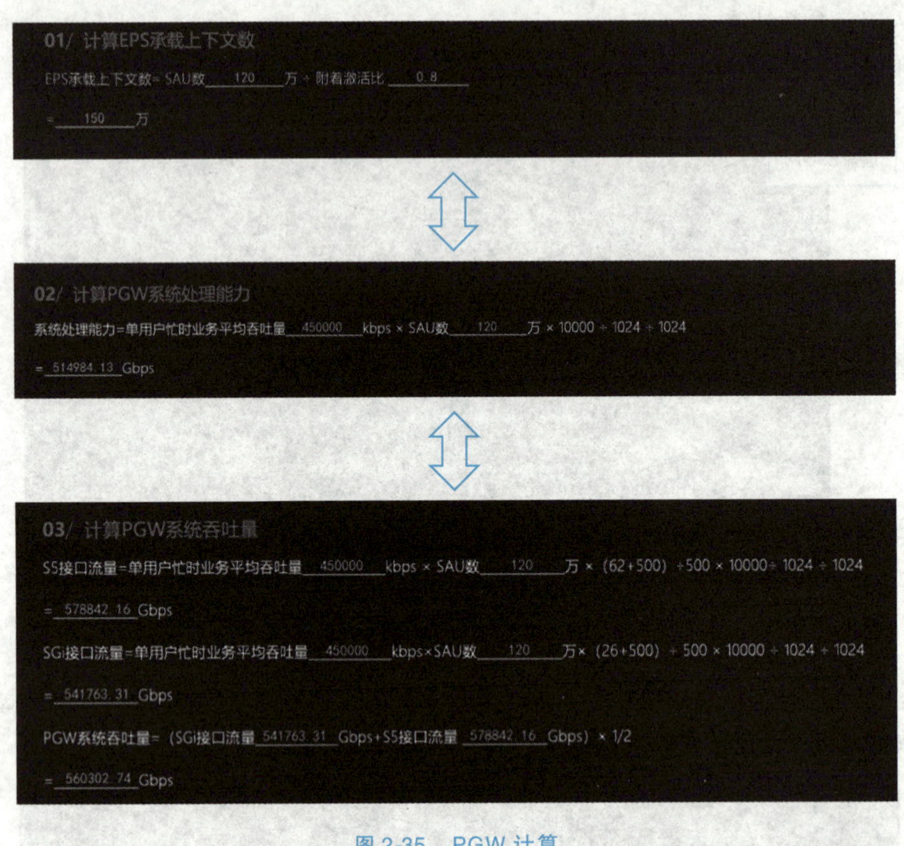

图2-35 PGW计算

PGW计算完成之后，进行SGW计算，根据左侧规划的参数完成各步骤内容的计算，计算步骤系统将自动输出计算结果。具体计算如图2-36所示。

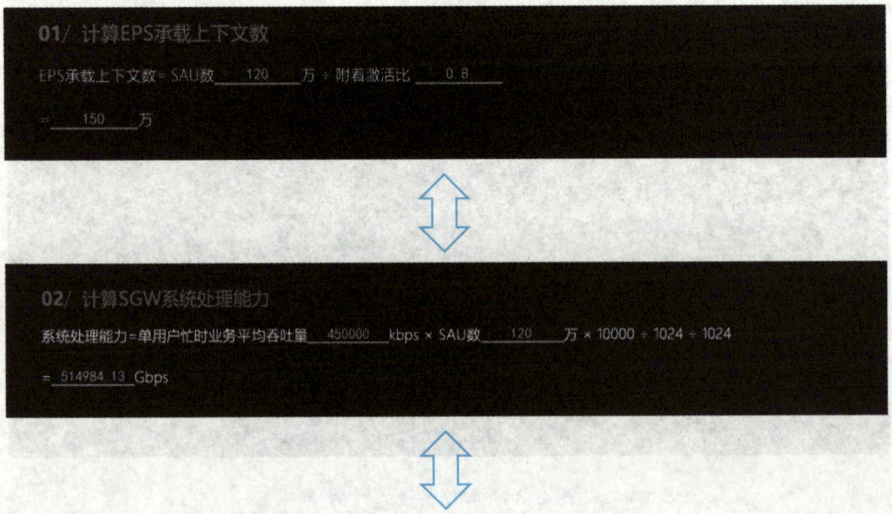

01/ 计算EPS承载上下文数

EPS承载上下文数=SAU数 120 万÷附着激活比 0.8

= 150 万

02/ 计算SGW系统处理能力

系统处理能力=单用户忙时业务平均吞吐量 450000 kbps×SAU数 120 万×10000÷1024÷1024

= 514984.13 Gbps

图2-36 SGW计算

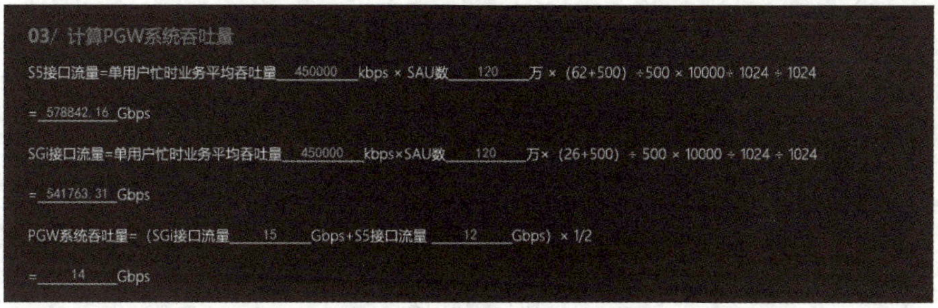

03/ 计算PGW系统吞吐量

S5接口流量=单用户忙时业务平均吞吐量 450000 kbps × SAU数 120 万 × (62+500) ÷500 × 10000÷ 1024 ÷ 1024

= 578842.16 Gbps

SGi接口流量=单用户忙时业务平均吞吐量 450000 kbps×SAU数 120 万× (26+500) ÷ 500 × 10000 ÷ 1024 ÷ 1024

= 541763.31 Gbps

PGW系统吞吐量= (SGi接口流量 15 Gbps+S5接口流量 12 Gbps) × 1/2

= 14 Gbps

图 2-36　SGW 计算(续)

2.6　5GC 核心网容量计算

2.6.1　理论概述

跟原有网络相比,5GC 新核心网建设面临网络部署、网络功能、新业务开展、多制式共存四大挑战。核心网容量计算的主要目的是通过 AMF、UPF、服务器数量的计算,以及 VNF 需求内存与存储的计算得到区域内核心网所需网元功能与服务器的数量,进而指导后续网络建设。核心网容量计算是网络规划中的重要环节,是对系统的容量能力进行评估。

2.6.2　实训目的

通过核心网计算,可帮助学生掌握核心网的具体结构,深入理解核心网计算中不同组网方式的计算方法,并能熟练掌握多种参数对核心网计算的影响,为真实商用环境核心网计算奠定良好的基础。

2.6.3　实训任务

核心网容量计算是计算核心网设备所能承载的基站数目,根据核心网设备所能承载的基站数得出该站所需的服务器总量。其中的组网方式的选择规划涉及到 NSA 和 SA 组网,这里根据需要选择 SA 组网。

SA 核心网容量计算,如图 2-37 所示。

(1)对核心网 AMF 设备所能承载的基站数目进行计算;

(2)对核心网 UPF 设备所能承载的基站数目进行计算;

(3)根据 AMF 和 UPF 所能承载基站的总量来计算这些设备总的需求内存与存储空间(VNF);

(4)通过以上的计算,从而得出核心网所需服务器的总数量。

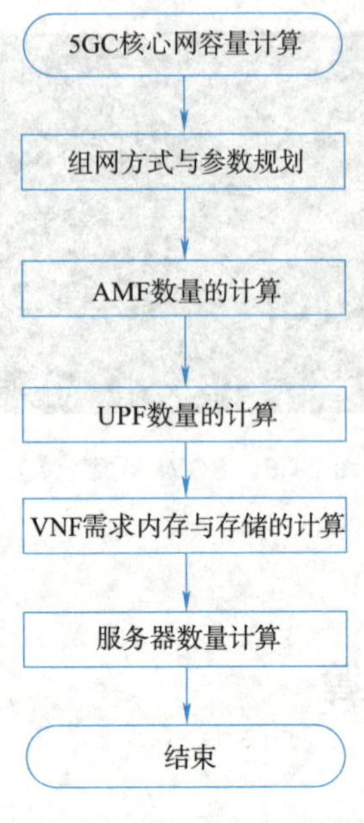

图 2-37 核心网容量计算

2.6.4 建议时长

2 课时。

2.6.5 实训规划

5GC 核心网计算时,需对计算相关的参数进行合理规划,任一参数不合理均可严重影响后续计算结果。相关规划参数示例见表 2-16。

表 2-16 5G 核心网计算参数规划

参 数 名	取 值
单 VNF 占用内存/GB	1
单 VNF 占用存储/GB	2
单 AMF 支持站点数目/个	1 000
单 UPF 支持站点数目/个	1 000
非对接无线 VNF 数量/个	8
单服务器内存/GB	128
单服务器硬盘容量/GB	3 000

2.6.6 实训步骤

登录 IUV-5G 全网部署与优化的客户端,打开网络规划-规划计算模块,选择建安市并选择 Option2 组网后,单击“下一步”按钮进入规划计算,下拉列表选择“核心网”,即可进行核心网规划计算，如图 2-38 所示。

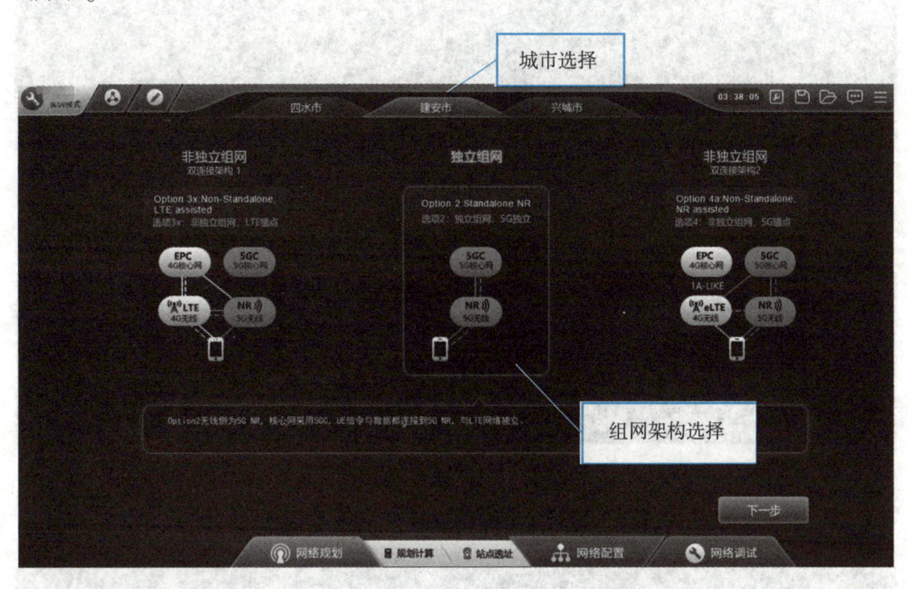

图 2-38　规划计算主页

进入核心网后，具体步骤如下：

（1）核心网参数规划；

（2）代入公式进行计算。

核心网参数规划包含虚拟网络功能数量及所需要的内存与储存两类，需与参数规划值保持一致，软件界面如图 2-39 所示。

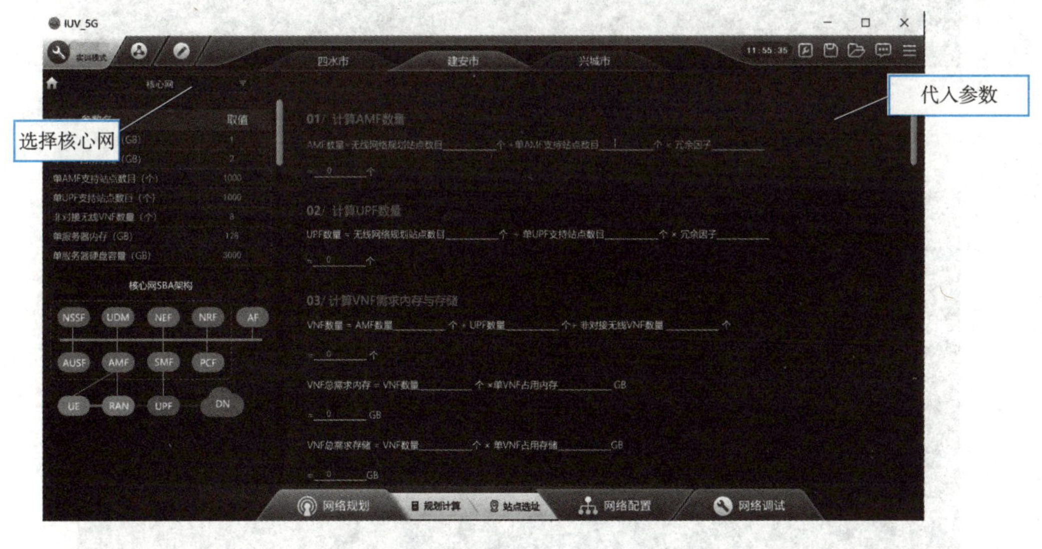

图 2-39　核心网参数规划

核心网计算时，根据左侧规划的参数完成各步骤内容的计算，计算步骤系统将自动输出计算结果，设备数量应根据计算结果向上取整。具体计算如图 2-40 所示。

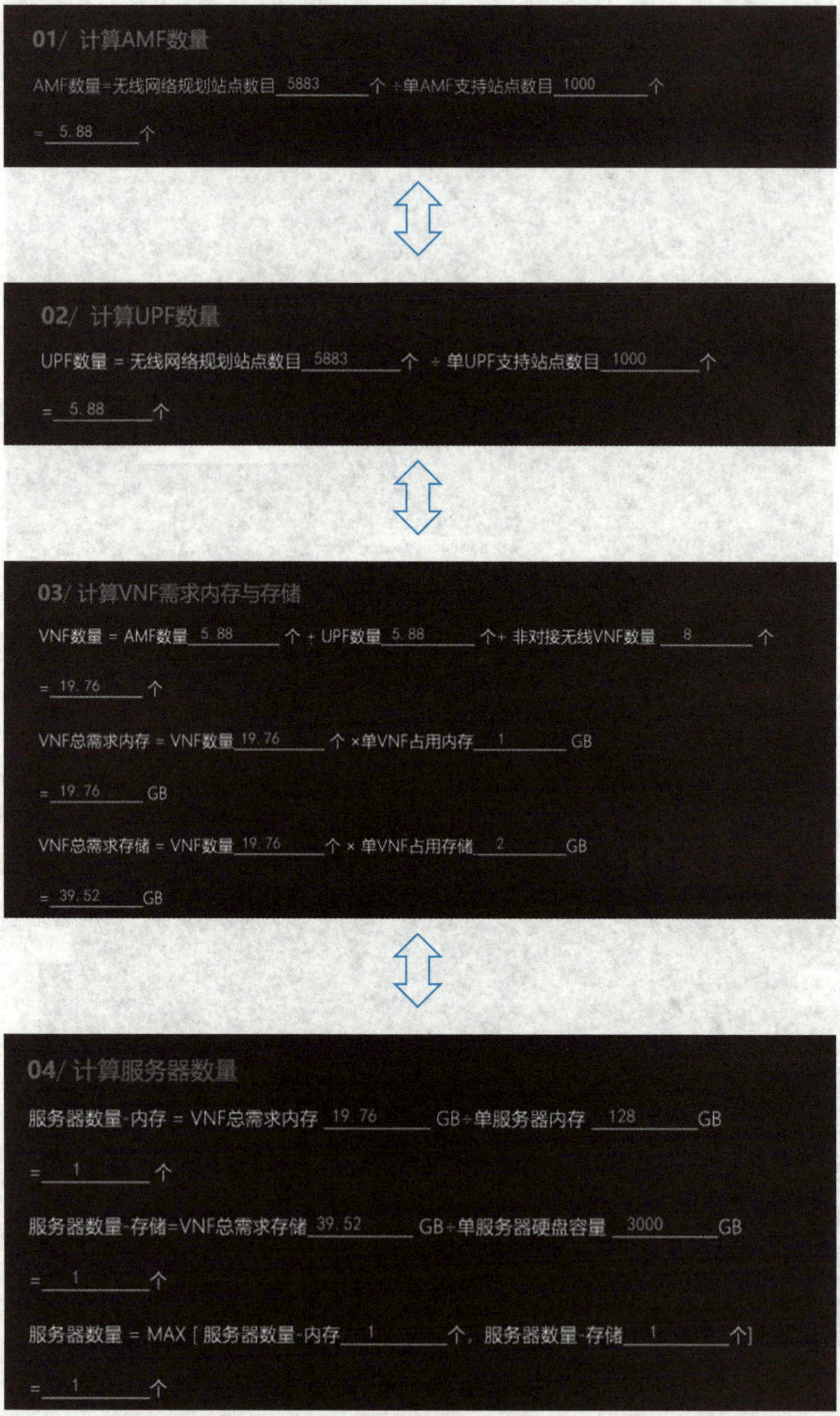

01/ 计算AMF数量

AMF数量=无线网络规划站点数目 5883 个 ÷单AMF支持站点数目 1000 个

= 5.88 个

02/ 计算UPF数量

UPF数量 = 无线网络规划站点数目 5883 个 ÷ 单UPF支持站点数目 1000 个

= 5.88 个

03/ 计算VNF需求内存与存储

VNF数量 = AMF数量 5.88 个 + UPF数量 5.88 个+ 非对接无线VNF数量 8 个

= 19.76 个

VNF总需求内存 = VNF数量 19.76 个 ×单VNF占用内存 1 GB

= 19.76 GB

VNF总需求存储 = VNF数量 19.76 个 × 单VNF占用存储 2 GB

= 39.52 GB

04/ 计算服务器数量

服务器数量-内存 = VNF总需求内存 19.76 GB÷单服务器内存 128 GB

= 1 个

服务器数量-存储=VNF总需求存储 39.52 GB÷单服务器硬盘容量 3000 GB

= 1 个

服务器数量 = MAX [服务器数量-内存 1 个，服务器数量-存储 1 个]

= 1 个

图 2-40　5GC 规划计算

2.7 城市级网络拓扑规划设计

2.7.1 理论概述

5G 网络可分为 NR 无线网络、5GC/EPC 核心网络、5G 承载网络三个部分,各部分均包含成百上千个机房,不同机房间通过光纤进行数据传输。合理的网络拓扑是保障 5G 基础业务质量与业务指标性能的重要因素,城市级的拓扑规划更需要对网络宏观架构、机房对接规范、设备部署规范具备深入理解。

2.7.2 实训目的

通过学习城市级网络拓扑规划设计,可使学生熟练掌握网络拓扑规划设计规范,了解网络拓扑的基本原理,并可独立完成城市级网络拓扑的规划。

2.7.3 实训任务

网络拓扑结构设计主要是确定各种设备以什么方式相互连接起来。根据网络规模、网络体系结构、所采用的协议、扩展和升级管理等各个方面因素来考虑。拓扑结构设计直接影响到网络的性能。最直观的是让我们了解整个网络的结构。

本规划需要根据图 2-41 拓扑规划流程完成拓扑规划设计,具体流程为:

(1)核心网网元、承载网网元、无线网网元设备的拖放,如核心网的 MME、SGW、PGW、HSS 设备,承载网的 SPN、OTN 设备,无线网的 BBU、CU-DU 设备。

(2)核心网网元、承载网网元、无线网网元设备的线缆连接。

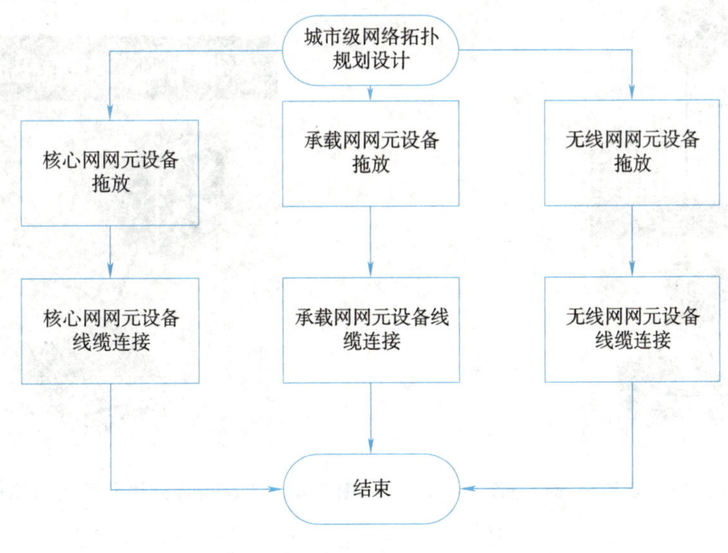

图 2-41　拓扑规划流程

2.7.4 建议时长

4课时。

2.7.5 实训规划

网络拓扑如图2-42～2-46所示。

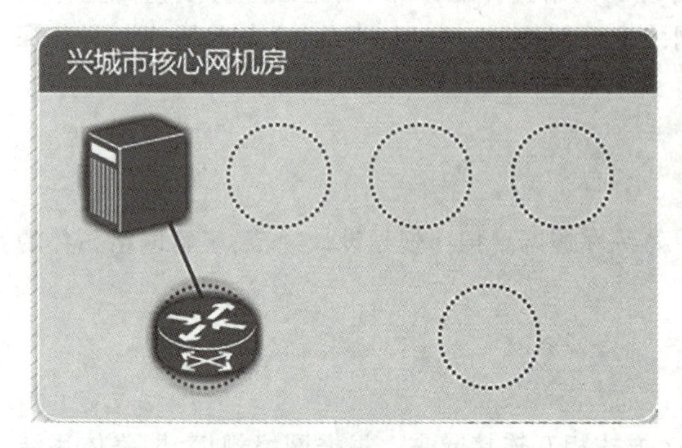

图2-42　Option2 核心网网元拓扑规划设计示意图

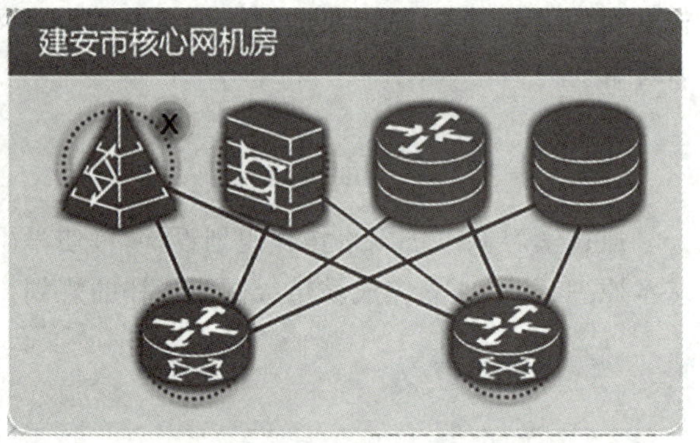

图2-43　Option3x 核心网网元拓扑规划设计示意图

图2-44　承载网网元拓扑规划设计示意图

图2-45　Option2 无线网网元拓扑规划设计示意图

图 2-46　Option3x 无线网网元拓扑规划设计示意图

2.7.6　实训步骤

任务一:Option2 核心网网络拓扑建设

步骤 1:打开 IUV-5G 全网部署与优化软件,单击最上方拓扑规划按钮。进入软件拓扑设计模块,如图 2-47 所示。

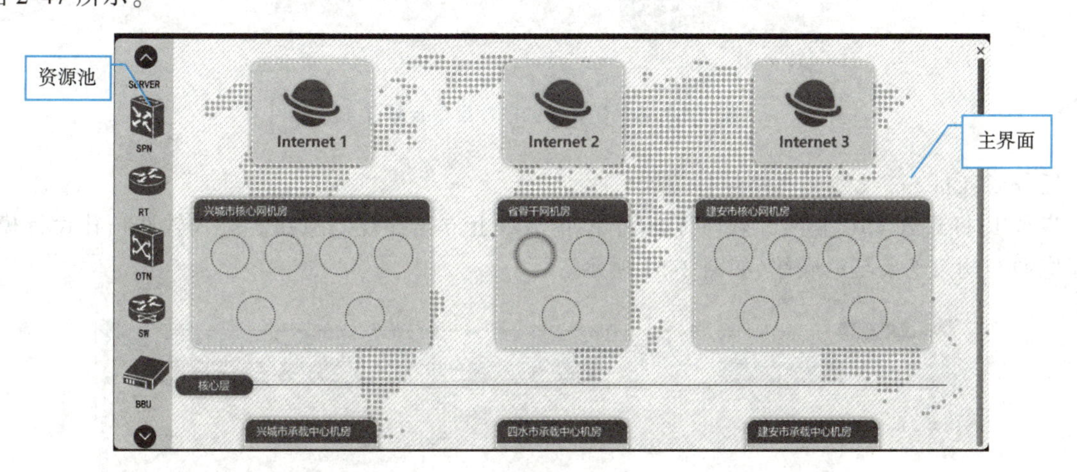

图 2-47　Option2 核心网拓扑规划界面

步骤 2:在资源池中找到并单击 SERVER 设备,按住左键将设备拖动至主界面兴城市核心网机房,并放置在该机房第一排圆圈内,如图 2-48 所示。

步骤 3:按照步骤 2 操作方式,将 SW 网元模块拖放至兴城市核心网机房第二排圆圈内,如图 2-49 所示。

步骤 4:单击兴城市核心网机房内 SERVER 网元,然后再单击下方的 SW 网元,完成二者间线缆连接,如图 2-50 所示。

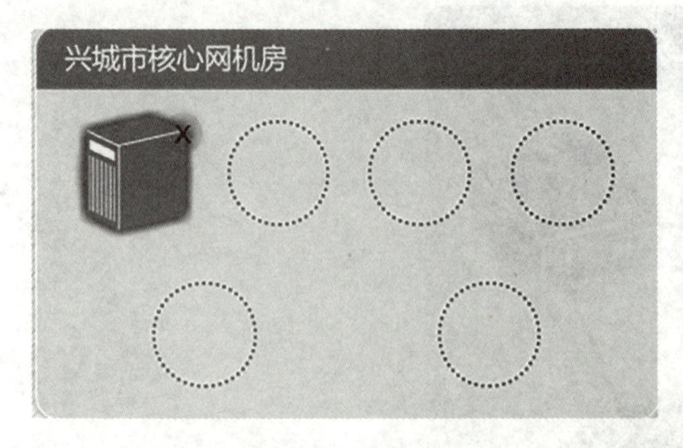

图2-48　核心网机房拓扑规划界面

图2-49　核心网机房拖放规划拖放示意

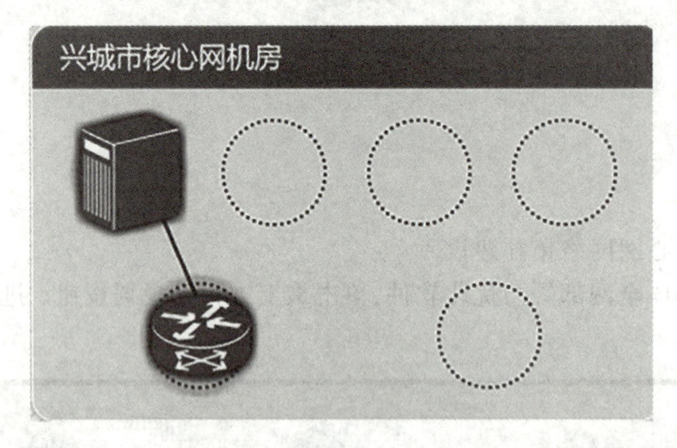

图2-50　核心网机房拓扑规划连线示意

任务二:Option2无线网网络拓扑建设

步骤1:打开IUV5G全网部署与优化软件,单击最上方拓扑规划按钮。进入软件拓扑设计模块,鼠标拖动右侧滚动条至最底端,如图2-51所示。

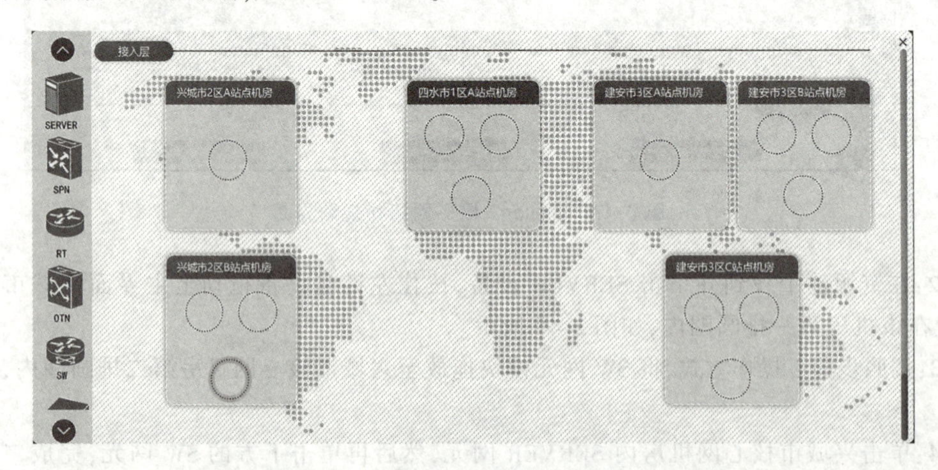

图2-51　Option2无线网拓扑规划界面

步骤 2:在资源池中找到并单击 SPN 设备,按住左键将设备拖动至主界面兴城市 2 区 B 站点机房,并放置在该机房第一排圆圈内,如图 2-52 所示。

步骤 3:按照步骤 2 操作方式,将 CUDU 网元模块拖放至兴城市 2 区 B 站点机房第二排圆圈内,如图 2-53 所示。

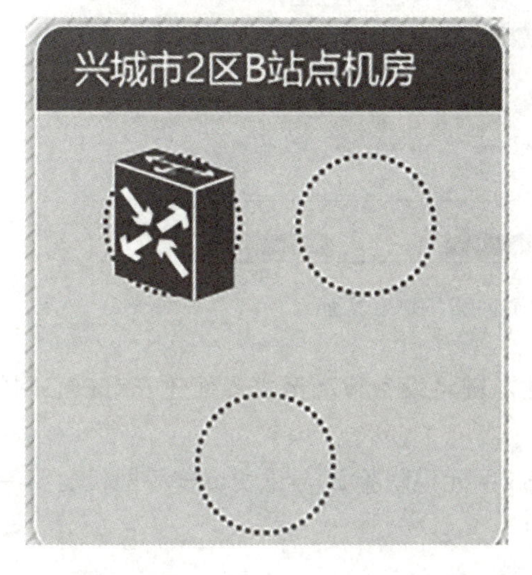

图 2-52　无线机房拓扑规划界面

图 2-53　无线机房拓扑规划拖放示意

步骤 4:单击兴城市 2 区 B 站点机房内 SPN 网元,然后再单击下方的 CUDU 网元,完成二者间线缆连接,如图 2-54 所示。

图 2-54　无线机房拓扑规划连线示意

任务三:Option3x 核心网网络拓扑建设

步骤 1:打开 IUV5G 全网部署仿真软件,单击最上方拓扑规划按钮。进入软件拓扑设计模块,如

图 2-55 所示。

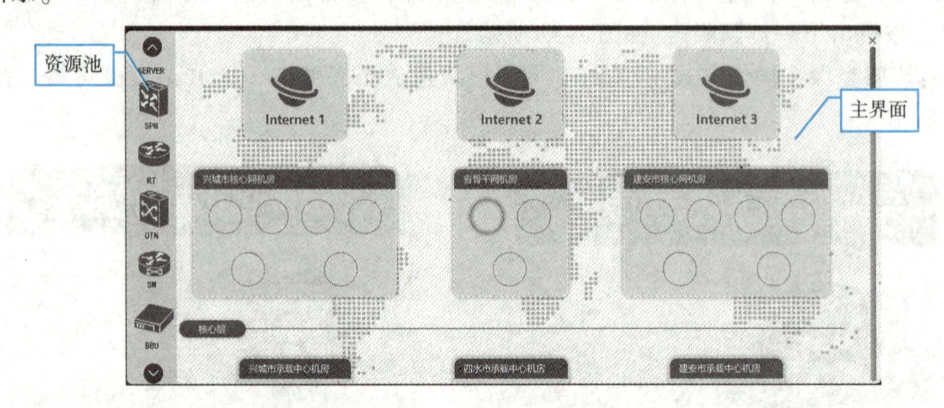

图 2-55　Option3x 核心网拓扑规划界面

步骤 2:在资源池中找到并单击 MME 设备,按住左键将设备拖动至主界面建安市核心网机房,并放置在该机房第一排圆圈内,如图 2-56 所示。

步骤 3:按照步骤 2 操作方式,将 SGW、PGW、HSS 网元模块拖放至建安市核心网机房第一排圆圈内,将 SW 网元拖入第二排圆圈内,如图 2-57 所示。

图 2-56　核心网机房拓扑规划界面

图 2-57　核心网机房拖放示意

步骤 4:单击建安市核心网机房内 MME 网元,再单击下方的 SW 网元,完成线缆连接,并完成所有网元与 SW 之间的连线,如图 2-58 所示。

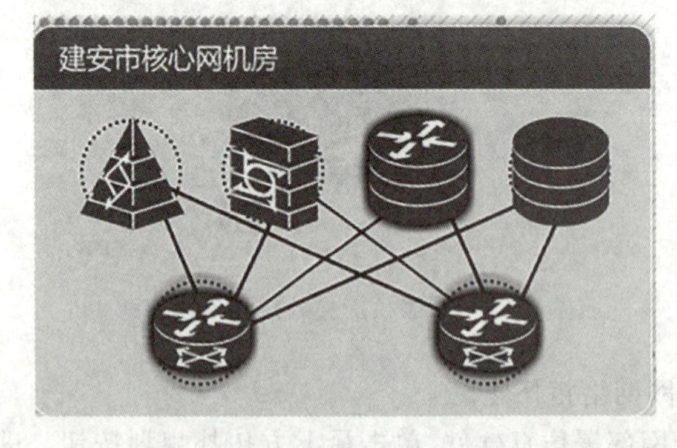

图 2-58　核心网机房连线示意

任务四:Option3x 无线网网络拓扑建设

步骤 1:打开 IUV5G 全网部署仿真软件,单击最上方拓扑规划按钮。进入软件拓扑设计模块,鼠标拖动右侧滚动条至最底端,如图 2-59 所示。

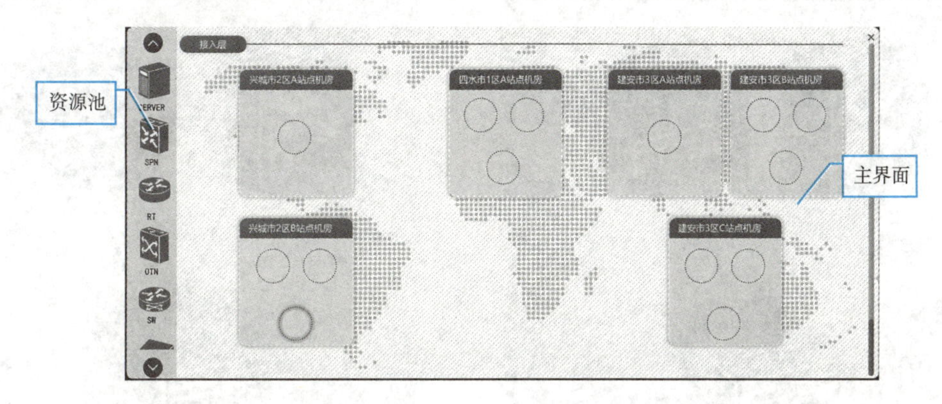

图 2-59 Option3x 无线网拓扑规划界面

步骤 2:在资源池中找到并单击 SPN 设备,按住左键将设备拖动至主界面兴城市承载中心机房,并放置在该机房第一排圆圈内,如图 2-60 所示。

步骤 3:在资源池中找到并单击 BBU 设备,按住左键将设备拖动至主界面建安市 3 区 C 站点机房,并放置在该机房第一排圆圈内,如图 2-61 所示。

图 2-60 无线机房拓扑规划界面

图 2-61 无线机房 BBU 拖放示意

步骤 4:在资源池中找到并单击 CUDU 设备,按住左键将设备拖动至主界面建安市 3 区 C 站点机房,并放置在该机房第二排圆圈内,如图 2-62 所示。

步骤 5:单击建安市无线 3 区 C 站点机房内 SPN 网元,然后再单击下方的 CUDU 网元,完成线缆连接。并完成 BBU 与 SPN、BBU 与 CUDU 之间的互联,如图 2-63 所示。

图 2-62　无线机房 CUDU 拖放示意

图 2-63　无线机房连线示意

任务五：承载网网络拓扑建设

步骤 1：打开 IUV5G 全网部署仿真软件，单击最上方拓扑规划按钮，进入软件拓扑设计模块，如图 2-64 所示。

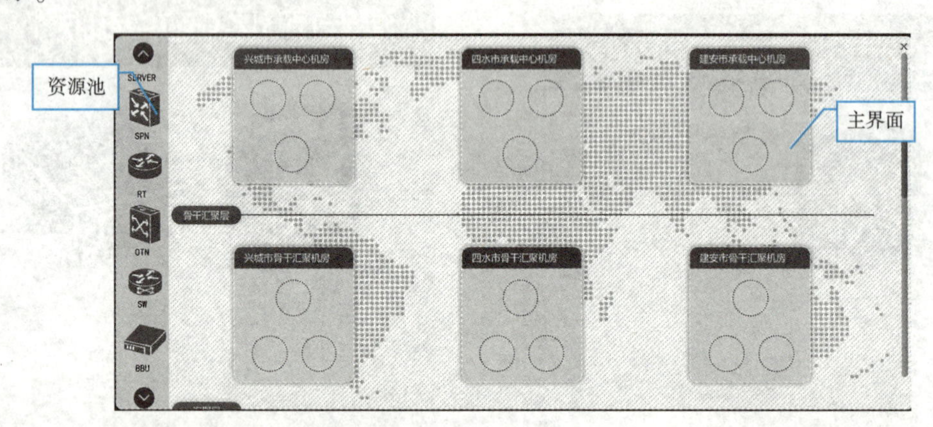

图 2-64　承载网拓扑规划界面

步骤 2：在资源池中找到并单击 SPN、OTN 设备，按住左键将设备拖动至主界面兴城市承载中心机房，并放置在该机房第一、二排圆圈内，如图 2-65 所示。

步骤 3：完成 SPN-SPN、SPN-OTN 之间的互联，如图 2-66 所示。

步骤 4：按照步骤 2 将设备拖动至兴城市骨干汇聚机房，如图 2-67 所示。

步骤 5：完成 SPN-SPN、SPN-OTN 之间的互联，如图 2-68 所示。

步骤 6：完成兴城市骨干汇聚机房与兴城市承载中心机房 OTN 之间的互联，如图 2-69 所示。

图 2-65　承载机房拖放界面 1

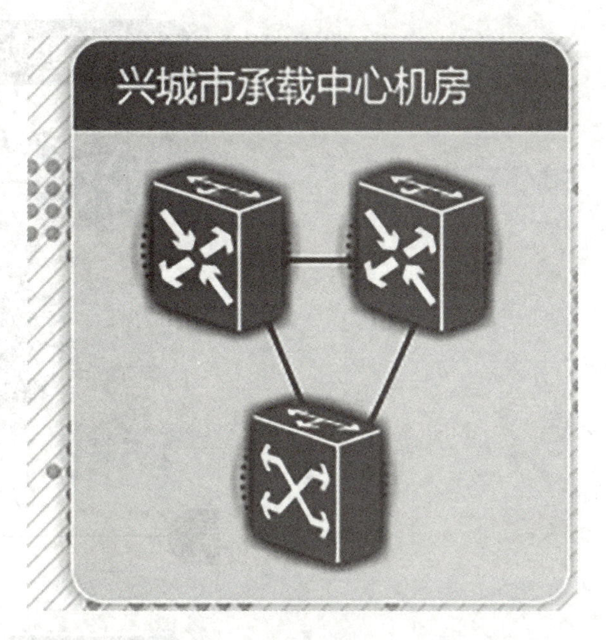

图 2-66　承载机房连线示意 1

图 2-67　承载机房拖放界面 2

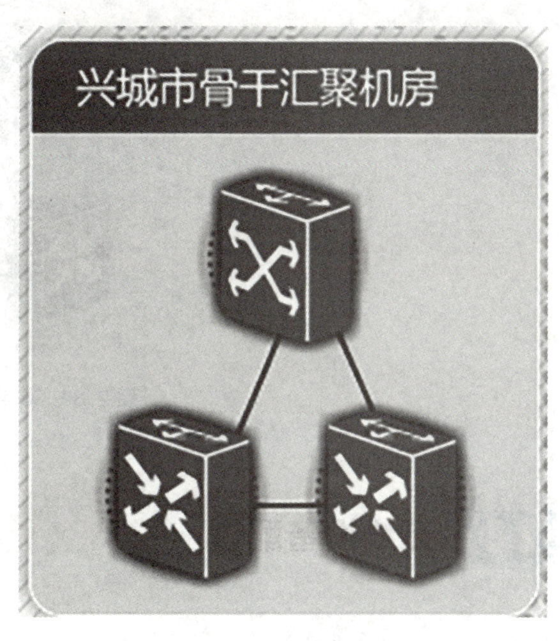

图 2-68　承载机房连线示意 2

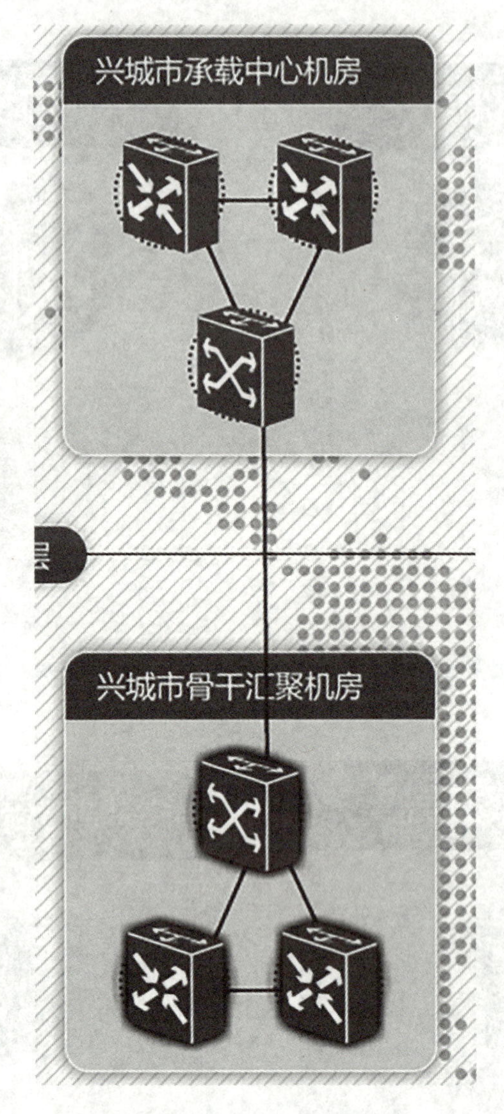

图 2-69　承载机房间连线示意

2.8　无线设备配置

2.8.1　理论概述

无线站点是集成天馈天线、铁塔机房、电源与配电、节能与温控、站点管理工程与服务等产品与工程服务于一体；提供一站式成套的通信站点基础集成与共享方案。

室内基带处理单元(Building Base band Unit)是 2G/3G/4G 网络大量使用分布式基站架构。

RRU(射频拉远单元)和 BBU(基带处理单元)之间需要用光纤连接。一个 BBU 可以支持多个

RRU。采用 BBU + RRU 多通道方案,可以很好地解决大型场馆的室内覆盖。

ITBBU 是世界上第一个基于软件定义架构和网络功能虚拟化(SDN/NFV)的 5G 无线接入(RAN)解决方案。它采用了先进的 SDN/NFV 虚拟化技术,兼容 2G/3G/4G/Pre5G,支持 C-RAN、D-RAN、5G CU-DU,具备强大的面向未来演进的能力。

2.8.2　实训目的

通过无线站点机房的设备配置,学生可掌握无线机房各设备的部署方式与配置规范以及各设备之间线缆选型与连接方式,了解各无线设备的基本功能与作用,并可独立完成无线站点机房的设备部署与线缆连接。

2.8.3　实训任务

当今,无线接入网成为网络应用和建设的热点,无线设备的配置是整个网络搭建的重要组成部分。

这里分为两个实训任务,分别为 Option3x 无线设备配置与 Option2 无线设备配置,配置流程如图 2-70 所示。

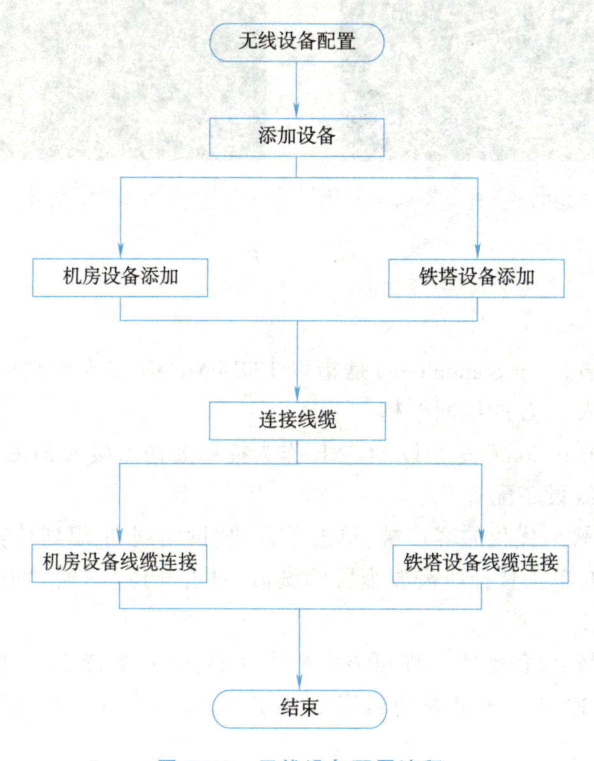

图 2-70　无线设备配置流程

Option2 组网模式无线设备配置流程为:

(1)铁塔添加 5G AAU 设备(若为 Option3x 需拖放 4G AAU 设备);

(2)机房添加 ITBBU 设备、SPN 设备(若为 Option3x 需拖放 BBU 设备);

(3)铁塔设备线缆连接,如 ITBBU 与 5G AAU 通过 LC-LC 光纤相连;

(4)机房设备线缆连接,如 ITBBU 与 SPN 通过 LC-LC 光纤相连,SPN 与 ODF 通过 LC-FC 光纤相连,ITBBU 通过 GPS 馈线与 GPS 相连。

需注意 Option3x 组网下,还需完成 4G 相关无线设备配置。

2.8.4 建议时长

4 课时。

2.8.5 实训规划

不同组网选项的硬件架构如图 2-71 和图 2-72 所示。

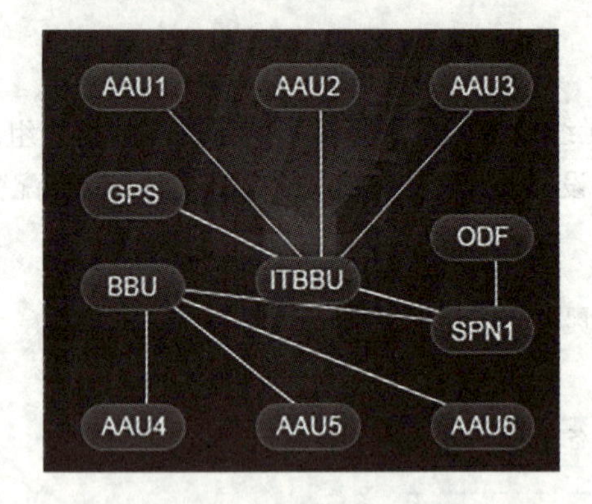

图 2-71 Option3x 硬件架构

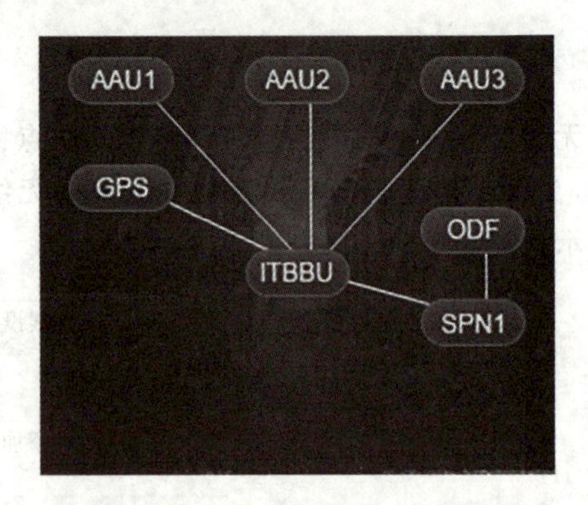

图 2-72 Option2 硬件架构

2.8.6 实训步骤

Option 3x:非独立部署(Non-Standalone)是指以 LTE-eNodeB 作为控制面的锚点,以 5G NR 作为数据的汇聚和分发点,接入 EPC 的组网架构。

Option2:独立部署(Standalone)是指以 5G NR 作为控制面锚点接入 5GC 的组网架构。

任务一:Option 3x 无线设备配置

登录 IUV-5G 全网部署与优化的客户端,单击下方的“网络规划-规划计算”按钮,在上方的“四水市”“建安市”“兴城市”中,单击选择所需要配置的城市,单击选择“非独立组网-双连接架构 1”,单击“下一步”按钮,按钮如图 2-73 所示。

单击下方的“网络配置-设备配置”,即可显示机房完整界面,如图 2-74 所示,单击选中所需配置的站点机房,本案例中选择“建安市 B 站点机房”,找出“建安市 B 站点机房”并单击,进入“建安市 B 站点机房”。

依次单击上方选择“无线网-建安市 B 站点无线机房”可看到“建安市 B 站点无线机房”的设备配置界面,如图 2-75 所示;“建安市 C 站点无线机房”的设备配置界面与“建安市 B 站点无线机房”的一致;“兴城市 B 站点无线机房” 的设备配置界面,如图 2-76 所示;“四水市 A 站点无线机房” 的设备配置界面,如图 2-77 所示。

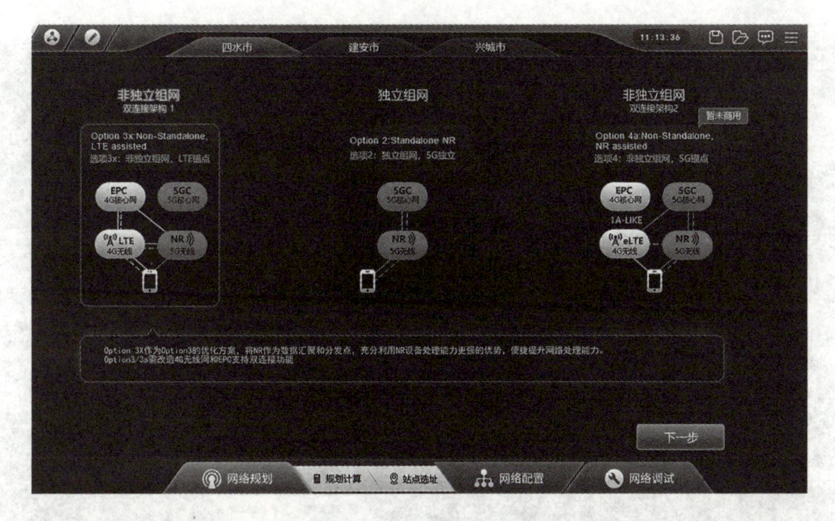

图 2-73　组网选项选择

图 2-74　无线机房选择

图 2-75　无线机房外景类型 1

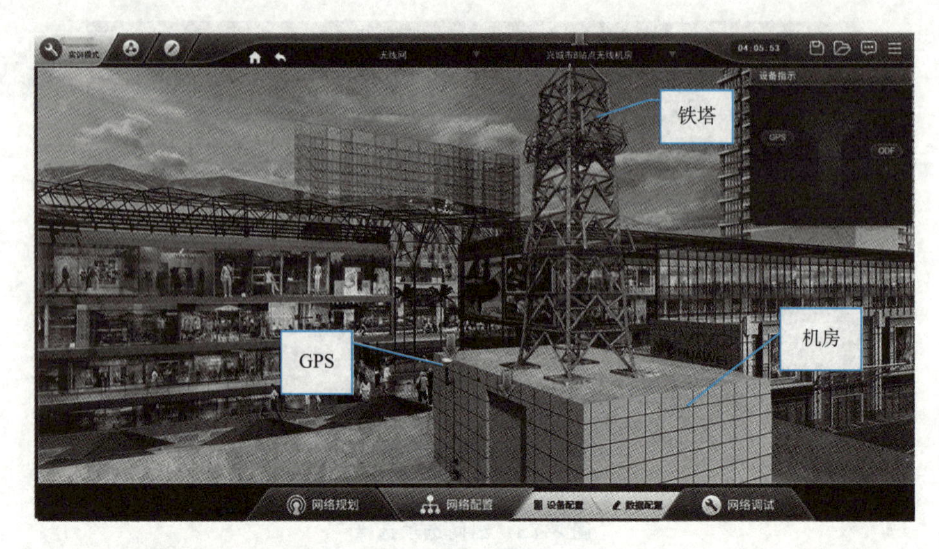

图 2-76　无线机房外景类型 2

图 2-77　无线机房外景类型 3

站点无线机房配置界面介绍见表 2-17。

表 2-17　站点无线机房配置界面介绍

名　　称	说　　明
设备指示区域	指示所放置的设备名称以及拓扑连线,可通过单击图中的不同设备实现设备间切换
铁塔	用钢铁材料建成的高塔,用于放置 AAU 设备
美化树	以自然生长的松树、樟树等为仿真伪装,使人们察觉不到塔的存在,用于放置 AAU 设备
机房	放置 BBU、SPN、RT、ODF 等无线网络设备
GPS	全球定位系统(Global Positioning System,GPS)用于和卫星进行时钟同步

站点无线机房配置主要分为以下两个大的操作步骤：

(1)添加设备：设备资源池中有“AAU4G、AAU5G 低频、AAU5G 高频、5G 基带处理单元、BBU、SPN(大型、中型、小型)、RT(大型、中型、小型)、4G 基带处理板、5G 基带处理板、虚拟通用计算板、虚拟电源分配板、虚拟环境监控板、4G 虚拟交换板、5G 虚拟交换板”的设备可供选择，长按鼠标左键即可拖放至相应的机框中。

站点无线机房资源池设备介绍见表 2-18。

表 2-18　无线机房设备说明

名　　称	说　　明
AAU	Active Antenna Unit(有源天线单元)
BBU	(由于四水市的机房位于室外，所以没有 BBU 的设备)
SPN	Slicing Packet Network，(切片分组网)，5G 网络切片中的关键技术
RT	Router(路由器)，是连接两个或多个网络的硬件设备，在网络间起网关的作用
ODF	Optical Distribution Frame(光纤配线架)是专为光纤通信机房设计的光纤配线设备，具有光缆固定和保护功能、光缆终接和跳线功能
5G 基带处理单元(ITBBU)	用于放置 4G 基带处理板、5G 基带处理板、虚拟通用计算板、虚拟电源分配板、虚拟环境监控板、4G 虚拟交换板、5G 虚拟交换板等设备
基带处理板	4G 基带处理板(BP4G)：用来处理物理层的协议和 3GPP 定义的 2G、3G、4G 协议
	5G 基带处理板(BP5G)：用来处理物理层的协议和 3GPP 定义的 5G 协议
虚拟交换板	主要实现基带单元的控制管理、以太网交换、传输接口处理、系统时钟的恢复和分发及空口高层协议的处理
虚拟通用计算板	可用作移动边缘计算(MEC)、应用服务器、缓存中心等
虚拟电源分配板	功能如下：(1)实现 －48 V 直流输入电源的防护、滤波、防反接，额定电流 50 A。(2)输出支持 －48 V oring 功能，支持主备功能。(3)支持欠电压告警，支持电压和电流监控。(4)支持温度监控
虚拟环境监控板	功能如下：(1)支持 12 路干接点，4 路双向，8 路输入。(2)支持 1 路全双工或半双工 RS-485 监控接口。(3)支持 1 路 RS-232 监控接口

(2)连接线缆：单击设备或者设备指示区域的设备名称，即可看到在线缆池中可供选择的线缆：“成对 LC-LC 光纤、LC-LC 光纤、成对 LC-FC 光纤、LC-FC 光纤、以太网线、天线跳线、GPS 跳线”，单击选中线缆，光标会附带接口连线选择需要的线缆，根据设备上不同接口的不同需要进行线缆的连接。

站点无线机房资源池线缆介绍，见表 2-19。

表 2-19　线缆说明

名　称	说　明
LC-LC 光纤	光口之间的连接,常用于连接 BBU 和 AAU,ITBBU 和 AAU,ITBBU 和 SPN
LC-FC 光纤	常用于连接 SPN 与 ODF
以太网线	网口之间的连接,常用于连接 SPN 与 BBU
天线跳线	属于二分之一馈线
GPS 跳线	用于 5G 虚拟交换单板 GNSS 接口和 GPS 防雷器的连接
GPS 馈线	常用于连接 ITBBU 与 GPS

接口格式说明见表 2-20。

表 2-20　设备接口指示

接口格式	说　明
XXX_X_XXX_X	设备名称_槽位号_单板名称/接口速率_端口号
▶本端接口： _SPN1_1_2X100GE_1	本端接口:SPN 设备上的 1 号槽位的 2×100GE 速率口的 1 号端口
▶对端接口： _ITBBU_9_SW5G_4	对端接口:ITBBU 设备上的 9 号槽位的 SW5G 单板的 1 号端口

设备配置如下(4 个站点无线机房的配置基本一致,除了四水市因为机房放置在室外,不需要加上 BBU 设备)。

(1)添加设备:将鼠标移动至机房门处,机房门出现高亮颜色提示,单击该机房门进入机房,如图 2-78 所示;该机房内部,如图 2-79 所示。

图 2-78　机房外部

图 2-79　机房内部

单击机房内左侧机柜，主界面右下角为“设备资源池”，在设备资源池中，长按鼠标左键选取“5G 基带处理单元”，将其拖放至机柜内对应红框提示处，同理可完成 BBU 设备的放置，结果如图 2-80 所示。

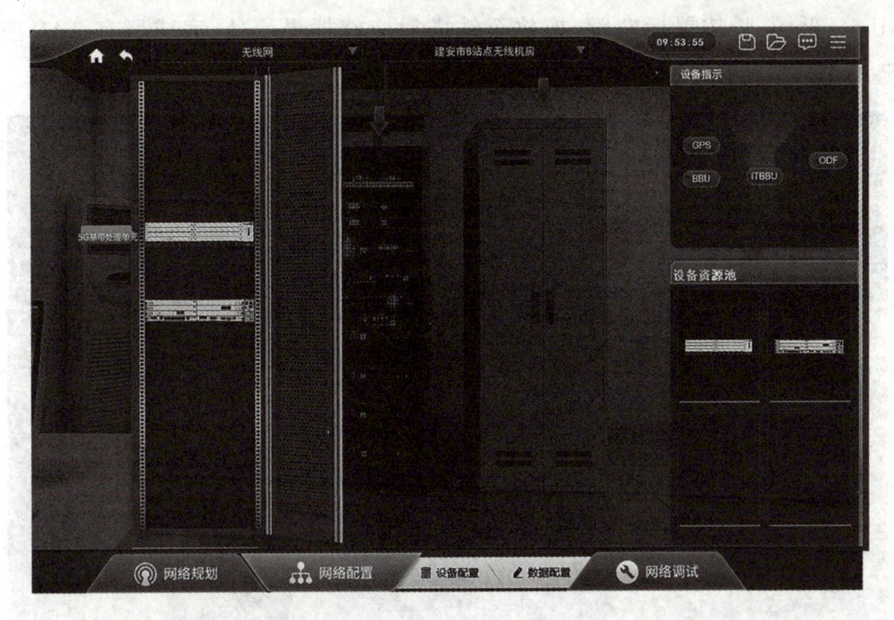

图 2-80　机柜内部

左侧机柜设备安装完成后，单击上方的返回箭头，即可回到三个机柜的主界面视图，单击中间机柜进入视图，在主界面右下角“设备资源池”中有 6 种设备可供选择，分别为大、中、小型的 SPN 和 RT 设备，此处以小型 SPN 为例，将光标放置在设备资源池中各个设备上，根据提示找到小型 SPN，长按鼠标左键选取“小型 SPN”，将其拖放至主界面机柜内对应红框提示处，结果如图 2-81 所示。

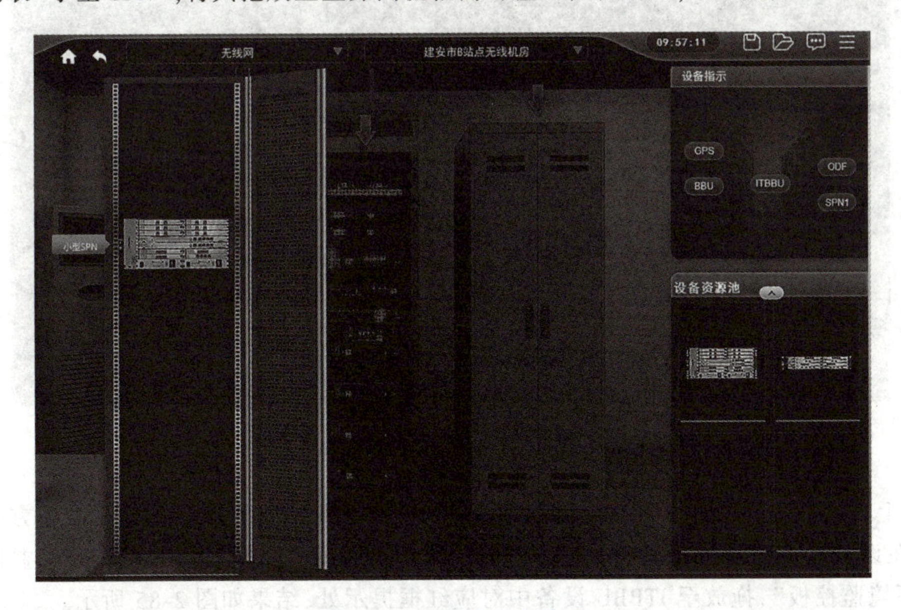

图 2-81　机柜内设备拖放

中间机柜设备安装完成后，单击上方的返回箭头退回至站点机房整体视图，将鼠标移动至基站铁塔，单击该处的高亮提示，如图2-82～图2-85所示；进入AAU安装界面；从右侧设备资源池中选择AAU 4G、AAU 5G低频，长按鼠标左键，拖放至铁塔对应红框提示处，完成所有AAU安装，结果如图2-83所示。

图2-82　机房外铁塔

图2-83　塔顶AAU拖放

单击右上角设备指示图中的ITBBU设备，进入ITBBU内部结构，ITBBU的槽位分布方式如图2-84所示；依次在设备池中选择“5G基带处理板”“5G虚拟交换板”“虚拟通用计算板”“虚拟电源分配板”“虚拟环境监控板”，拖放至ITBBU设备中对应红框提示处，结果如图2-85所示。

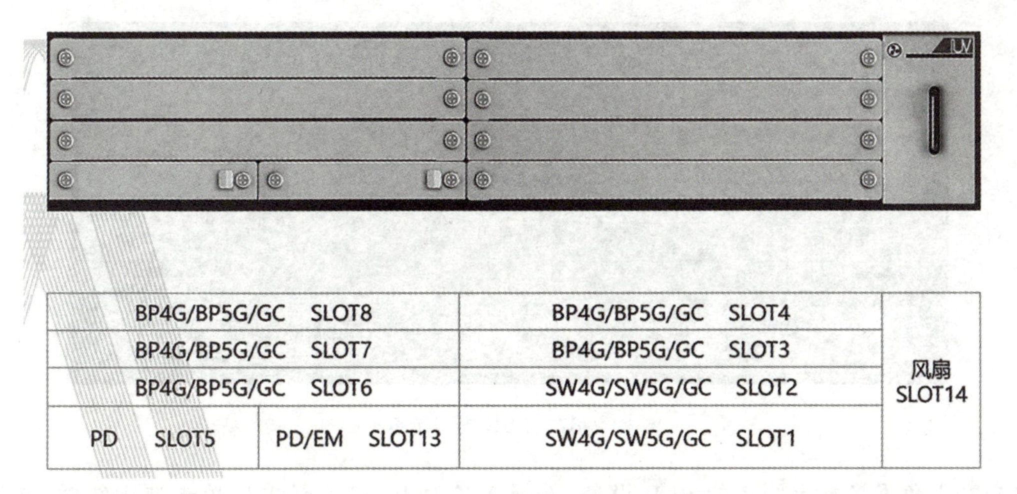

BP4G/BP5G/GC　SLOT8		BP4G/BP5G/GC　SLOT4	风扇 SLOT14
BP4G/BP5G/GC　SLOT7		BP4G/BP5G/GC　SLOT3	
BP4G/BP5G/GC　SLOT6		SW4G/SW5G/GC　SLOT2	
PD　SLOT5	PD/EM　SLOT13	SW4G/SW5G/GC　SLOT1	

图 2-84　ITBBU 单板介绍

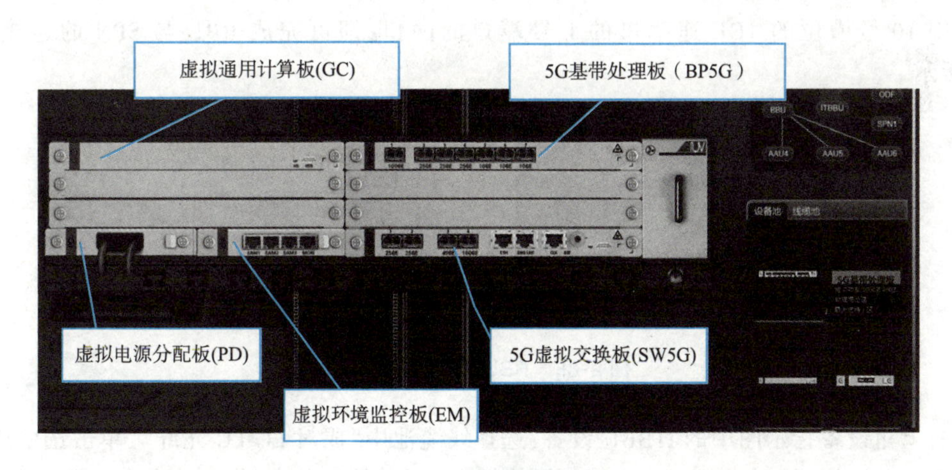

图 2-85　单板位置分布

（2）连接线缆：单击右上角设备指示图中的 BBU 设备，选择线缆池中“成对 LC-LC 光纤”，单击选中线缆，光标会附带接口连线，找到 BBU 中的 TX0 RX0 接口单击；依次单击右上角设备指示图中的 AAU4 设备，单击 OPT1 接口，即可完成 BBU 与 AAU4 的线缆连接，结果如图 2-86 所示；同理可完成 AAU5 与 AAU6 的线缆连接，结果如图 2-87 所示。

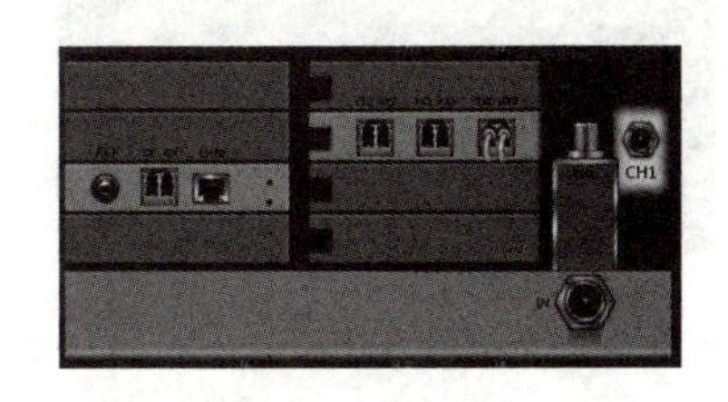

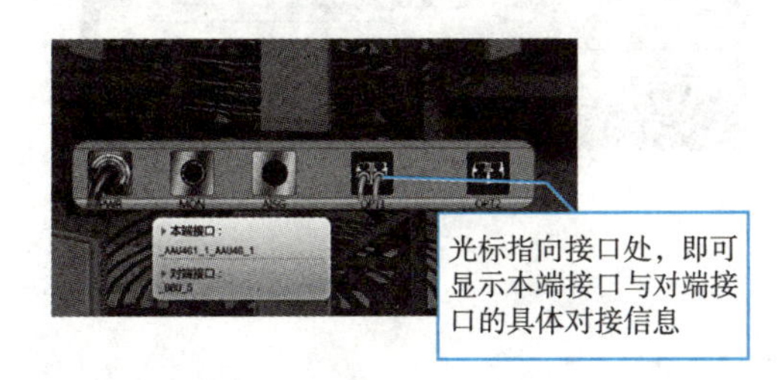

图 2-86　AAU 接口指示

图2-87　BBU连线示意

单击右上角设备指示图中的BBU设备,选择线缆池中“以太网线”,单击选中线缆,光标会附带接口连线,找到BBU设备中的网口单击;依次单击右上角设备指示图中的SPN设备,再单击SPN设备中10号槽位的4GE速率口的1号端口的网口,即可完成BBU与SPN的连接,结果如图2-88所示。

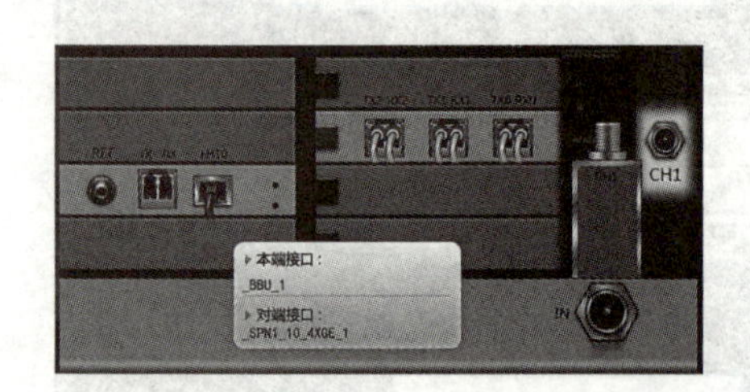

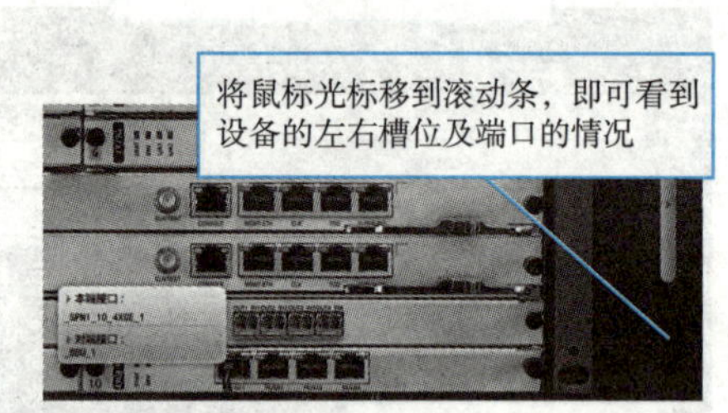

图2-88　BBU-SPN连线示意

单击右上角设备指示图中的ITBBU设备,选择线缆池中“成对LC-LC光纤”,单击选中线缆,鼠标光标会附带接口连线,找到ITBBU中PB5G板的任意25GE接口单击;依次单击右上角设备指示图中的AAU1设备,单击25GE接口,即可完成ITBBU与AAU1的线缆连接,结果如图2-89所示;同理可完成AAU2与AAU3的线缆连接,结果如图2-90所示。

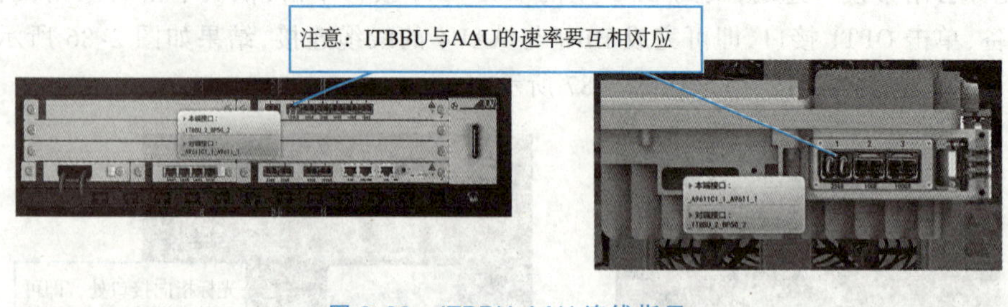

图2-89　ITBBU-AAU连线指示

图 2-90　ITBBU-AAU 接口指示

单击右上角设备指示图中的 ITBBU 设备，选择线缆池中“GPS 馈线”，单击选中线缆，光标会附带接口连线，找到 ITBBU 设备中的 ITGPS_1 接口单击，依次单击右上角设备指示图中的 GPS 设备，单击 IN 接口，即可完成 ITBBU 与 GPS 的线缆连接，结果如图 2-91 所示。

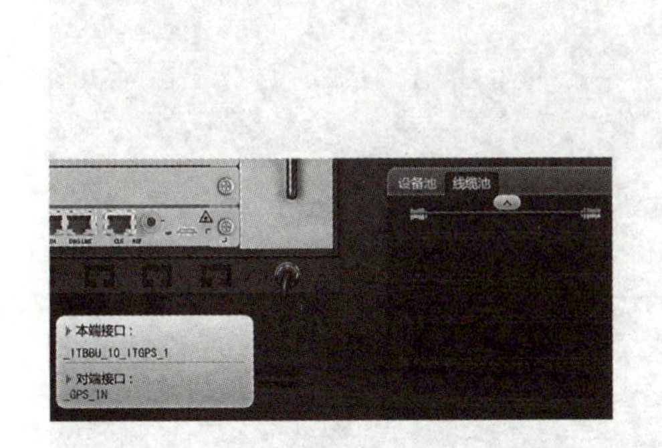

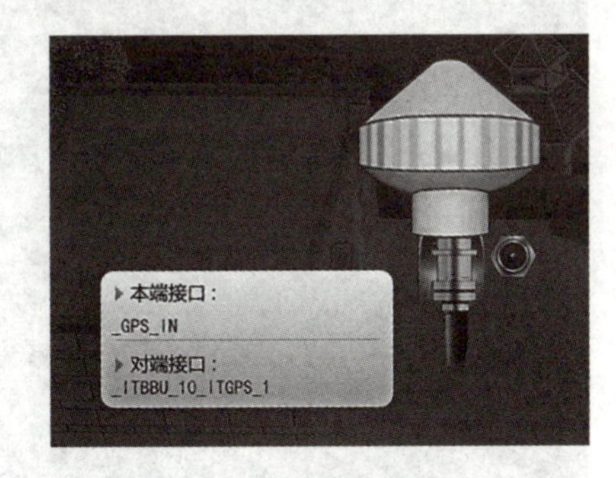

图 2-91　ITBBU-GPS 连线示意

单击右上角设备指示图中的 ITBBU 设备，选择线缆池中“成对 LC-LC 光纤”，单击选中线缆，光标会附带接口连线，找到 ITBBU 中 SW5G 板的 4 号 100GE 接口单击；依次单击右上角设备指示图中的 SPN 设备，单击 1 号单板的 OUT IN1 接口，即可完成 ITBBU 与 SPN 的线缆连接，结果如图 2-92 所示。

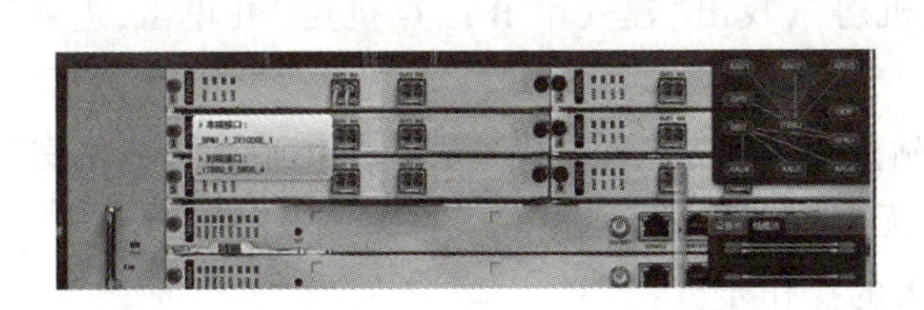

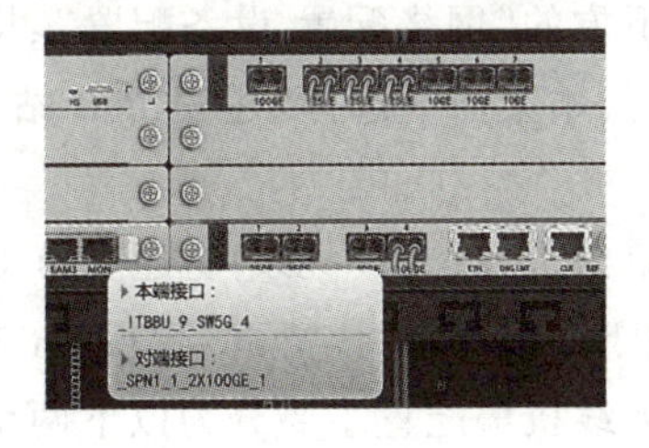

图 2-92　ITBBU-SPN 连线示意

单击右上角设备指示图中的 SPN 设备，选择线缆池中“成对 LC-FC 光纤”，单击选中线缆，光标会附带接口连线，找到 SPN 设备中 1 号单板的 OUT IN2 接口单击；依次单击右上角设备指示图中的 ODF 设备，单击对端是“建安市 3 区汇聚机房端口 5”的“T-R”接口，即可完成 SPN 与 ODF 的连接，结果如图 2-93 所示。

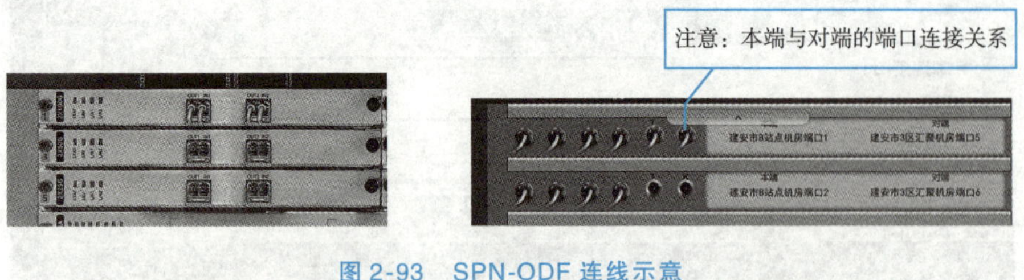

图 2-93 SPN-ODF 连线示意

任务二：Option 2 无线设备配置

单击下方的“网络规划-规划计算”按钮，在上方的“四水市”“建安市”“兴城市”中，单击选择所需要配置的城市，单击选择“独立组网”，单击“下一步”按钮，如图 2-94 所示。

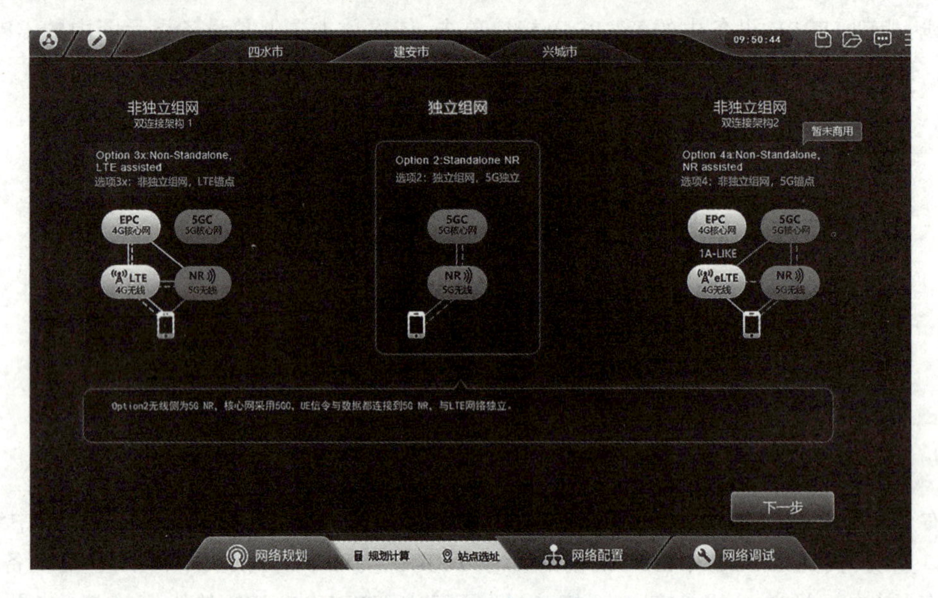

图 2-94 组网选项选择

单击下方的“网络配置-设备配置”，即可显示机房完整界面，如图 2-95 所示，单击选中所需配置的站点机房，本案例中选择“建安市 B 站点机房”，找出“建安市 B 站点机房”并单击，进入“建安市 B 站点机房”。

依次单击上方选择“无线网-建安市 B 站点无线机房”可看到“建安市 B 站点无线机房”的设备配置界面，由于篇幅有限，详情请见 Option 3x 无线配置中的介绍。

站点无线机房配置主要分为以下两个大的操作步骤：

(1)添加设备：设备资源池中有“AAU5G 低频、AAU5G 高频、5G 基带处理单元、SPN(大型、中型、小型)、RT(大型、中型、小型)、4G 基带处理板、5G 基带处理板、虚拟通用计算板、虚拟电源分配板、虚拟环境监控板、4G 虚拟交换板、5G 虚拟交换板”的设备可供选择，长按鼠标左键即可拖放至相应的机框中。

(2)连接线缆：单击设备或者设备指示区域的设备名称，即可看到在线缆池中可供选择的线缆：

“成对 LC-LC 光纤、LC-LC 光纤、成对 LC-FC 光纤、LC-FC 光纤、以太网线、天线跳线、GPS 跳线”，单击选中线缆，光标会附带接口连线选择需要的线缆，根据设备上不同接口的不同需要进行线缆连接。

图 2-95　无线机房选择

设备配置如下(4 个站点无线机房的配置基本一致)：

(1)添加设备：将鼠标移动至机房门处，机房门出现高亮颜色提示，单击该机房门进入机房，如图 2-96 所示；该机房内部，如图 2-97 所示。

图 2-96　机房外部

图 2-97　机房内部

单击机房内左侧机柜，主界面右下角为“设备资源池”，在设备资源池中，长按鼠标左键选取“5G 基带处理单元”，将其拖放至机柜内对应红框提示处，结果如图 2-98 所示。

图2-98　机柜内部

左侧机柜设备安装完成后，单击上方的返回箭头，即可回到三个机柜的主界面视图，单击中间机柜进入视图，在主界面右下角“设备资源池”中有6种设备可供选择，分别为大、中、小型的SPN和RT设备，此处以小型SPN为例，将光标放置在设备资源池中各个设备上，根据提示找到小型SPN，长按鼠标左键选取“小型SPN”，将其拖放至主界面机柜内对应红框提示处，结果如图2-99所示。

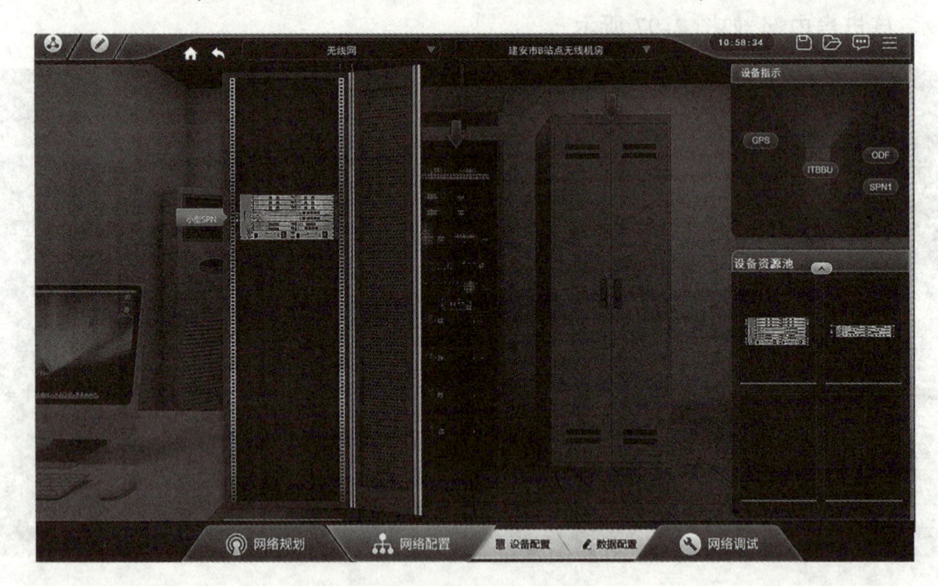

图2-99　机柜设备拖放

中间机柜设备安装完成后，单击上方的返回箭头退回至站点机房整体视图，将光标移动至基站铁塔，单击该处的高亮提示，如图2-100所示；进入AAU安装界面；从右侧设备资源池中选择AAU 5G低频，长按鼠标左键，拖放至铁塔对应红框提示处，完成所有AAU安装，结果如图2-101所示。

图 2-100 机房外铁塔

图 2-101 塔顶 AAU 拖放

单击右上角设备指示图中的 ITBBU 设备，进入 ITBBU 内部结构，ITBBU 的槽位分布方式，如图 2-102 所示；依次在设备池中选择“5G 基带处理板”“5G 虚拟交换板”“虚拟通用计算板”“虚拟电源分配板”“虚拟环境监控板”，拖放至 ITBBU 设备中对应红框提示处，结果如图 2-103 所示。

(2) 连接线缆：单击右上角设备指示图中的 ITBBU 设备，选择线缆池中“成对 LC-LC 光纤”，单击选中线缆，光标会附带接口连线，找到 ITBBU 中 PB5G 板的任意 25GE 接口单击；依次单击右上角设备指示图中的 AAU1 设备，单击 25GE 接口，即可完成 ITBBU 与 AAU1 的线缆连接，如图 2-104 所示；同理可完成 AAU2 与 AAU3 的线缆连接，结果如图 2-105 所示。

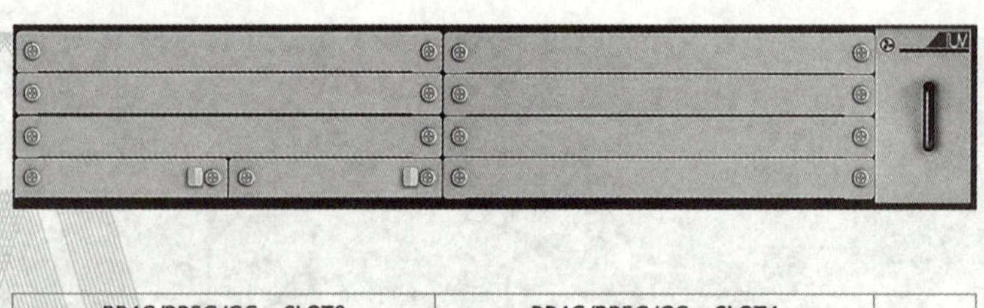

BP4G/BP5G/GC　SLOT8		BP4G/BP5G/GC　SLOT4	风扇 SLOT14
BP4G/BP5G/GC　SLOT7		BP4G/BP5G/GC　SLOT3	
BP4G/BP5G/GC　SLOT6		SW4G/SW5G/GC　SLOT2	
PD　SLOT5	PD/EM　SLOT13	SW4G/SW5G/GC　SLOT1	

图 2-102　ITBBU 单板位置

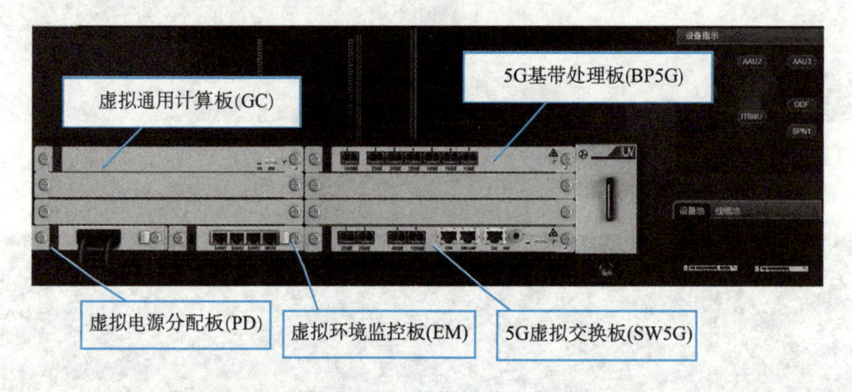

图 2-103　单板拖放示意

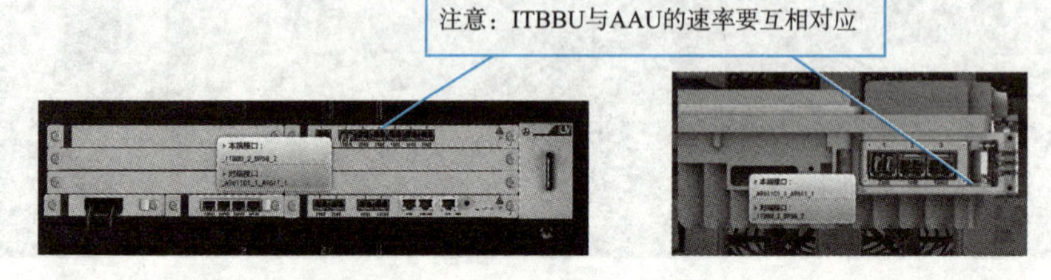

图 2-104　ITBBU-AAU 连线示意

图 2-105　ITBBU 接口示意

单击右上角设备指示图中的 ITBBU 设备，选择线缆池中“GPS 馈线”，单击选中线缆，光标会附带接口连线，找到 ITBBU 设备中的 ITGPS-1 接口单击，依次单击右上角设备指示图中的 GPS 设备，单击 IN 接口，即可完成 ITBBU 与 GPS 的线缆连接结果如图 2-106 所示。

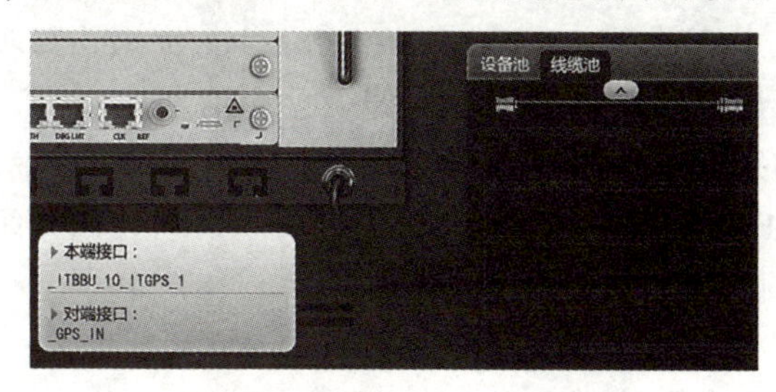

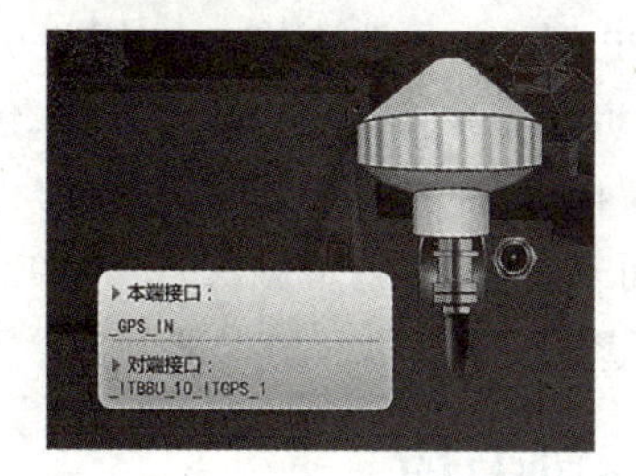

图 2-106　ITBBU-GPS 连线示意

单击右上角设备指示图中的 ITBBU 设备，选择线缆池中“成对 LC-LC 光纤”，单击选中线缆，光标会附带接口连线，找到 ITBBU 中 SW5G 板的 4 号 100GE 接口单击，依次单击右上角设备指示图中的 SPN 设备，单击 1 号单板的 OUT IN1 接口，即可完成 ITBBU 与 SPN 的线缆连接，结果如图 2-107 所示。

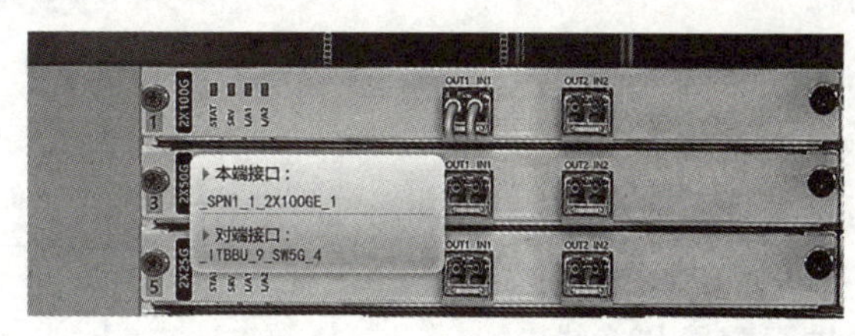

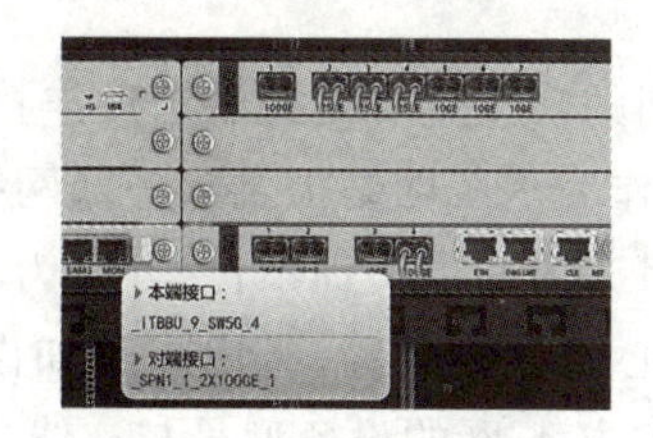

图 2-107　ITBBU-SPN 连线示意

单击右上角设备指示图中的 SPN 设备，选择线缆池中“成对 LC-FC 光纤”，单击选中线缆，光标会附带接口连线，找到 SPN 设备中 1 号单板的 OUT IN2 接口单击；依次单击右上角设备指示图中的 ODF 设备，单击对端是“建安市 3 区汇聚机房端口 5”的“T-R”接口，即可完成 SPN 与 ODF 的连接，结果如图 2-108 所示。

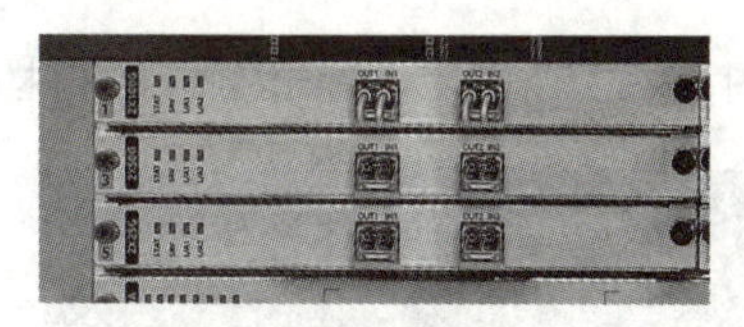
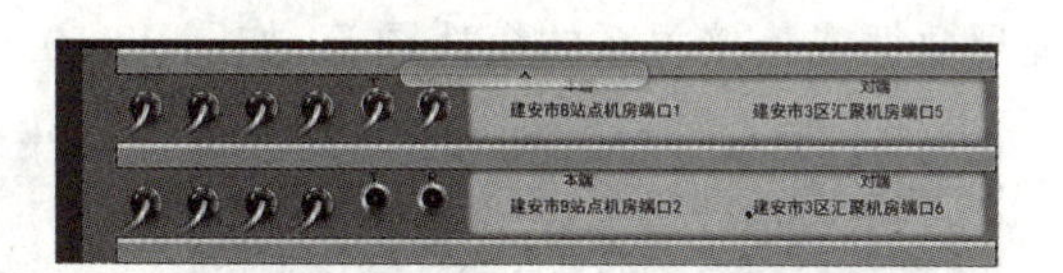

图 2-108　SPN-ODF 连线示意

2.9　核心网设备配置

2.9.1　理论概述

EPC(Evolved Packet Core)，负责核心网部分，5G 软件中主要包括 MME、SGW 和 PGW、HSS 等网

元。MME(Mobility Management Entity,移动管理实体)主要负责信令处理,包括负责移动性管理、承载管理、用户的鉴权认证、SGW和PGW的选择等功能;SGW(Serving Gateway,服务网关)主要负责用户面处理,负责数据包的路由和转发等功能;PGW(PDN Gateway,分组数据网网关)主要负责管理3GPP和non-3GPP间的数据路由等PDN网关功能、地址分配。HSS(Home Subscriber Server,归属用户服务器)主要负责存储并管理用户签约数据,包括用户鉴权信息、位置信息及路由信息。

EPC架构中各功能实体间的接口协议均采用基于IP的协议,部分接口协议是由2G/3G分组域标准演进而来,部分是新增协议,如MME与HSS间S6a接口的Diameter协议等。详细介绍可以参考实训步骤EPC对接接口与协议部分。

2.9.2 实训目的

通过无线站点机房的设备配置,学生可掌握无线机房各设备的部署方式与配置规范以及各设备之间线缆选型与连接方式,了解各无线设备的基本功能与作用,并可独立完成无线站点机房的设备部署与线缆连接。

2.9.3 实训任务

核心网的功能主要是提供用户连接、对用户的管理以及对业务完成承载,作为承载网络提供到外部网络的接口。

本项目分为两个实训项目,分别为Option3x核心网设备配置与Option2核心网设备配置,通用步骤如图2-109,具体配置时需根据EPC或5GC核心网的设备型号与连线规则进行配置与连线。

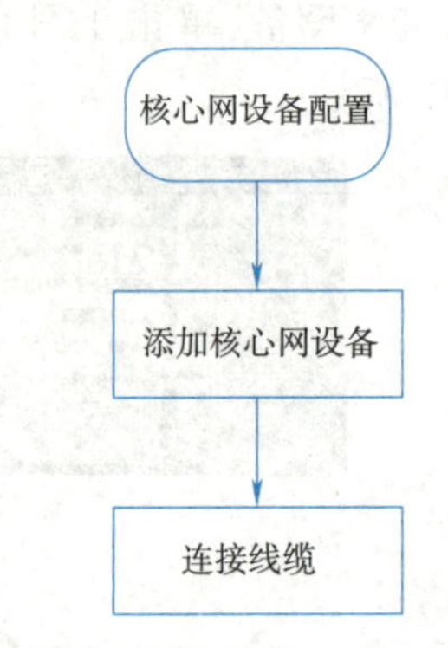

图2-109 核心网设备配置流程

2.9.4 建议时长

4课时。

2.9.5 实训规划

反映规划数据或连接关系的拓扑图等,如图2-110和图2-111所示。(写出对应的存档名称)

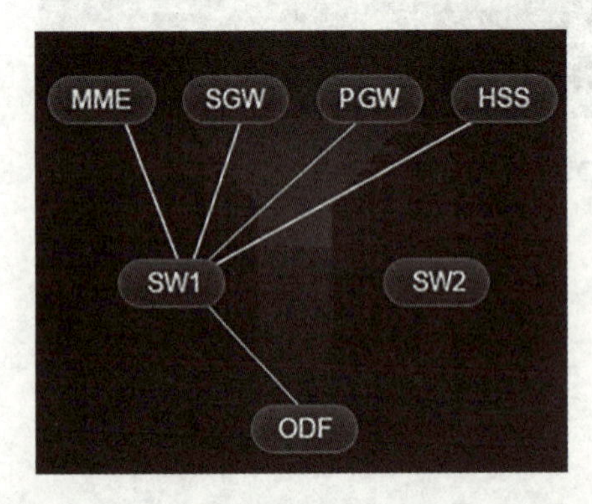

图2-110 EPC核心网拓扑

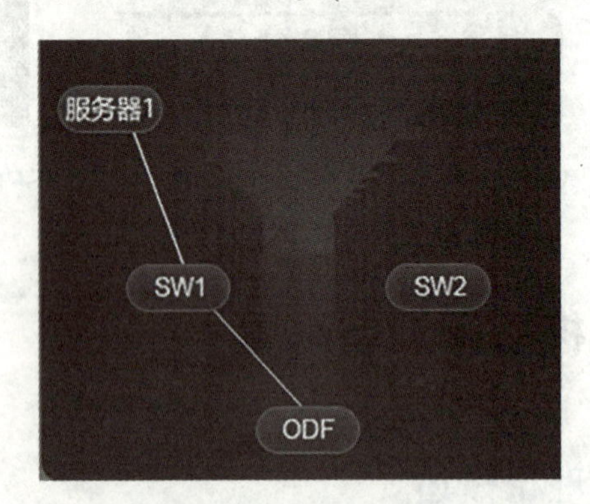

图2-111 5GC核心网拓扑

2.9.6　实训步骤

任务一:Option3x 核心网设备配置

登录 IUV-5G 全网部署与优化的客户端,单击下方的"网络规划-规划计算"按钮,在上方的"四水市""建安市""兴城市"中,光标单击选择所需要配置的城市,选择"非独立组网-双连接架构 1",单击"下一步"按钮,如图 2-112 所示。

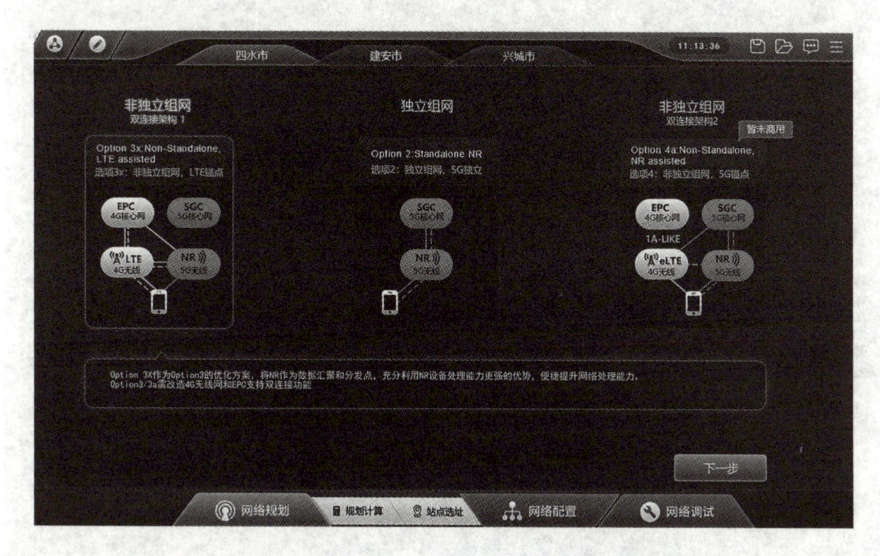

图 2-112　组网选项选择

单击下方的"网络配置-设备配置",即可显示机房完整界面,如图 2-113 所示。单击选中所需配置的站点机房,本案例中选择"建安市核心网机房",找出"建安市核心网机房"并单击,进入建安市核心网机房。

图 2-113　核心网机房选择

依次单击上方选择"核心网-建安市核心网机房",可看到建安市核心网机房内部的配置界面,如图2-114所示。"兴城市核心网机房"的配置界面功能以及配置方法均基本一致。

图2-114　核心网机房内部

核心网设备配置主要分为以下两个大的操作步骤:

(1)添加设备:设备资源池中有"大型、中型、小型的MME、SGW、PGW、HSS"设备可供选择,长按鼠标左键即可拖放至相应的机框中。

核心网机房资源池设备介绍见表2-21。

表2-21　EPC网元功能

名　称	说　明
MME	MME(Mobility Management Entity,移动管理实体)主要负责信令处理,包括负责移动性管理、承载管理、用户的鉴权认证、SGW和PGW的选择等功能
SGW	SGW(Serving Gateway,服务网关)主要负责用户面处理,负责数据包的路由和转发等功能
PGW	PGW(PDN Gateway,分组数据网网关)主要负责管理3GPP和non-3GPP间的数据路由等PDN网关功能、地址分配
HSS	HSS(Home Subscriber Server,归属用户服务器)主要负责存储并管理用户签约数据,包括用户鉴权信息、位置信息及路由信息

(2)连接线缆：单击设备或者设备指示区域的设备名称，即可看到在线缆池中可供选择的线缆："成对 LC-LC 光纤、LC-LC 光纤、成对 LC-FC 光纤、LC-FC 光纤、以太网线、天线跳线、GPS 跳线"，点击选中线缆，鼠标光标会附带接口连线选择需要的线缆，根据设备上不同接口的不同需要进行线缆连接。

设备配置如下（两个核心网机房的配置基本一致）：

(1)添加设备：单击机房内左侧机柜，进入该设备机柜，在主界面右下角显示的"设备资源池"中，提供有大、中、小三种型号的 HSS，在设备资源池中，长按鼠标左键选取"大型的 HSS"，如图 2-115 所示，将其拖放至机柜内对应红框提示处，同理可完成 HSS 设备的放置，结果如图 2-116 所示。

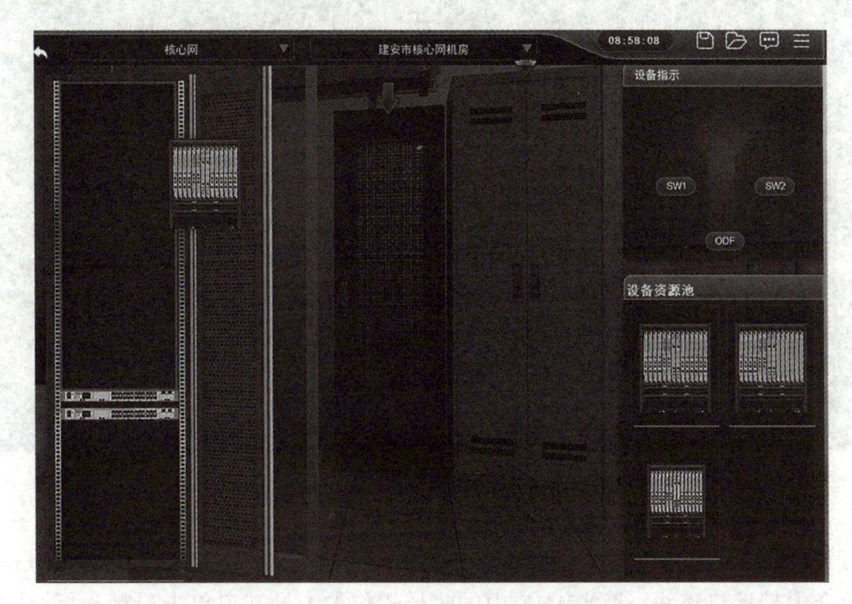

图 2-115　HSS 设备拖放

图 2-116　机柜内设备拖放示意

左侧机柜设备安装完成后，单击上方的返回箭头，即可回到三个机柜的主界面视图，单击中间机柜进入视图，在主界面右下角“设备资源池”中有 6 种设备可供选择，分别为大、中、小型的 MME、SGW、PGW 设备，此处以大型 MME、SGW、PGW 为例，将鼠标放置在设备资源池中各个设备上，根据提示找到大型 MME，长按鼠标左键选取“大型 MME”，将其拖放至主界面机柜内对应红框提示处，同理可完成 SGW 与 PGW 的设备配置。结果如图 2-117 所示。

图 2-117　机柜内 SGW、PGW 设备拖放示意

(2)连接线缆：单击右上角设备指示图中的 MME 设备，选择线缆池中“成对 LC-LC 光纤”，单击选中线缆，光标会附带接口连线，找到 MME 中的 7 号槽位的 1 号端口单击鼠标光标；依次单击右上角设备指示图中的 SW1 设备，单击 1 号端口，即可完成 MME 与 SW1 的线缆连接；选择 SGW 的 7 号槽位的 1 号端口与 SW1 的 13 号端口，PGW 的 7 号槽位的 1 号端口与 SW1 的 15 号端口，同理可完成 SGW、PGW 与 SW1 的线缆连接，结果如图 2-118 所示。

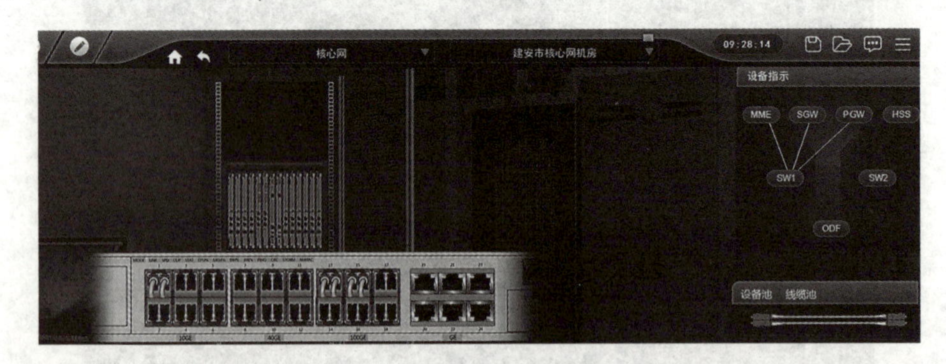

图 2-118　交换机接口连线示意

单击右上角设备指示图中的 HSS 设备，选择线缆池中“以太网线”，单击选中线缆，光标会附带接口连线，找到 HSS 设备中的 7 号槽位的 1 号端口单击，依次单击右上角设备指示图中的 SW1 设备，再

单击 SPN 设备中 19 号端口的网口，即可完成 HSS 与 SW1 的连接，结果如图 2-119 所示。

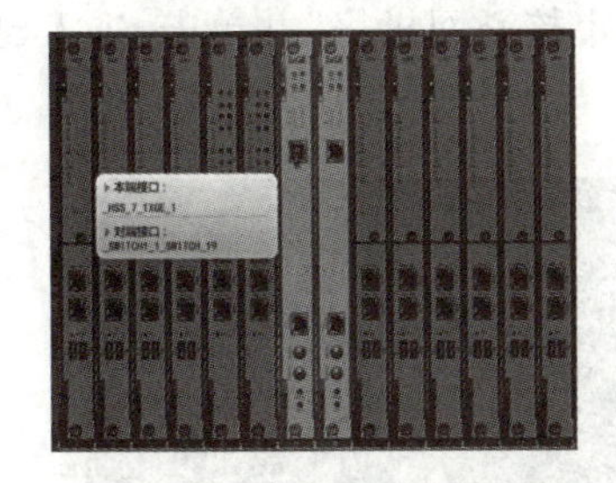

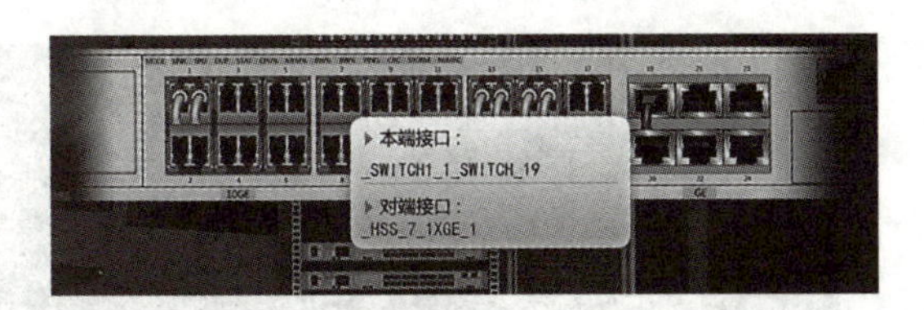

图 2-119　HSS-交换机连线示意

单击右上角设备指示图中的 SW1 设备，选择线缆池中“成对 LC-FC 光纤”，单击选中线缆，光标会附带接口连线，找到 SW1 中的 19 号端口并单击；依次单击右上角设备指示图中的 ODF 设备，单击 1T1R 接口，即可完成 SW1 与 ODF 的线缆连接，结果如图 2-120 所示。

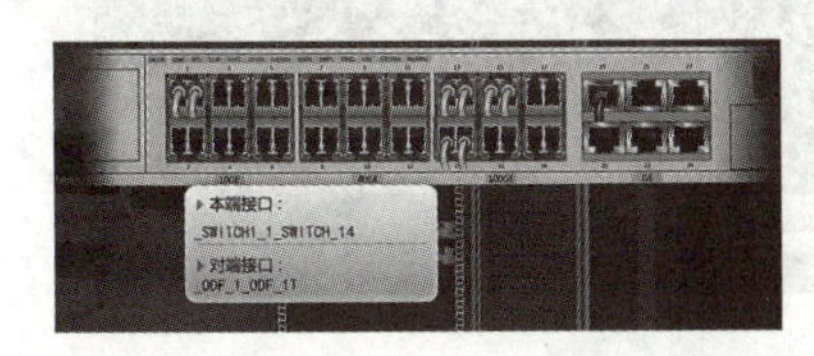

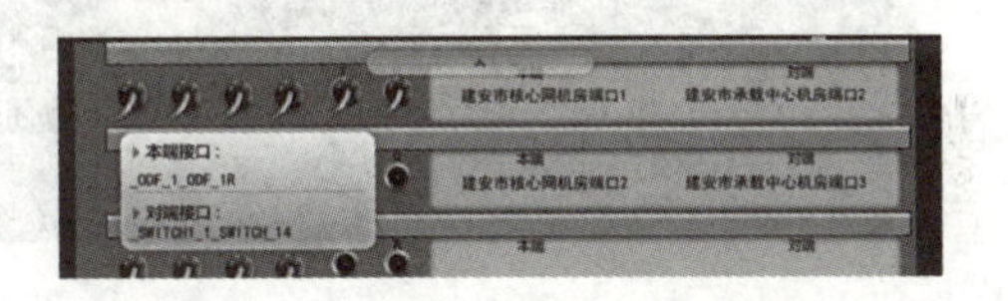

图 2-120　交换机-ODF 连线示意

任务二：Option2 核心网设备配置

登录 IUV-5G 全网部署与优化的客户端，单击下方的“网络规划-规划计算”按钮，在上方的“四水市”“建安市”“兴城市”中，单击选择所需要配置的城市，单击选择“非独立组网-双连接架构 1”，单击“下一步”按钮，如图 2-121 所示。

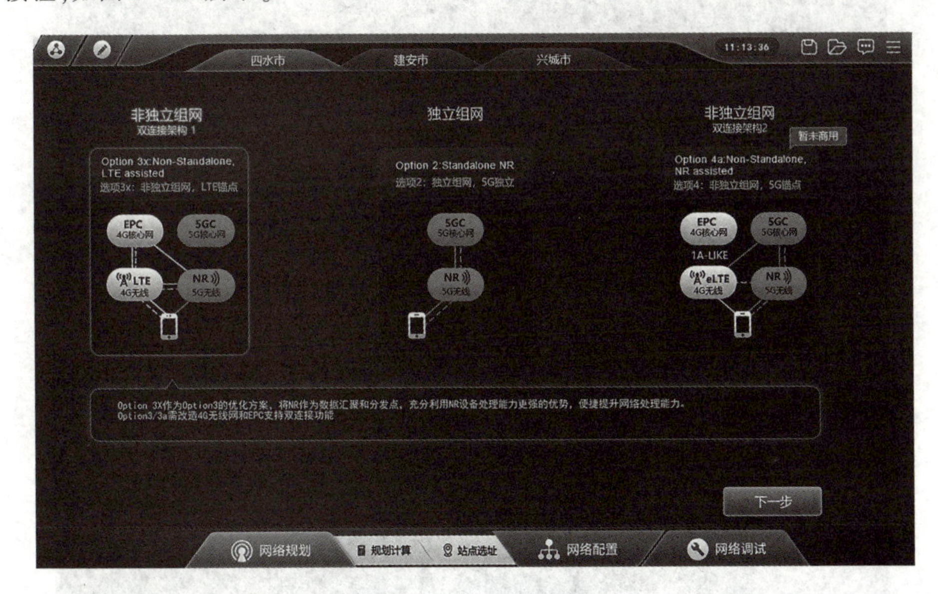

图 2-121　组网选项选择

单击下方的“网络配置-设备配置”，即可显示机房完整界面，如图 2-122 所示，单击选中所需配置的站点机房，本案例中选择“建安市核心网机房”，找出“建安市核心网机房”并单击，进入建安市核心网机房，如图 2-122 所示。

图 2-122　核心网机房选择

依次单击上方选择“核心网-建安市核心网机房”，可看到建安市核心网机房内部的配置界面，如图 2-123 所示。“兴城市核心网机房”的配置界面功能以及配置方法均基本一致。

图 2-123　核心网机房内部

核心网设备配置主要分为以下两个大的操作步骤：

(1)添加设备：设备资源池中有“通用服务器”的设备可供选择，长按鼠标左键即可拖放至相应的机框中。

(2)连接线缆：单击设备或者设备指示区域的设备名称，即可看到在线缆池中可供选择的线缆“成对LC-LC光纤、LC-LC光纤、成对LC-FC光纤、LC-FC光纤、以太网线、天线跳线、GPS跳线”，单击选中线缆，光标会附带接口连线选择需要的线缆，根据设备上不同接口的不同需要进行线缆连接。

设备配置如下(两个核心网机房的配置基本一致)：

(1)添加设备：单击机房内中间机柜，进入该设备机柜，在主界面右下角显示的“设备资源池”中，长按鼠标左键选取“通用服务器”，将其拖放至机柜内对应红框提示处，结果如图2-124所示。

图2-124　机柜内服务器拖放示意

(2)连接线缆：单击右上角设备指示图中的“服务器1”设备，选择线缆池中“成对LC-LC光纤”，单击选中线缆，光标会附带接口连线，找到“服务器1”中的1号端口并单击并依次单击右上角设备指示图中的SW1设备，单击1号端口，即可完成服务器与SW1的线缆连接，结果如图2-125所示。

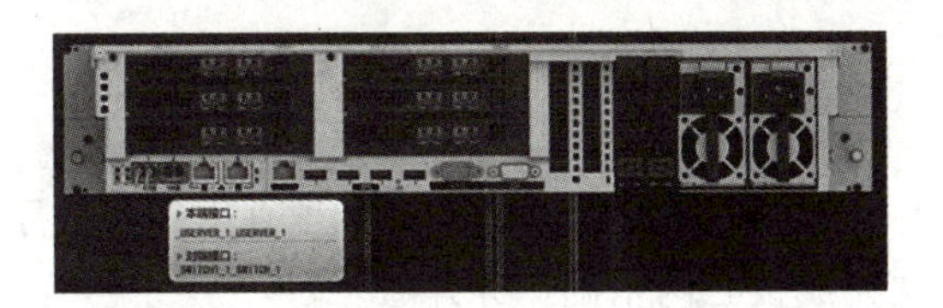

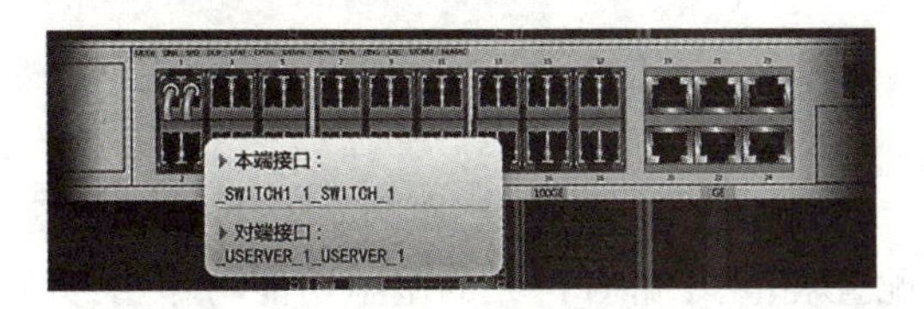

图2-125　服务器-交换机连线示意

单击右上角设备指示图中的SW1设备，选择线缆池中“成对LC-FC光纤”，单击选中线缆，光标会附带接口连线，找到SW1中的13号端口并单击；依次单击右上角设备指示图中的ODF设备，单击

1T1R 接口,即可完成 SW1 与 ODF 的线缆连接,结果如图 2-126 所示。

图 2-126　交换机-ODF 连线示意

2.10　5GC 虚拟化接口对接配置

2.10.1　理论概述

5G 网络采用开放的服务化架构(SBA),NF(Network Function,网络功能)以服务的方式呈现,任何其他 NF 或者业务应用都可以通过标准规范的接口访问该 NF 提供的服务 SBA 架构。5G 核心网网元为虚拟化网元,名称和功能分别为:

AMF:用户移动性管理和接入管理。

UPF:用户面的路由和转发。

NEF:网络能力开放。

NRF:业务能力开放,类似于增强的 DNS。

NSSF:管理网络切片,网络切片的选择,每个网络切片由 S-NSSAI 唯一标识。

AUSF:用户鉴权数据的处理,类似于 HSS 中的 AUC 的功能。

UDM:用户数据标识管理,类似 HSS。

SMF:会话管理,例如会话建立、修改和释放,包括 UPF 和 AN 节点之间的通道维护。

PCF:支持统一的策略框架来管理网络行为;为控制平面功能提供策略规则并强制执行。

3GPP 将 5G 核心网络定义为一个可分解的网络体系结构,引入了以 HTTP/2 作为基准通信协议的基于服务的接口(SBI),以及控制平面和用户平面分离(CUPS)。5G 网络功能软件的这种分解,SBI 和 CUPS 都非常支持基于云原生容器的实现。

5G 核心控制平面中最显著的变化是从传统的点对点网络体系结构引入了基于服务的接口(SBI)或基于服务的架构(SBA)。通过这一新的更改,除了 N2 和 N4 等少数接口外,几乎每个接口现在都定义为使用统一接口,使用 HTTP/2 协议。

2.10.2　实训目的

通过 5GC 核心网网元的基础公共参数配置,学生可掌握 Option2 5GC 核心网开通关键参数原理与配置规范,了解各网元的基本功能与作用,并可独立完成核心网基础业务开通。

2.10.3　实训任务

本项目需完成 5GC 各网络功能的接口对接配置,流程图如图 2-127 所示。

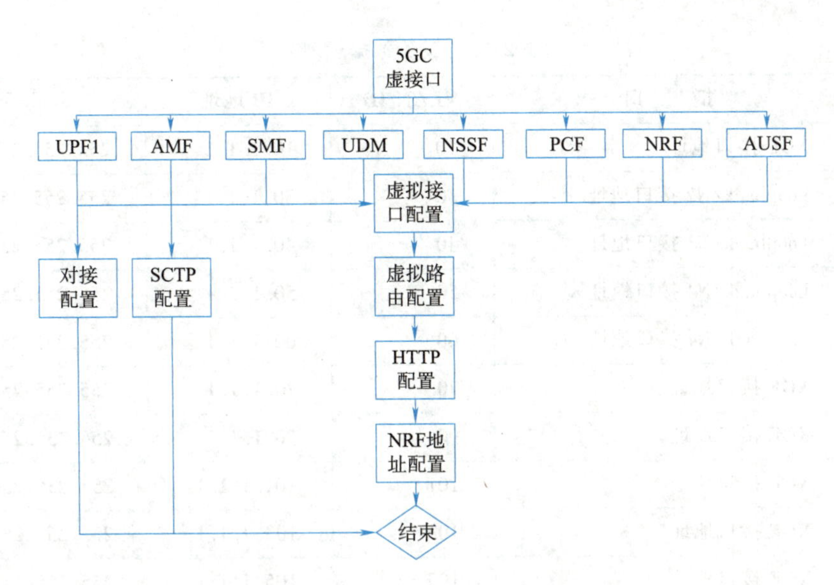

图 2-127　5GC HTTP 接口对接示意

5GC 所有网元虚拟接口对接配置分以下五条参数配置操作步骤：

(1)虚拟接口配置：包含 XEGI 接口以及 Loopback 回环地址配置。

(2)虚拟路由配置：等同于 EPC 核心网网元路由配置。

(3)Http 配置：基于该网元当前的服务器客户端地址配置。

(4)NRF 地址配置：服务发现功能配置。

(5)对接配置：包含 SCTP 协议对接配置及对接配置。

2.10.4　建议时长

4 课时。

2.10.5　实训规划

Option2 组网选项下网络拓扑如图 2-128，参数设置见表 2-22。

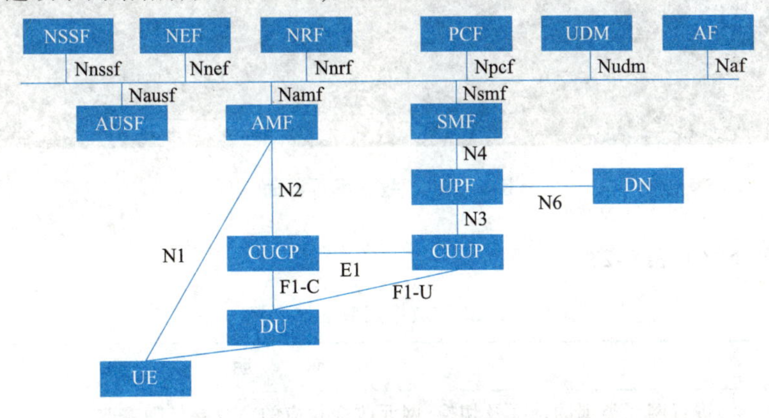

图 2-128　Option2 组网架构

表2-22　实验数据规划

功能设备	接　　口	VLAN ID	IP 地址	子网掩码
AMF	XGE 接口地址	10	10.1.1.1	255.255.255.252
	Loopback/N2 接口地址	30	30.1.1.1	255.255.255.252
UPF	Loopback/N3 接口地址	40	40.1.1.1	255.255.255.252
	Loopback/N4 接口地址	50	50.1.1.1	255.255.255.252
SMF	Loopback/N4 接口地址	60	60.1.1.1	255.255.255.252
	XGE 接口地址	70	70.1.1.1	255.255.255.252
AUSF	XGE 接口地址	90	90.1.1.1	255.255.255.252
NSSF	XGE 接口地址	101	101.1.1.1	255.255.255.252
UDM	XGE 接口地址	103	103.1.1.1	255.255.255.252
NRF	XGE 接口地址	105	105.1.1.1	255.255.255.252
PCF	XGE 接口地址	107	107.1.1.1	255.255.255.252

2.10.6　实训步骤

登录IUV-5G全网部署与优化的客户端，打开数据配置模块，选择“兴城核心网”可以看到数据配置界面，如图2-129所示。

图2-129　数据配置界面

网元配置界面介绍见表2-23。

表2-23　数据配置区域介绍

名　　称	说　　明
网元选择区域	进行网元类别的选择及切换，网元改变相应的命令导航随之改变

续表

名　称	说　明
命令导航区域	提供按树状显示命令路径的功能,点击相应命令进行该命令的参数配置
参数配置区域	显示命令和参数,同时也提供参数输入及修改功能

5GC 所有网元虚拟接口对接配置分以下五条参数配置操作步骤:

(2)虚拟接口配置:包含 XEGI 接口以及 Loopback 回环地址配置。

(2)虚拟路由配置:等同于 EPC 核心网网元路由配置。

(3)Http 配置:基于该网元当前的服务器客户端地址配置。

(4)NRF 地址配置:服务发现功能配置。

(5)对接配置:包含 SCTP 协议对接配置及对接配置。

UPF 配置如图 2-130 所示。

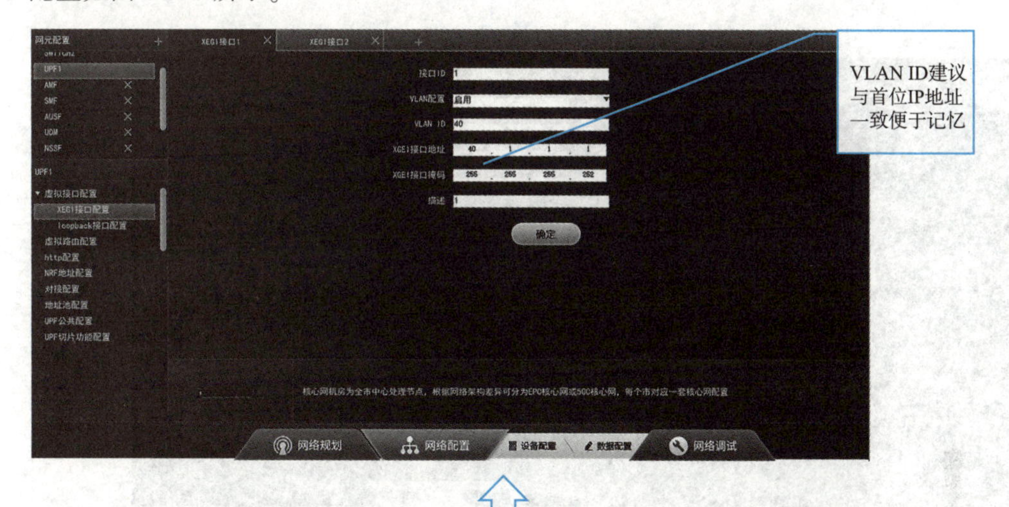

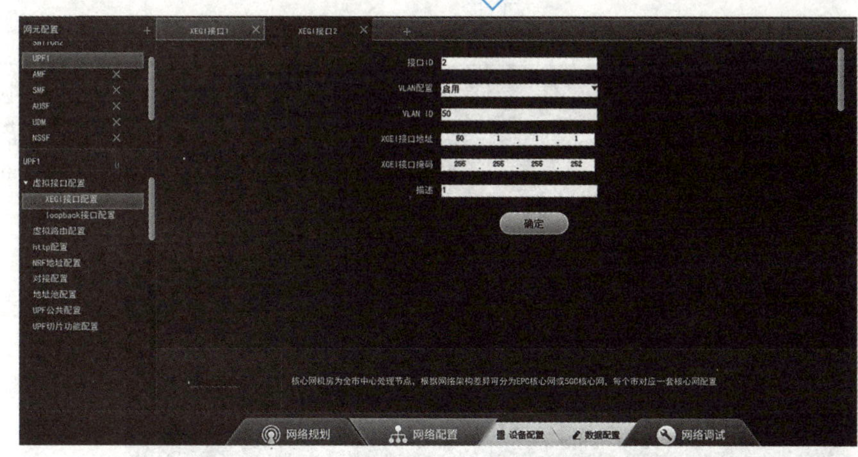

图 2-130　UPF 对接参数配置

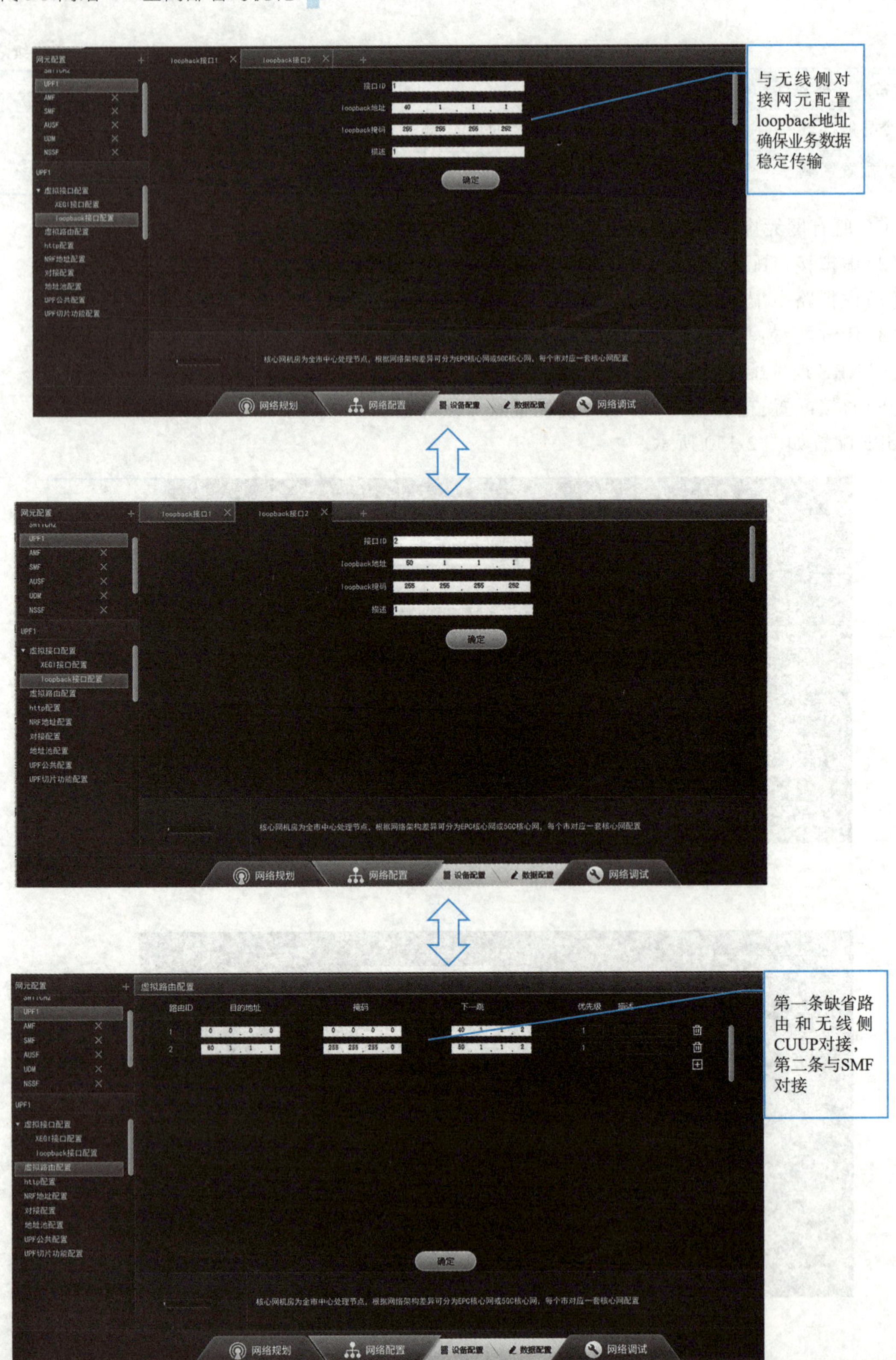

图 2-130　UPF 对接参数配置(续)

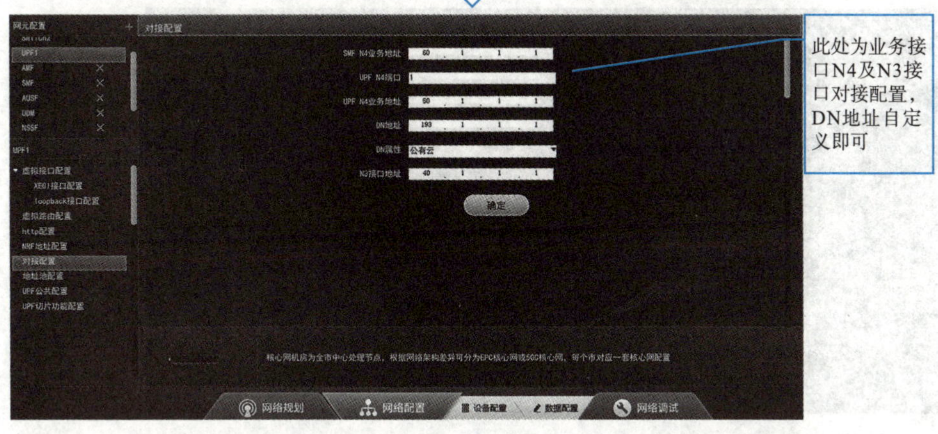

图 2-130　UPF 对接参数配置(续)

AMF 对接配置如图 2-131 所示。

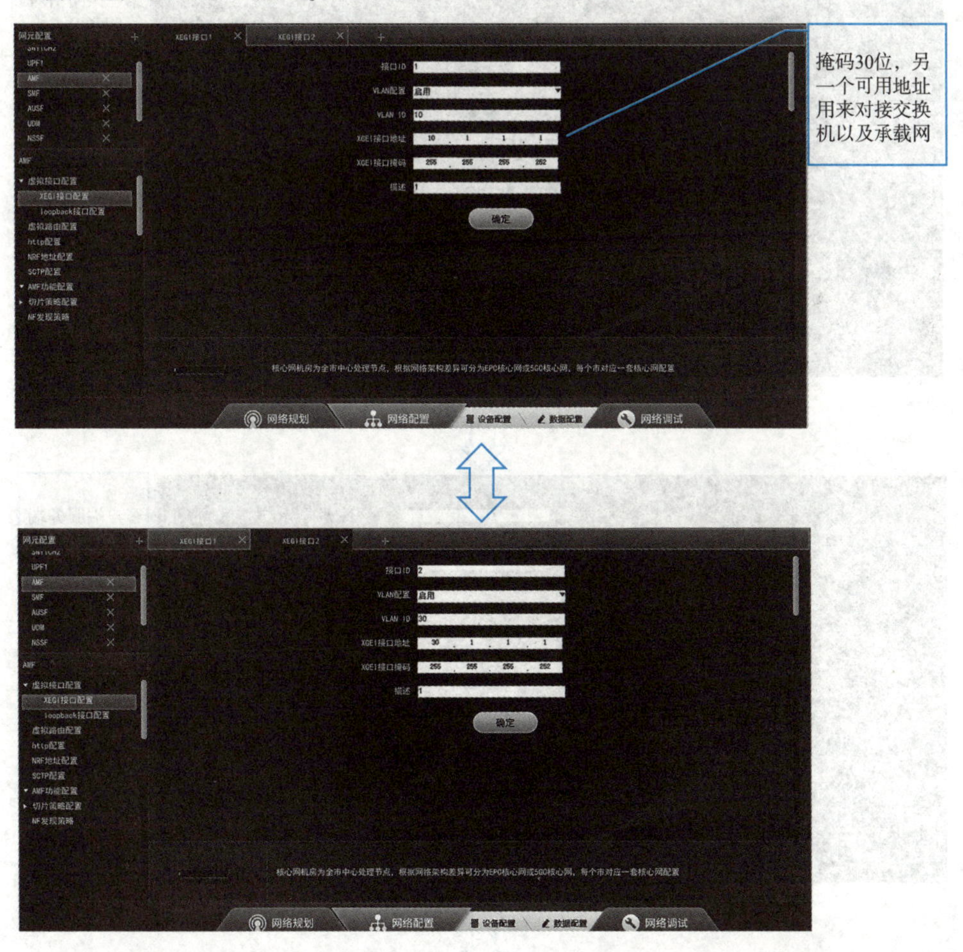

图 2-131　AMF 对接参数配置

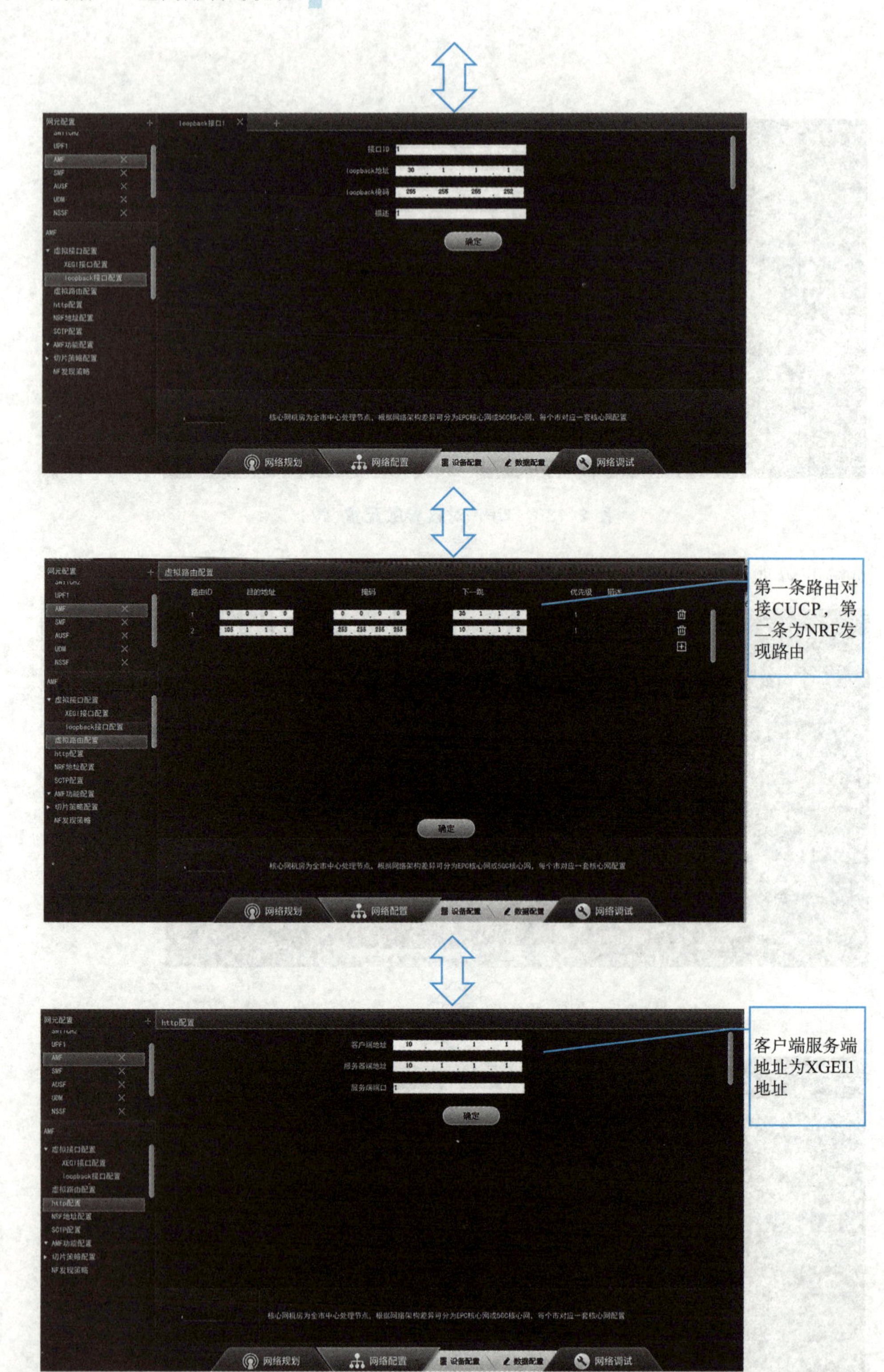

图 2-131　AMF 对接参数配置(续)

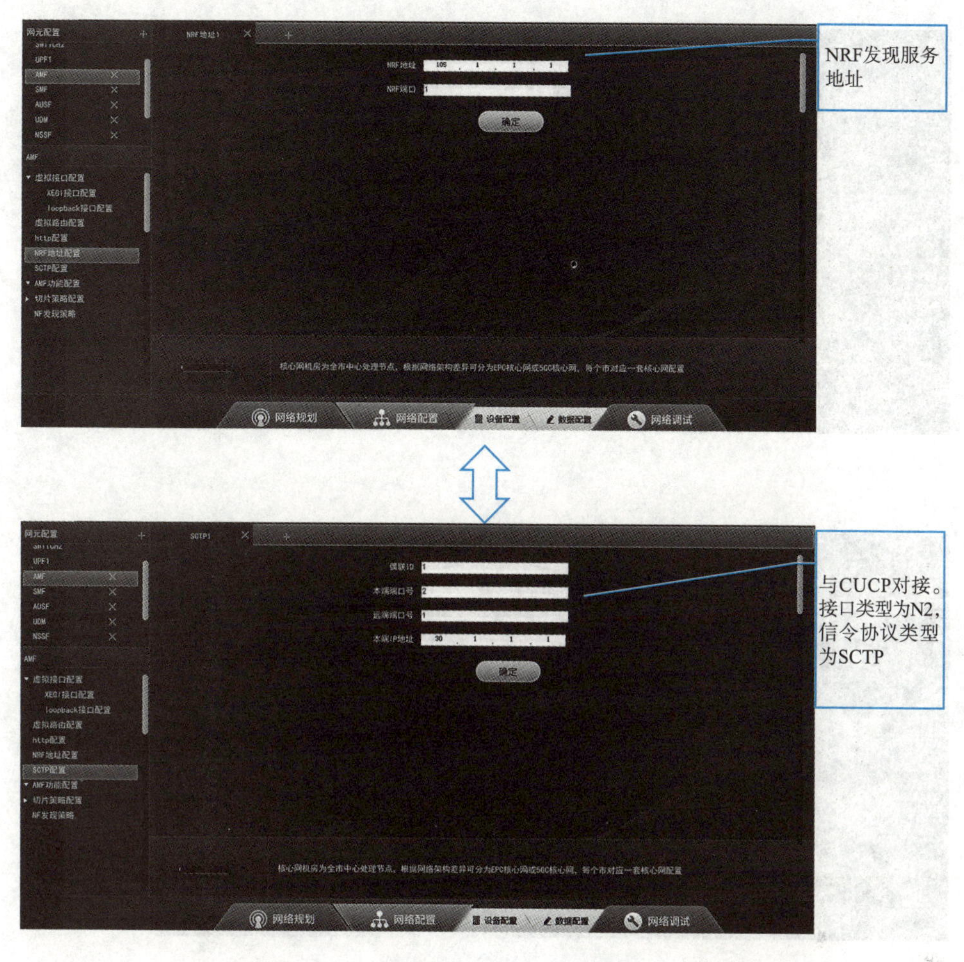

图 2-131　AMF 对接参数配置(续)

SMF 对接配置如图 2-132 所示。

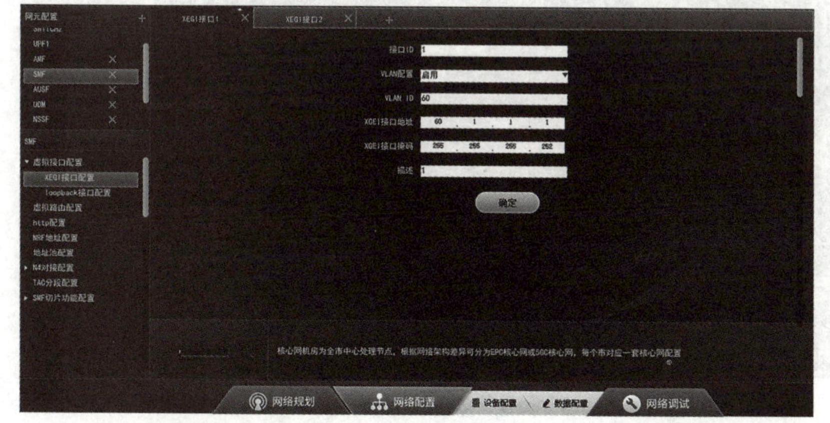

图 2-132　SMF 对接参数配置

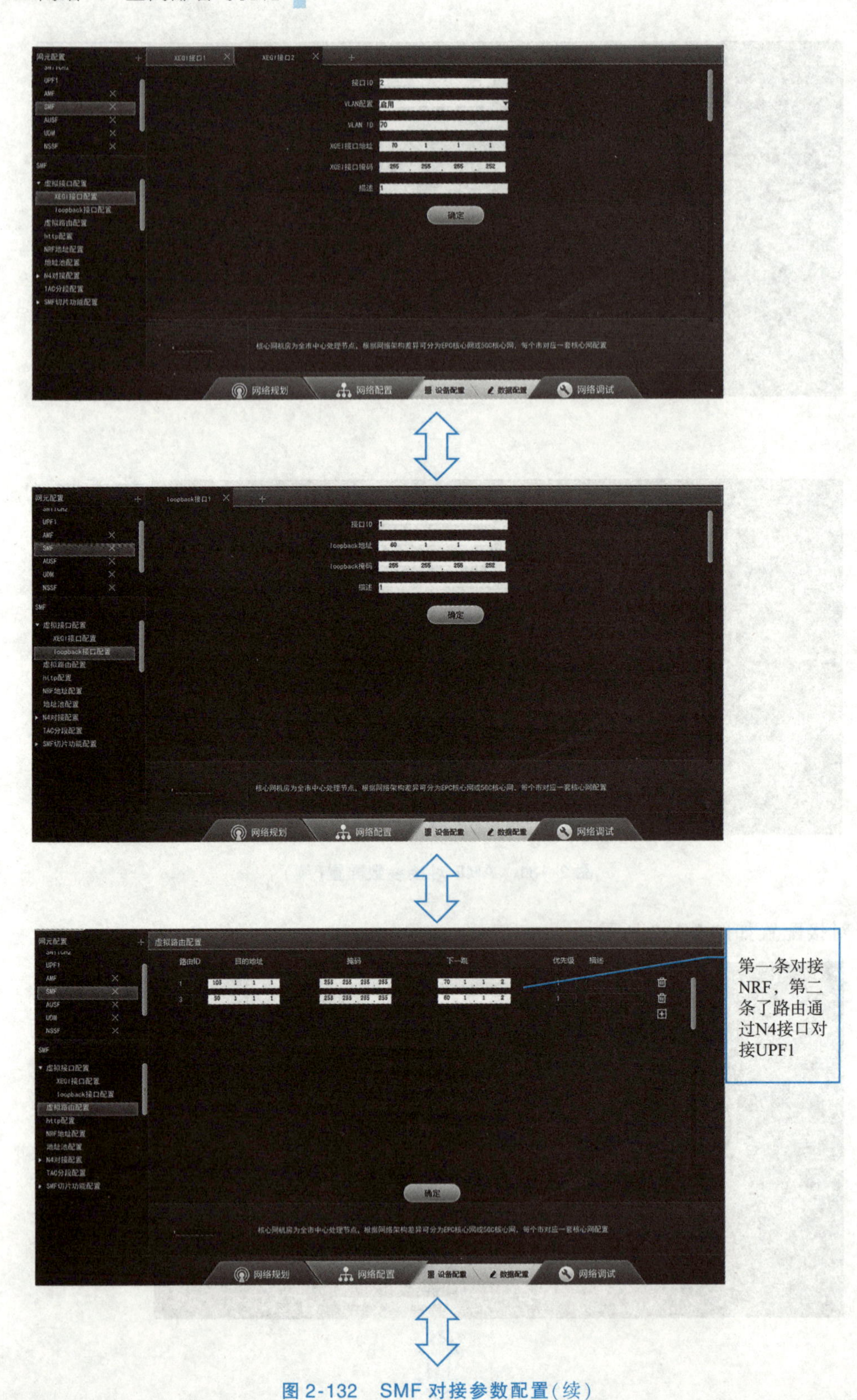

图 2-132　SMF 对接参数配置（续）

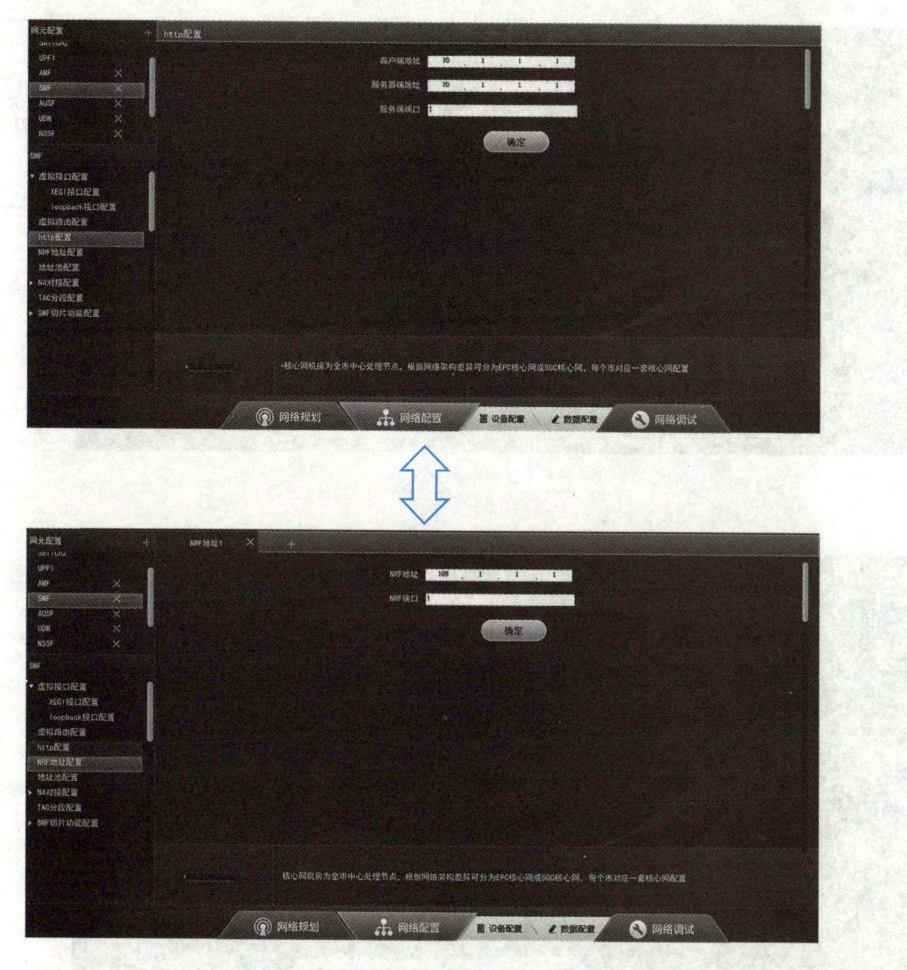

图 2-132　SMF 对接参数配置(续)

AUSF 对接配置如图 2-133 所示。

图 2-133　AUSF 对接参数配置

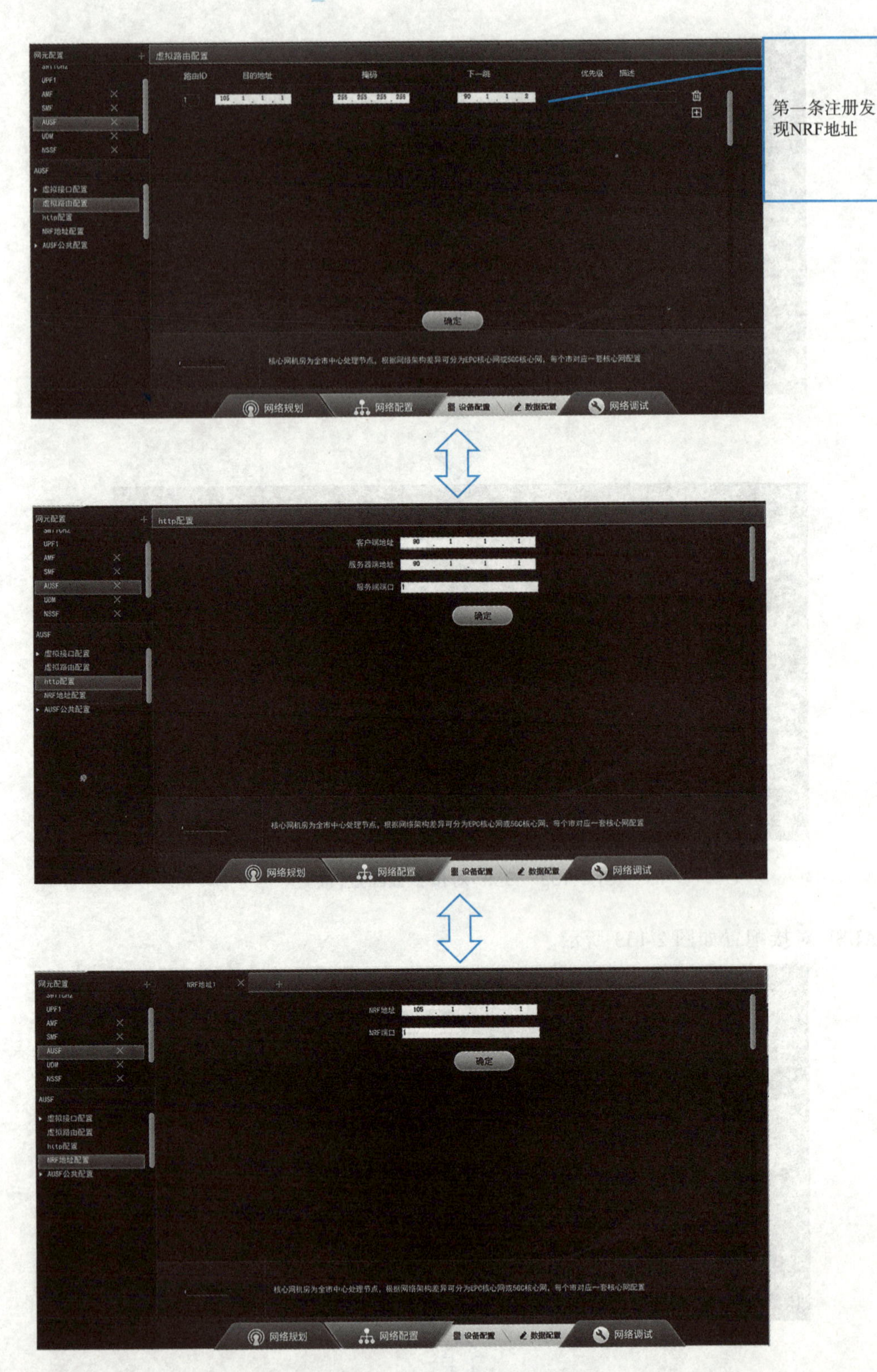

图 2-133　AUSF 对接参数配置(续)

UDM 对接配置如图 2-134 所示。

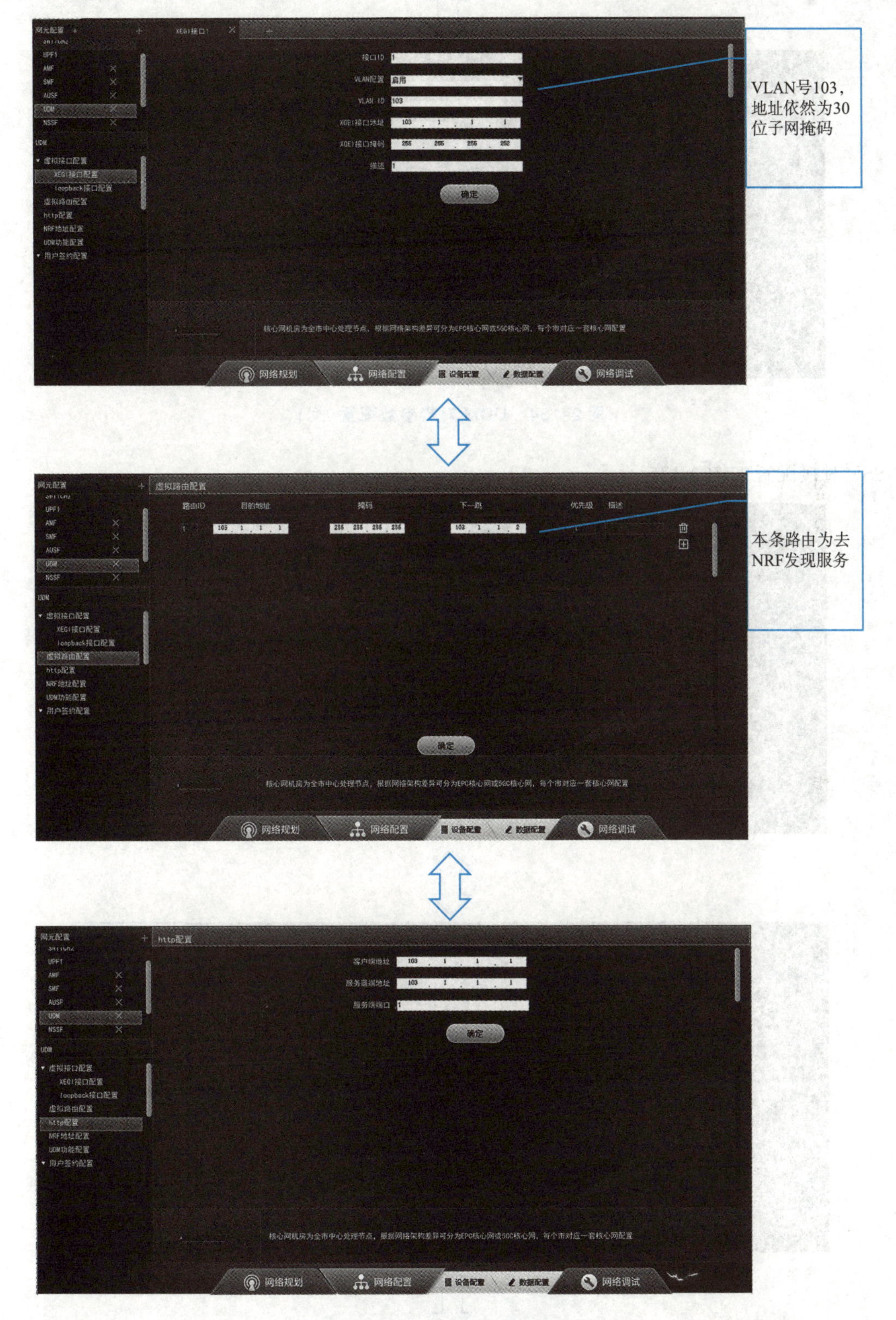

图 2-134　UDM 对接参数配置

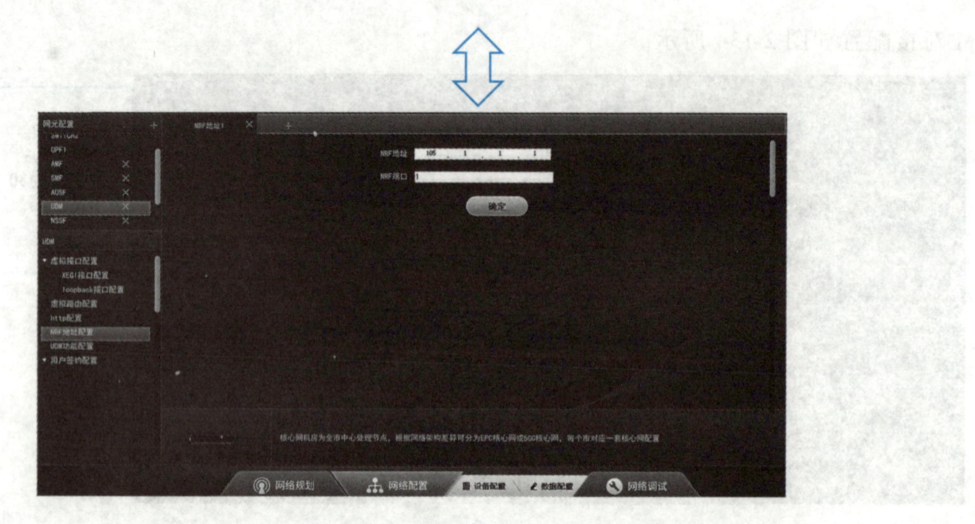

图 2-134 UDM 对接参数配置(续)

NSSF 对接配置如图 2-135 所示。

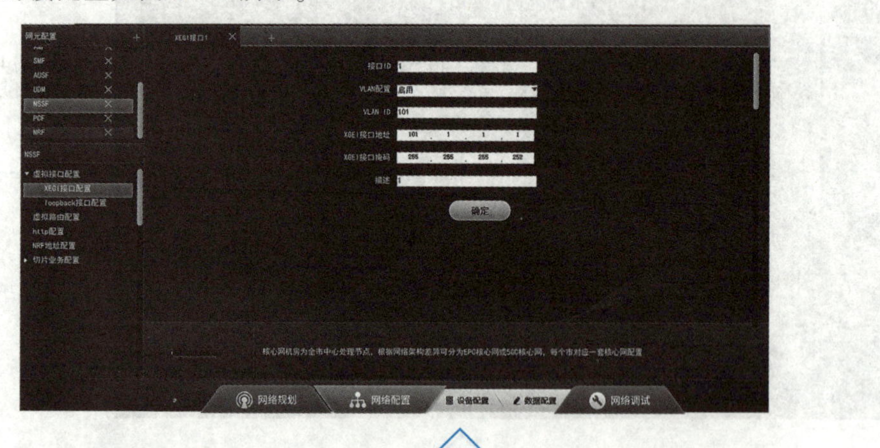

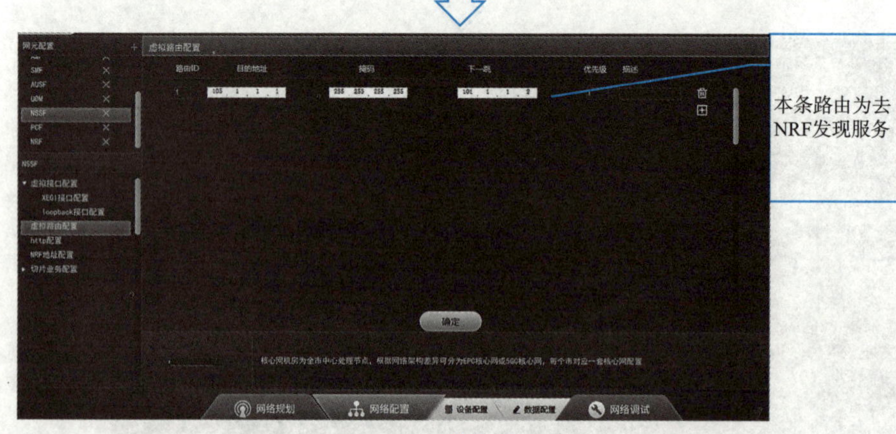

图 2-135 NSSF 对接参数配置

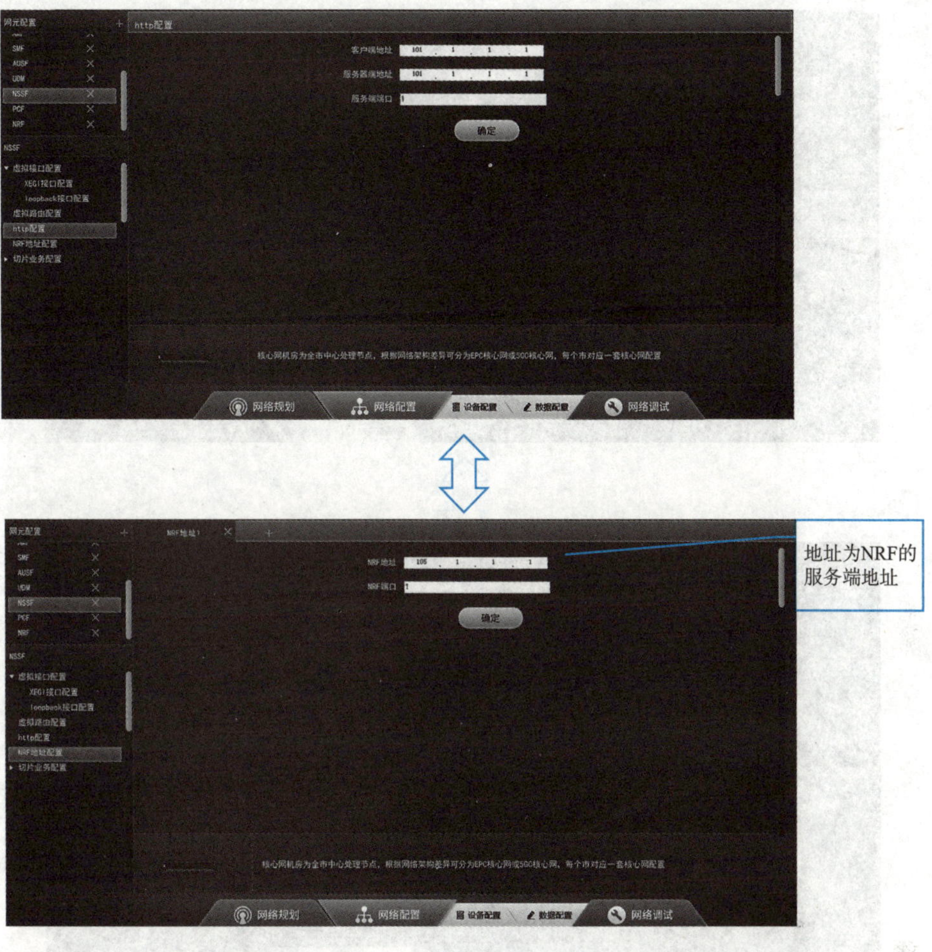

图 2-135　NSSF 对接参数配置(续)

PCF 对接配置如图 2-136 所示。

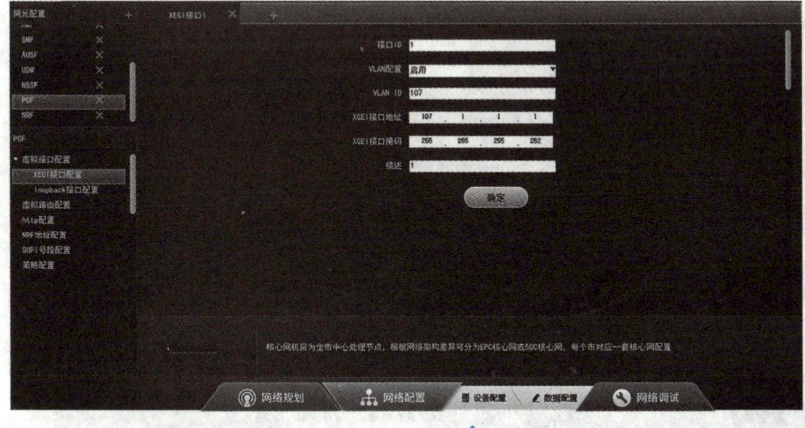

图 2-136　PCF 对接参数配置

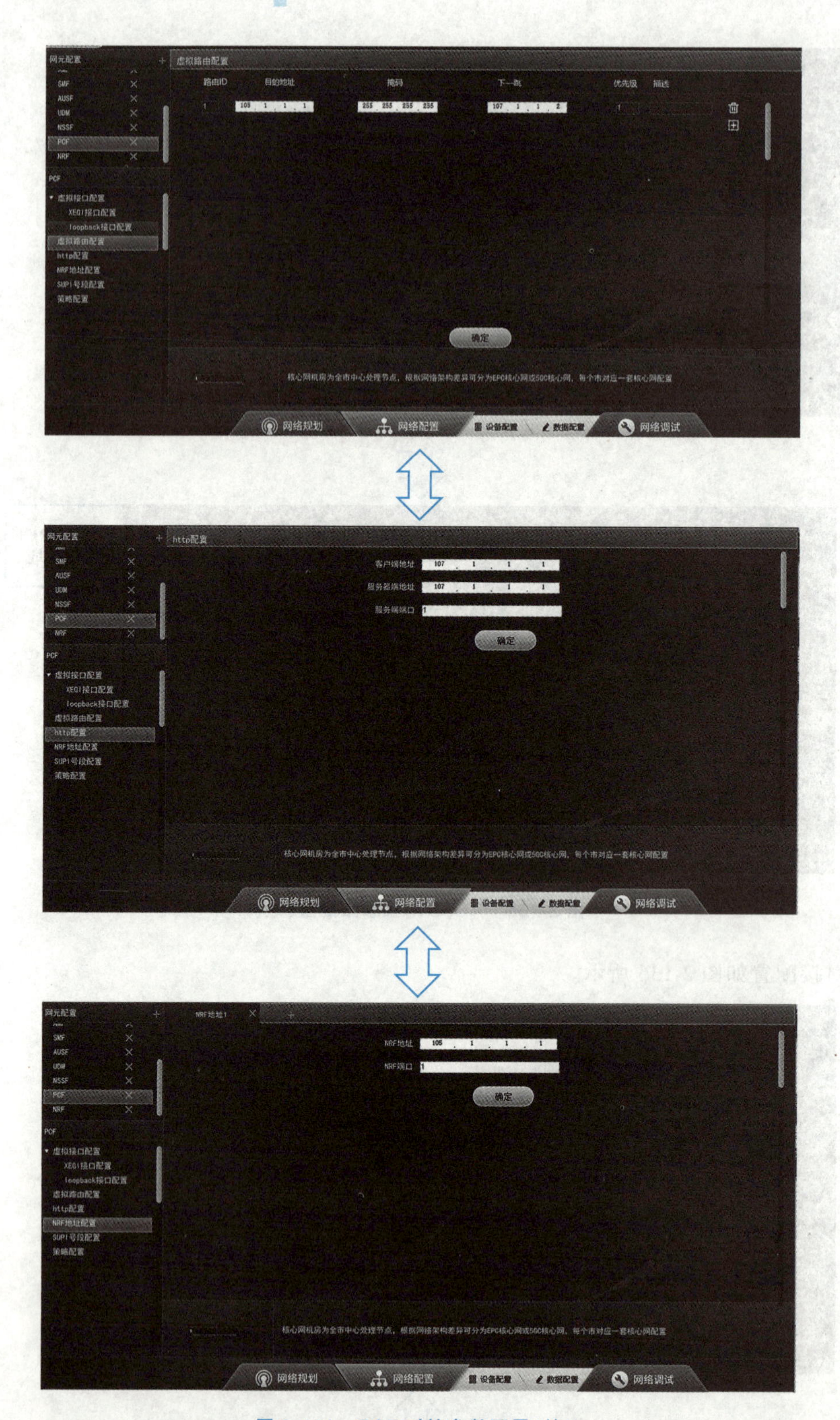

图 2-136　PCF 对接参数配置（续）

NRF 对接配置如图 2-137 所示。

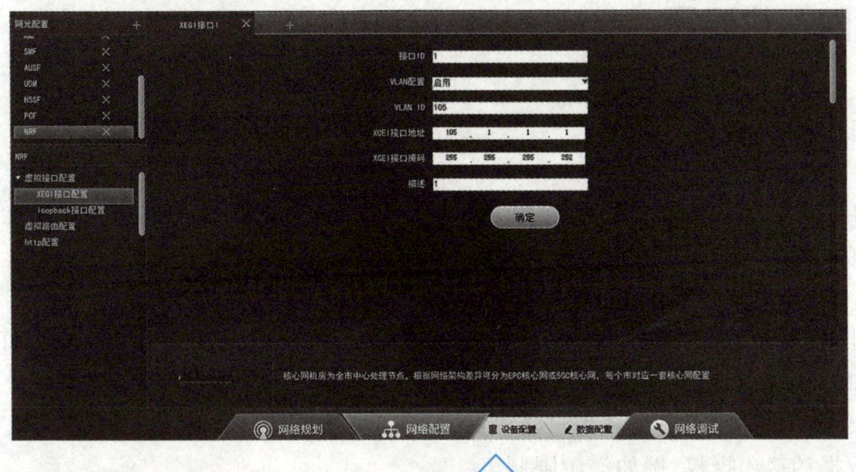

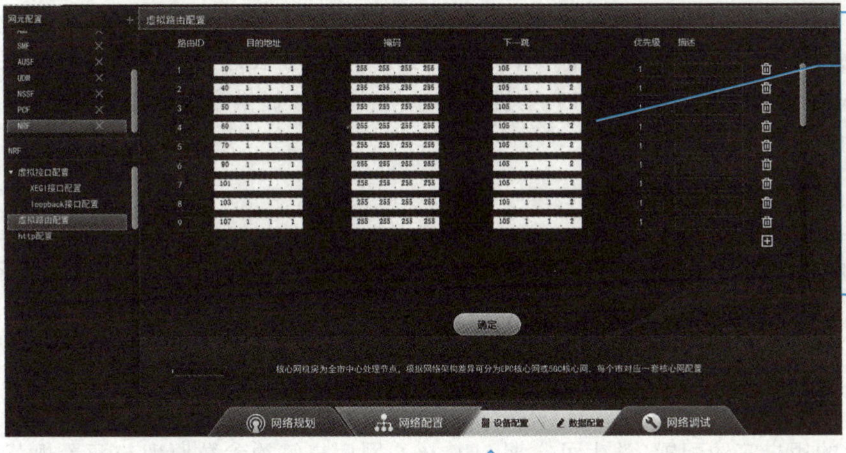

路由的通信是双向的，其余网元配置去往NRF发现服务的网元，故NRF也需要返回一条路由给其余网元

图 2-137　NRF 对接参数配置

2.11 核心网签约配置

2.11.1 理论概述

5G核心网签约主要功能实现网元为UDM(Unified Data Management,统一数据管理功能),UDM在核心网主要实现功能为:

(1)生成3GPP AKA(Authentication and Key Agreement,认证与密钥协商)身份验证凭证。

(2)用户识别处理,例如对5G系统每个用户的SUPI(SUbscription Permanent Identifier订购永久标识符)进行存储和管理。

(3)支持对需要隐私保护的用户隐藏用户标识符。

(4)基于用户数据的接入授权,例如漫游限制。

(5)NF注册管理UE的各种服务,例如为UE存储AMF服务信息,为UE的PDU会话存储SMF服务信息。

(6)保持服务/会话的连续性,例如通过SMF/DNN的分配保持正在进行的会话和服务不中断。

(7)支持MT-SMS(Mobile Terminate SMS,手机接收短信,即服务提供商发给用户的信息)。

(8)合法拦截功能。

(9)用户管理。

(10)短信管理。

对于EPC核心网签约而言,其HSS的签约参数配置内容与5GC签约配置参数一致,仅名称发生变化,且无切片签约,实际EPC签约配置可参考本小节配置。

2.11.2 实训目的

通过UDM网元的用户签约配置,学生可掌握5GC核心网用户签约参数原理与配置规范,了解各用户签约的基本功能与流程。

2.11.3 实训任务

UDM负责生成身份验证向量,并充当用户和身份验证数据的前端。

本项目需要完成核心网网元UDM中的用户签约配置,具体配置流程如图2-138所示。

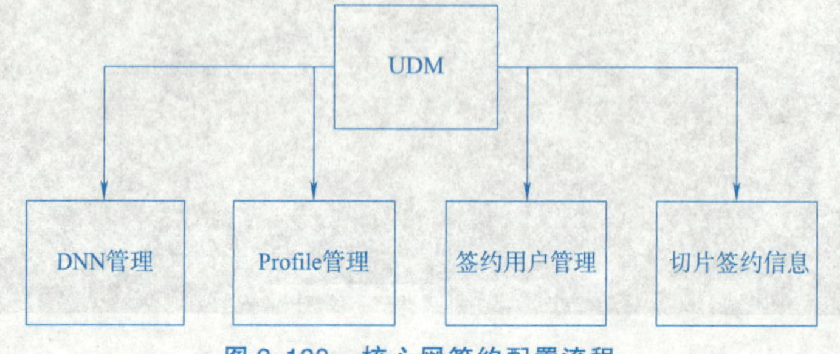

图2-138 核心网签约配置流程

2.11.4　建议时长

4 课时。

2.11.5　实训规划

开户信息规划见表 2-24。

表 2-24　开户参数规划

参　数	规 划 值
SUPI	460010123456789
DNN	test
SNSSAI ID	1
Profile ID	1
DNN ID	1

2.11.6　实训步骤

DNN 参数配置如图 2-139，说明见表 2-25。

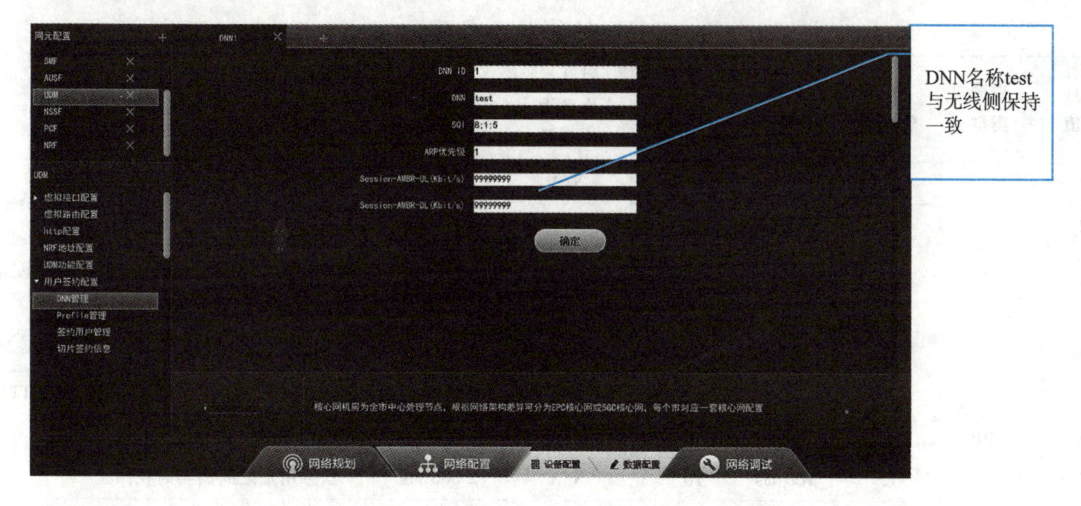

图 2-139　DNN 配置

表 2-25　DNN 配置参数说明

名　称	说　明
DNN	（Data Network Name）类似于 EPC 中的 APN，通过确定网络标识以及运营者标识来进行区分

续表

名　称	说　明
ARP 优先级	优先级定义了 UE 资源请求的重要性,在系统资源受限时,ARP 参数决定了一个新的 QoS 流是被接受还是被拒绝,arp 优先级的取值范围 1 ~ 15,1 为最高优先级
Session-AMBR	每个 PDU Session 都会有一个会话聚合最大比特率,Session-AMBR 是用户订阅数据,SMF 从 UDM 获取;SMF 可以直接使用订阅数据的 Session-AMBR,或者根据本地策略进行相应修改后再使用,或使用从 PCF 获取的该 PDU 会话的 Session-AMBR。Session-AMBR 定义了一个 PDU 会话的所有 non-GBR QoS 流的比特率之和的上限,也就是说一个 PDU 会话的所有 non-GBR QoS 流的比特速率之和不能大于该 PDU 的 Session-AMBR。Session-AMBR 不应用于 GBR QoS 流
UE-AMBR	每个 UE 都有一个聚合最大比特率(UE-AMBR),一个 UE-AMBR 定义了一个 UE 所有的 non-GBR QoS 流比特率之和的上限,也就是一个 UE 的所有 non-GBR QoS 流的比特率之和不能大于 UE-AMBR。UE-AMBR 是用户订阅数据,AMF 可从 UDM 获取出来给 RAN 使用。UE-AMBR 仅应用于 non-GBR QoS 流,不应用于 GBR QoS 流。AMBR 平均窗口,其用于统计 Session-AMBR 和 UE-AMBR,且用于 Session-AMBR 和 UE-AMBR 的 AMBR 平均窗口参数是一个标准化值,且是相同的
5QI	5QI 是一个标量,用于索引一个 5G QoS 特性。TS23. 501 Table 5. 7. 4-1 有标准化的 5QI 映射关系。关系如下:

Table 5. 7. 4-1:Standardized 5QI to QoS characteristics mapping.

5QI 取值	资源类型	默认优先级	数据包延迟	数据包误码率	默认最大数据突发量	平均窗口时长	服务示例
1	GBR	20	100 ms	10^{-2}	N/A	2 000 ms	语音会话
2		40	150 ms	10^{-3}	N/A	2000 ms	会话视频(直播)
3		30	50 ms	10^{-3}	N/A	2 000 ms	实时游戏, 车联网消息,中压智能配电系统, 监控自动化
4		50	300 ms	10^{-6}	N/A	2 000 ms	非语音会话(缓冲流)
65		7	75 ms	10^{-2}	N/A	2 000 ms	紧急用户之间的实时通信(如:MCPTT)
66		20	100 ms	10^{-2}	N/A	2 000 ms	非紧急用户之间的实时通信
67		15	100 ms	10^{-3}	N/A	2 000 ms	紧急用户之间的实时视频
71		56	150 ms	10^{-6}	N/A	2 000 ms	直播
72		56	300 ms	10^{-4}	N/A	2 000 ms	直播
73		56	300 ms	10^{-8}	N/A	2 000 ms	直播
74		56	500 ms	10^{-8}	N/A	2 000 ms	直播
76		56	500 ms	10^{-4}	N/A	2 000 ms	直播

续表

5QI 取值	资源类型	默认优先级	数据包延迟	数据包误码率	默认最大数据突发量	平均窗口时长	服务示例
5	Non-GBR	10	100 ms	10^{-6}	N/A	N/A	IMS 信令
6		60	300 ms	10^{-6}	N/A	N/A	视频(缓冲流) 基于 TCP(如 www, e-mail, chat, ftp, p2p 文件共享,逐行扫描视频等)
7		70	100 ms	10^{-3}	N/A	N/A	语音,视频(直播)互动游戏
8		80	300 ms	10^{-6}	N/A	N/A	视频(缓冲流),基于 TCP(如 www, e-mail, chat, ftp, p2p 文件共享逐行扫描视频等)
9		90					
69		5	60 ms	10^{-6}	N/A	N/A	低时延实时信令(如 MC-PTT 信令)
70		55	200 ms	10^{-6}	N/A	N/A	实时数据传输(如 5QI 6/8/9 服务)
79		65	50 ms	10^{-2}	N/A	N/A	车联网消息
80		68	10 ms	10^{-6}	N/A	N/A	低时延 eMBB 业务 AR(增强现实)
82	Delay Critical GBR	19	10 ms	10^{-4}	255 bytes	2 000 ms	离散自动化(智能制造)
83		22	10 ms	10^{-4}	1 354 bytes	2 000 ms	离散自动化(智能制造),车联网消息(车队速率传感器终端,高级驾驶技术:低自动化等级协同变道技术)
84		24	30 ms	10^{-5}	1 354 bytes	2 000 ms	智能传输系统 技术
85		21	5 ms	10^{-5}	255 bytes	2 000 ms	高压智能配电系统
86		18	5 ms	10^{-4}	1 354 bytes	2 000 ms	车联网消息(高级驾驶技术:碰撞避免技术,高自动化等级车队行驶技术)

Profile 配置如图 2-140 所示。

图 2-140　Profile 配置

签约用户配置如图 2-141，说明见表 2-26。

图 2-141　签约用户配置

表 2-26　签约参数说明

名　称	说　　明
SUPI	5G 中的 SUPI 相当于 LTE 中的 IMSI，但是和 IMSI 不同的是，该用户永久身份信息永远不会出现的空口上。以往使用 IMSI 的场合（如初次 registration，Identify procedure 等），5G 网络将会使用 SUCI。所谓的 SUCI 就是 SUPI 的加密版本，具体的加密方式参见 3GPP TS 33. 501 附录 C. 3，该加密过程可以简单概括为，使用椭圆曲线的 PKI 加密机制，利用两对公私钥的特殊性质：公钥 1 * 私钥 2 = 公钥 2 * 私钥 1，实现 SUPI 加密为 SUCI，这样既能保证空口 SUPI 不被泄露，还保证了 UE 和网络的鉴权的正常进行
GPSI	GPSI（Generic Public Subscription Identifier）是 DN 提供的用户标识，类似 4G 的 MSISDN。SUPI 和 GPSI 并不是一一对应关系，用户如果访问不同的 DN，则可以有多个 GPSI，网络需要将外部网络 GPSI 与 3GPP 的 SUPI 建立关系，通常存储在 UDM
Profile ID	对终端批量开户管理参数，与 DNNID 对应

切片签约配置如图 2-142 所示。

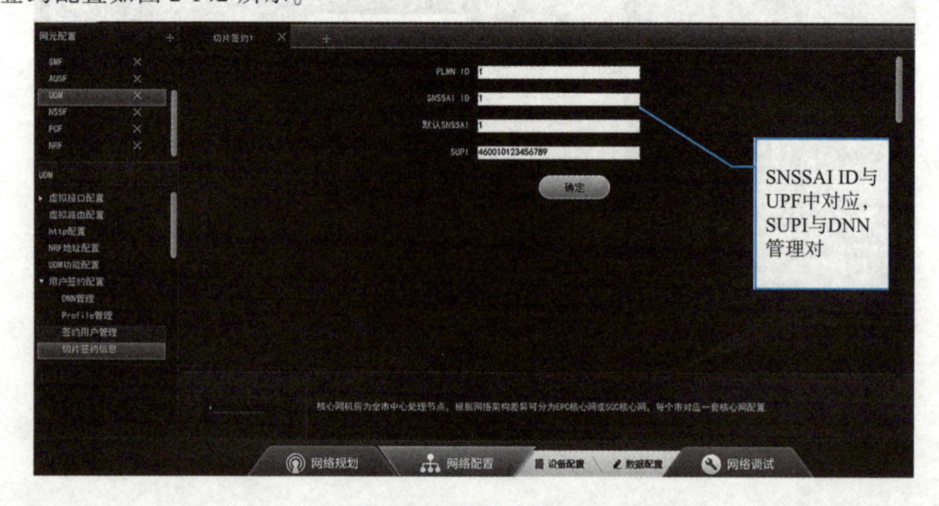

图 2-142　切片签约配置

2.12 EPC 核心网基础参数配置

2.12.1 理论概述

EPC(Evolved Packet Core),负责核心网部分,5G 软件中主要包括 MME、SGW、PGW 和 HSS 等网元。MME(Mobility Management Entity,移动管理实体)主要负责信令处理,包括负责移动性管理、承载管理、用户的鉴权认证、SGW 和 PGW 的选择等功能;SGW(Serving Gateway,服务网关)主要负责用户面处理,负责数据包的路由和转发等功能; PGW(PDN Gateway,分组数据网网关)主要负责管理 3GPP 和 non-3GPP 间的数据路由等 PDN 网关功能、地址分配。HSS(Home Subscriber Server,归属用户服务器)主要负责存储并管理用户签约数据,包括用户鉴权信息、位置信息及路由信息。

EPC 架构中各功能实体间的接口协议均采用基于 IP 的协议,部分接口协议是由 2G/3G 分组域标准演进而来,部分是新增协议,如 MME 与 HSS 间 S6a 接口的 Diameter 协议等。详细介绍可以参考实训步骤 EPC 对接接口与协议部分。

2.12.2 实训目的

通过 EPC 核心网网元的基础公共参数配置,学生可掌握核心网开通关键参数原理与配置规范,了解各网元的基本功能与作用,并可独立完成核心网基础业务开通。

2.12.3 实训任务

EPC 网络是 4G 移动通信网络的核心网。它属于核心网范畴,具备用户签约数据存储,移动性管理和数据交换等移动网络的传统能力,并能够给用户提供超高速的上网体验。

本项目需完成 EPC 核心网各网元(如 MME、SGW、PGW、HSS)的基础参数配置,配置流程如图 2-143 所示。

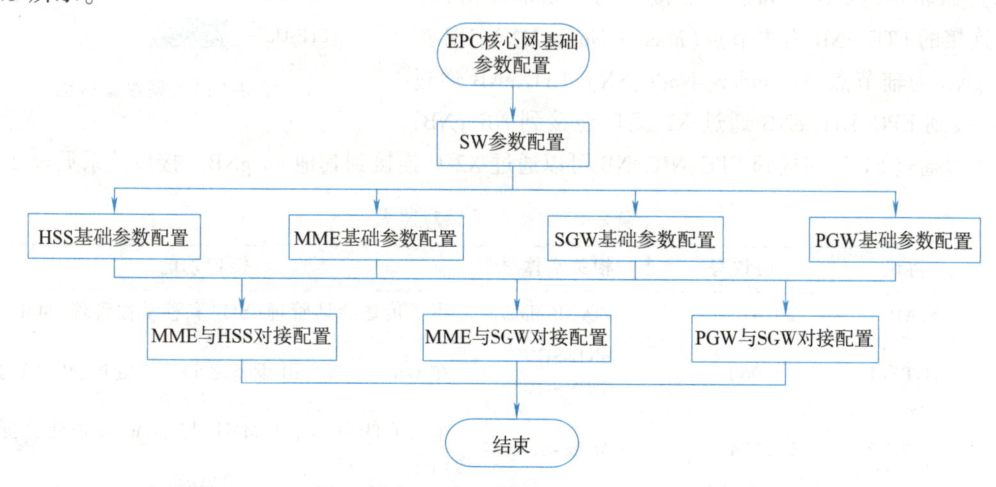

图 2-143　EPC 基础参数配置流程

2.12.4 建议时长

4课时。

2.12.5 实训规划

以Option3x为例,核心网是EPC 4G核心网,主要由移动性管理设备(MME)、服务网关(S-GW)、分组数据网关(P-GW)及存储用户签约信息(HSS)和策略控制单元(PCRF)等组成,其中S-GW和P-GW逻辑上分设,物理上可以合设,也可以分设。

在运营商网络中,这几种设备一般是如何部署的呢?首先看MME,MME主要负责移动性管理、信令处理等功能,不需要转发媒体数据,对传输带宽要求较低。MME与eNodeB(简称eNB)之间采用IP方式连接,不存在传输带宽瓶颈和传输电路调度困难。S-GW负责媒体流处理及转发等功能,P-GW则仍承担GGSN的职能,HSS的职能与HLR类似,但功能有所增强,新增的PCRF主要负责计费、QoS等策略。

另外基于4G核心网EPC的4G与5G双连接架构是在原有的4G覆盖基础上增加5G NR新覆盖,5G无线网通过4G LTE网络融合到4G的核心网,融合的锚点在4G无线网,但控制面依然继承原有的4G。LTE eNB与NR gNB采用双连接的形式为用户提供高数据速率服务。

Option3x架构中所有的控制面信令都经由eNB转发,用户平面经由5G基站连接到EPC,gNB可将数据分流至eNB。

Option3x网络结构如图2-144所示。

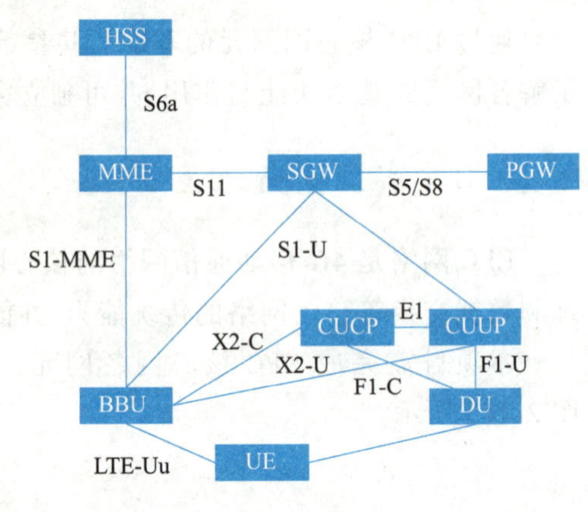

图2-144 网络架构图

EPC架构中各功能实体间的接口协议均采用基于IP的协议,部分接口协议是由2G/3G分组域标准演进而来,如E-UTRAN与MME间的S1-MME接口,E-UTRAN与SGW间的S1-U,SGW与PGW间的S5S8接口。部分协议是新增的,如MME与HSS间的S6a接口的Diameter协议。

UE连接的LTE eNB为主节点(Master Node,MN),UE连接的NR gNB为辅节点(Secondary Node,SN);LTE eNB通过S1接口连接到EPC,LTE eNB通过X2接口连接到NR gNB;NR gNB可以通过S1-U连接到EPC,NR gNB可以通过X2-U连接到其他en-gNB。接口关系见表2-27。

表2-27 接口关系对照表

接口	协议	协议号	相关实体	接口功能
S1-C	S1AP	36.413	ZQeNB-MME	用于传送会话管理(SM)和移动性管理(MM)信息
S1-U	GTP-V1	29.060	eNB-SGW gNB-SGW	在GW与eNdoeB设备之间建立隧道,传送数据包
S11	GTP-V2	29.274	MME-SGW	采用GTP协议,在MME与SGW设备建立隧道,传送信令
S10	GTP-V2	29.274	MME-MME	采用GTP协议,在MME设备间建立隧道,传送信令

续表

接口	协议	协议号	相关实体	接口功能
S6a	Diameter	29.272	MME-HSS	完成用户位置信息的交换和用户签约信息的管理
S5/S8	GTP-V2	29.274	SGW-PGW	采用 GTP 协议,在 GW 设备间建立隧道,传送数据包
SGi	TCP/IP	RFC	PGW-PDN	通过标准 TCP/IP 协议在 PGW 与外部应用服务器之间传送数据
X2	X2AP	36.423	eNB-gNB	4G 系统和 5G 系统无线之间信令服务
Uu	L1/L2/L3	36.2XX、36.3XX	UE-eNB	无线空中接口,主要完成 UE 和 eNB 基站之间的无线数据的交换
F1	F1AP	38.46X	DU-CUCP	CU 和 DU 之间的接口
E1	E1AP	38.47X	CUCP-CUUP	CUCP 与 CUUP 逻辑实体之间的接口

物理接口地址采用 24 位掩码地址:192.168.1.0/24,逻辑接口地址采用 32 位掩码地址。具体规划架构图如图 2-144 所示,接口关系对照表见表 2-27,地址规划见表 2-28。

表 2-28　IP 地址规划表

设　备	接　口	IP 地址	子网掩码
MME	物理接口	192.168.1.1	255.255.255.0
	S11 GTP-C	128.2.1.10	255.255.255.255
	S6a	128.2.1.6	255.255.255.255
	S1-MME	128.2.1.1	255.255.255.255
HSS	物理接口	192.168.1.2	255.255.255.0
	S6a	128.5.2.6	255.255.255.255
SGW	物理地址	192.168.1.3	255.255.255.0
	S5/S8 GTP-C	128.3.3.5	255.255.255.255
	S5/S8 GTP-U	128.3.3.8	255.255.255.255
	S11 GTP-C	128.3.3.10	255.255.255.255
	S1-U	128.3.3.1	255.255.255.255
PGW	物理接口	192.168.1.4	255.255.255.0
	S5/S8 GTP-C	128.4.4.5	255.255.255.255
	S5/S8 GTP-U	128.4.4.8	255.255.255.255

注:EPC 核心网网元之间接口地址规划,本教材中给出的 IP 地址仅供参考,每个网元逻辑接口地址采用 32 位掩码地址,也可采用 A 类、B 类、C 类常见 IP 地址,只要每一个逻辑接口处在不同网段即可。

2.12.6　实训步骤

登录 IUV-5G 全网部署与优化的客户端,打开数据配置模块,选择“建安核心网”,可以看到数据配置界面,如图 2-145 所示,其他网元 SGW、PGW、HSS 等网元配置界面功能一致。

网元配置界面介绍,见表 2-29。

表2-29　数据配置界面介绍

名　称	说　明
网元选择区域	进行网元类别的选择及切换,网元改变相应的命令导航随之改变
命令导航区域	提供按树状显示命令路径的功能,点击相应命令进行该命令的参数配置
参数配置区域	显示命令和参数,同时也提供参数输入及修改功能

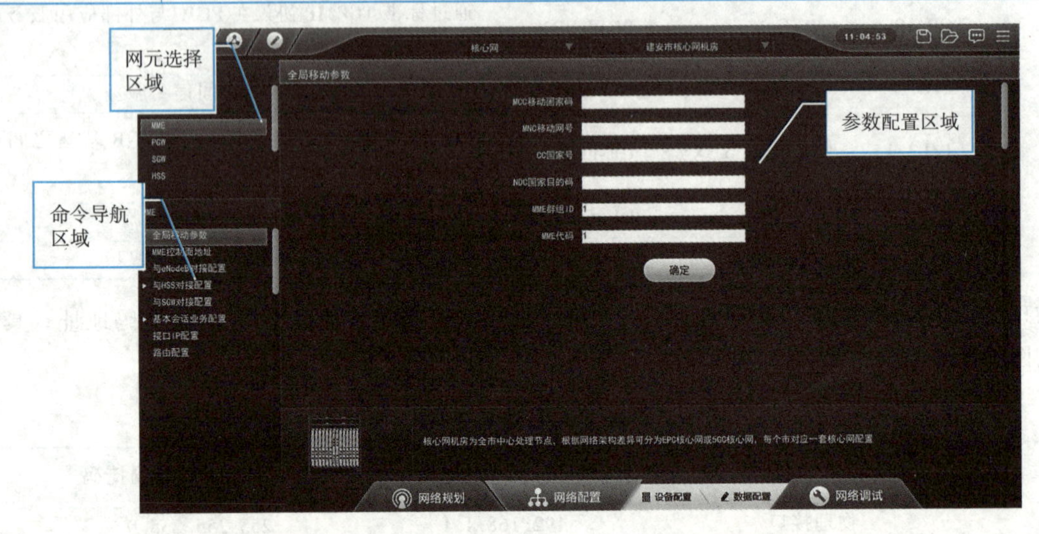

图2-145　数据配置界面

MME网元基础参数配置分以下四个大的操作步骤:

(1)全局移动参数配置:MME网元作为交换网络的一个交换节点存在,必须和网络中其他节点配合才能完成网络交换功能,因此需针对交换局不同情况,配置各自的局数据。本局数据配置主要包括本局信令面、本局移动数据,配置参数见表所示。

(2)基本会话配置:主要配置系统中相关业务需要的解析配置,包括APN解析、EPC地址解析和MME地址解析、TA解析配置,配置地址见表所示。

MME全局移动参数规划与说明见表2-30。

(3)接口配置。

(4)路由配置。

表2-30　全局移动参数说明

参数名称	参　数　说　明	参数规划
移动国家码	根据实际填写,如中国的移动国家码为460	460
移动网号	根据运营商的实际情况填写	00
国家码	根据实际填写,如中国的国家码为86	86
国家目的码	根据运营商的实际情况填写	188
MME群组ID	在网络中标识一个MME群组,MME组ID规划需要全网唯一,非pool组网的各个MM网元的MMEGI不可重复	1
MME代码	MME代码,在Group中能唯一标识一个MME,根据网络规划确定。当与和2/3G存在映射关系,需要基于现网SGSN的NRI值进行规划,本仿真软件是基于纯LTE接入,无须考虑	1

软件配置如图 2-146 所示。

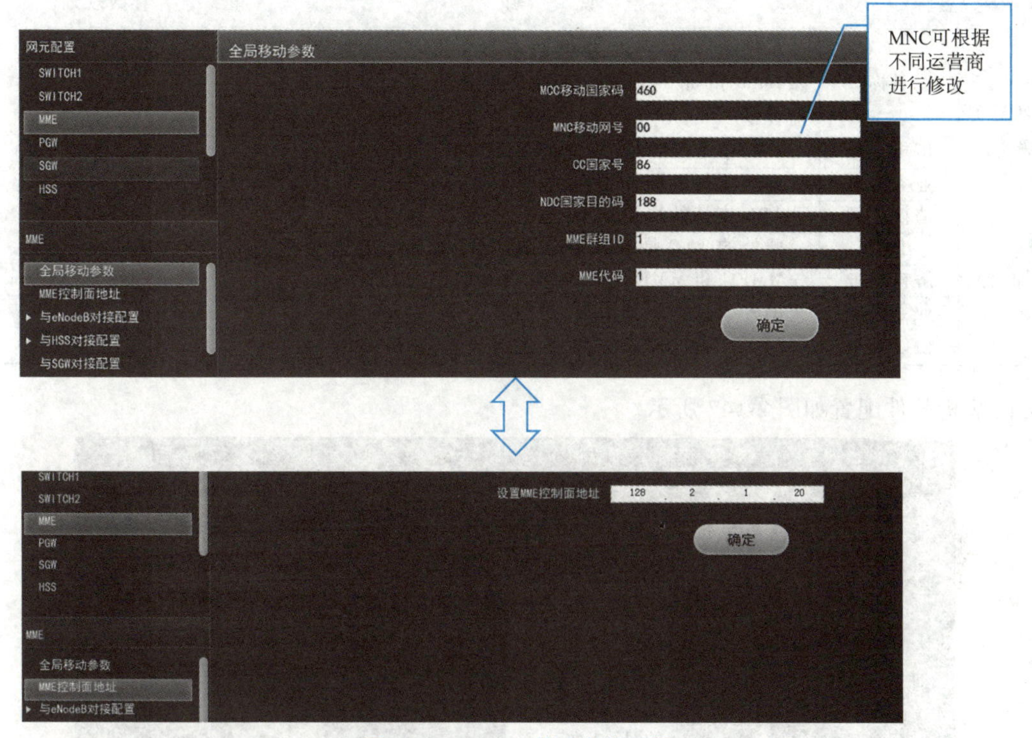

图 2-146　MME 基础参数配置

基本会话业务配置主要包含 APN 解析配置、EPC 接下配置、MME 地址解析配置、TA 解析配置，前两个在做基本业务验证时必须配置，后两个参数主要涉及切换与漫游配置，在做基础业务验证的时候可不做配置。基本功能见表 2-31。

表 2-31　会话解析参数说明

参数名称		说　明	参数规划
增加 APN 解析	APN	接入点名称，由网络标识和运营商标识组成； APN 名称以 apn. epc. mnc. mcc. 3gppnetwork. org 为后缀，mnc 和 mcc 都是三位 0～9 数字，不足三位的，靠前补零	Jaan. apn. epc. mnc000. Mcc460. 3gppnetwork. org
	解析地址	APN 对应的 PGW 的 GTP-C 地址	128. 4. 4. 5
	业务类型	APN 支持的服务类型，这里须选择 x_3gpp_pgw	X-3gpp-pgw
	协议类型	APN 支持的协议类型，这里须选择 x_s5_gtp	x_s5_gtp
增加 EPC 地址解析	名称	名称须以 apn. epc. mnc. mcc. 3gppnetwork. org 为后缀，mnc 和 mcc 都是三位 0～9 数字，不足三位的，靠前补零	Tac-lb22. tac-hb11. tac. epc. mnc000. Mcc460. 3gppnetwork. org
	解析地址	TAC 对应的 SGW 的 S11-GTPC 地址	128. 3. 3. 10
	业务类型	APN 支持的服务类型，这里须选择 x_3gpp_sgw	X-3gpp-sgw
	协议类型	APN 支持的协议类型，这里须选择 x_s5_gtp	x_s5_gtp

续表

参数名称		说　明	参数规划
增加 MME 地址解析	名称	名称须以 apn. epc. mnc. mcc. 3gppnetwork. org 为后缀，mnc 和 mcc 都是三位 0～9 数字，不足三位的，靠前补零	
	解析地址	MMEC 和 MMEGI 对应的 MME 的控制面地址	
	业务类型	APN 支持的服务类型，这里须选择 x_3gpp_mme	
	协议类型	APN 支持的协议类型，这里须选择 x_s10	
增加 TA 地址解析	TAC	此处的 TAC 是对方城市的小区 TAC 码	
	解析地址	MMEC 和 MMEGI 对应的 MME 的控制面地址	
	业务类型	APN 支持的服务类型，这里须选择 x_3gpp_mme	
	协议类型	APN 支持的协议类型，这里须选择 x_s10	

会话解析软件配置如图 2-147 所示。

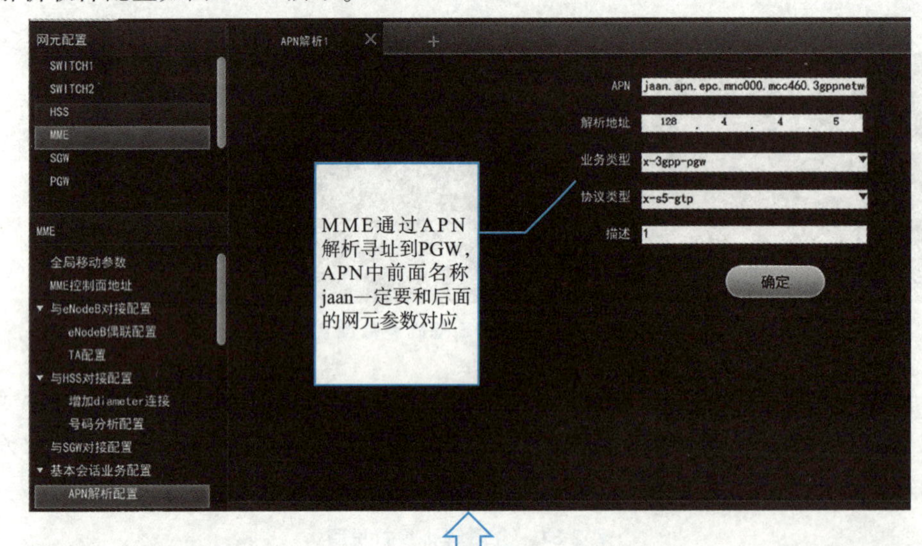

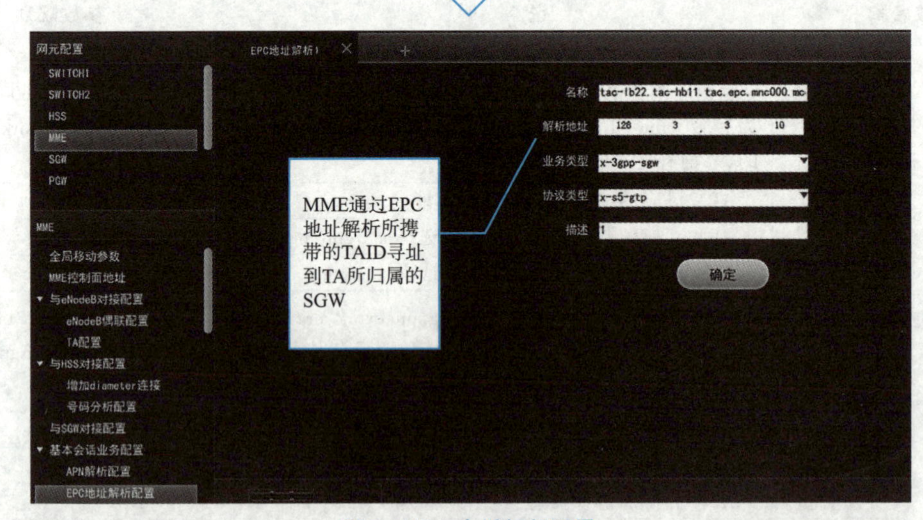

图 2-147　会话解析配置

MME 物理接口配置，此处的接口地址一定要对应设备配置连接的接口。具体参数说明见表 2-32。

表 2-32　MME 接口参数说明

参数名称	说　　明	参数规划
接口 ID	用于标识某个接口，不可重复	1
槽位	接口板所在的槽位	7
端口	填写单板对应的端口，默认由上至小，从 1 开始编号	1
IP 地址	对应接口板的实接口 IP 地址	192. 168. 1. 1
掩码	对应接口板的实接口子网掩码	255. 255. 255. 0

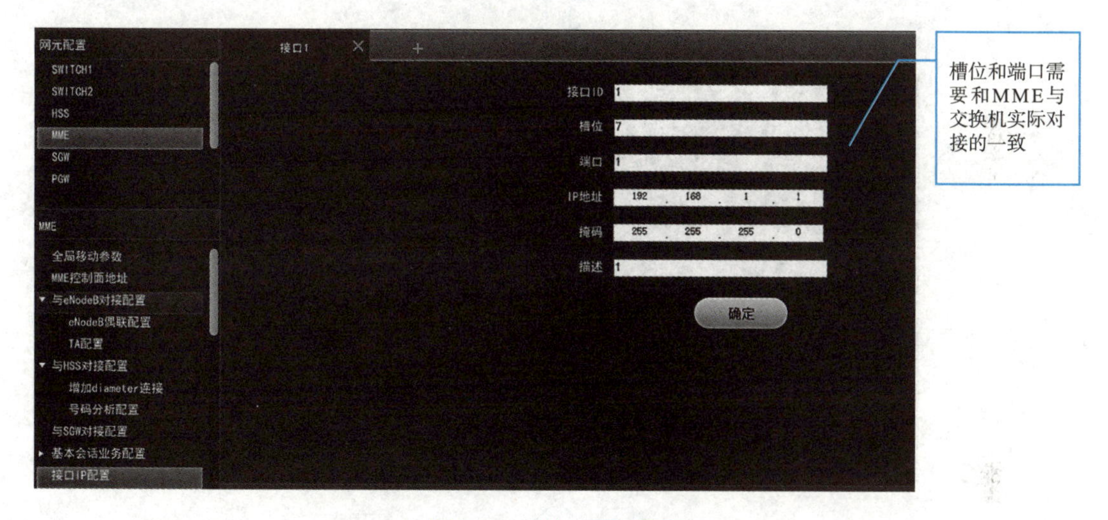

图 2-148　接口配置界面

MME 与其他内部网元对接的路由总共有三条，MME 需要配置静态路由，实现与 SGW、HSS 及 eNodeB 之间的路由联通，分别是 eNB、SGW、HSS 三个网元的 S1-MME、S11、S6a 的接口地址。参数说明见表 2-33。MME 路由配置如图 2-149 所示。

表 2-33　MME 路由参数说明

参数名称	说　　明	参数规划
路由 ID	用于标识某条路由，不可重复	1/2/3
目的地址	对端的 IP 地址前缀	128. 1. 1. 10/128. 5. 2. 6/128. 3. 3. 10
掩码	IP 地址所对应的子网掩码	255. 255. 255. 255
下一跳	下一跳 IP 地址所在的接口地址	192. 168. 1. 10/192. 168. 1. 2/192. 168. 1. 3
优先级	同一目的地址的多条路由之间的优先级，数值越小优先级越高	1

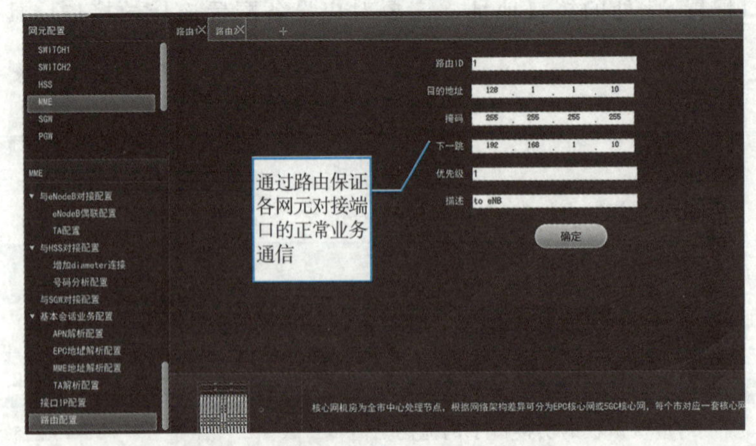

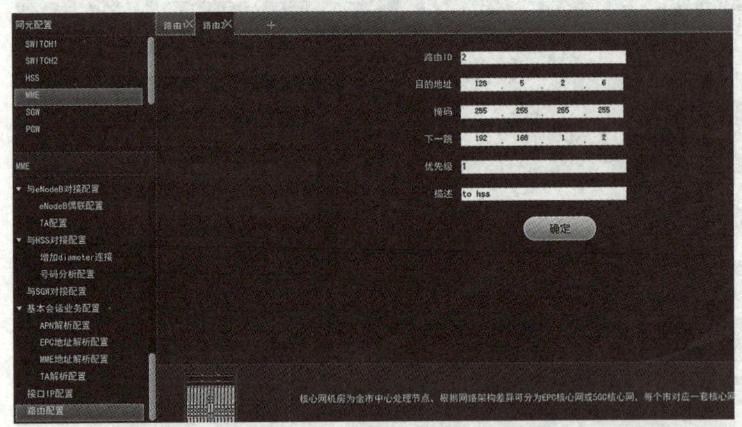

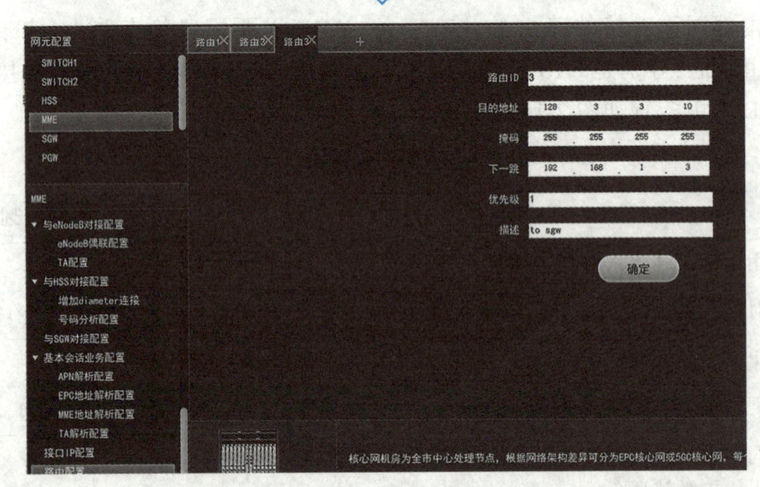

图 2-149　MME 路由配置

SGW 网元基础参数配置分以下三个大的操作步骤：

（1）本局数据配置：SGW 网元作为交换网络的一个交换节点存在，必须和网络中其他节点配合才能完成网络交换功能，因此需针对交换局不同情况，配置各自的局数据。本局数据配置主要本局移动数据 PLMN。

（2）网元对接配置：网元对接配置主要是配置 SGW 与 eNodeB、MME 和 PGW 之间的对接参数配置。

（3）接口及地址配置：地址及路由配置主要是配置 MME 网元的 S11 地址、PGW 网元的 S5/S8-C 与 S5/S8-U 地址、BBU 的地址及 CUUP 的地址。

SGW 的 PLMN 参数配置说明见表 2-34。PLMN 配置如图 2-150 所示。

表 2-34　PLMN 参数说明

参数名称	参数说明	参数规划
移动国家码	根据实际填写，如中国的移动国家码为 460	460
移动网号	根据运营商的实际情况填写	00

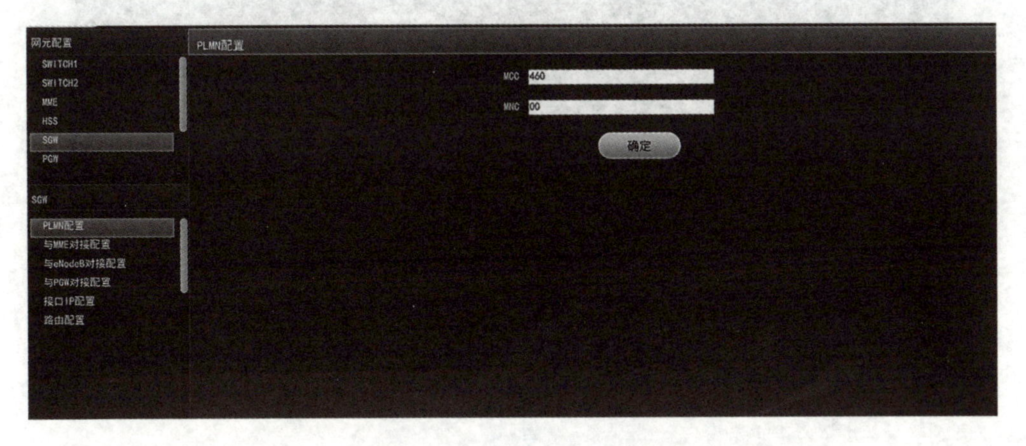

图 2-150　PLMN 配置

在配置数据之前，应当先完成与 MME 对接配置数据规划，与 eNodeB 对接配置、与 PGW 对接配置的规划示例见表 2-35。SGW 对接配置如图 2-151 所示。

表 2-35　SGW 对接地址参数说明

参数名称	参数说明	参数规划
S11-gtp-ip-address	SGW 用于与 MME 对接的地址	128.3.3.10
S1u-gtp-ip-address	SGW 用于与 eNodeB 对接的地址	128.3.3.1
S5S8-gtpc-ip-address	SGW 用于与 PGW 对接的控制面地址	128.3.3.5
S5S8-gtpu-ip-address	SGW 用于与 PGW 对接的用户面地址	128.3.3.8

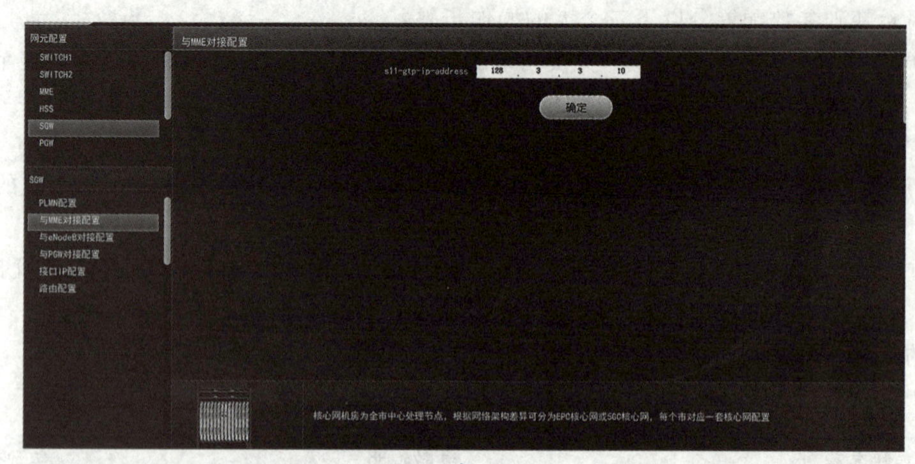

图 2-151　SGW 对接配置

SGW 物理接口配置,此处的接口地址一定要对应设备配置连接的接口。具体参数说明见表 2-36。SGW 接口配置如图 2-152 所示。

表 2-36　SGW 接口参数说明

参数名称	说　明	参数规划
接口 ID	用于标识某个接口,不可重复	1
槽位	接口板所在的槽位	7
端口	填写单板对应的端口,默认由上至小,从 1 开始编号	1
IP 地址	对应接口板的实接口 IP 地址	192. 168. 1. 3
掩码	对应接口板的实接口子网掩码	255. 255. 255. 0

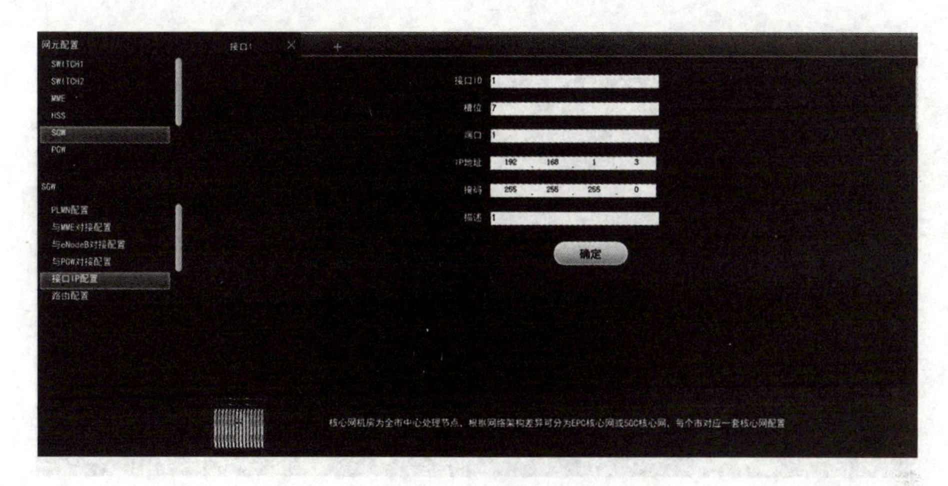

图 2-152　SGW 接口配置

SGW 与其他内部网元对接的路由总共有五条,SGW 需要配置静态路由实现与 MME、PGW 的控制面与用户面地址、eNodeB 及 5GCUUP 之间的路由联通,分别是 MME、SGW、HSS、eNB、CUUP 五个网元的 S11、S5/S8、S1-U 的接口地址。参数说明见表 2-37。SGW 路由配置如图 2-153 所示。

表 2-37　SGW 路由参数说明

参数名称	说　明	参数规划
路由 ID	用于标识某条路由,不可重复	1/2/3/4/5
目的地址	对端的 IP 地址前缀	128. 2. 1. 10/128. 4. 4. 5/128. 4. 4. 8/128. 1. 1. 10 131. 1. 1. 40
掩码	IP 地址所对应的子网掩码	255. 255. 255. 255
下一跳	下一跳 IP 地址所在的接口地址	192. 168. 1. 1/192. 168. 1. 4/192. 168. 1. 10
优先级	同一目的地址的多条路由之间的优先级,数值越小优先级越高	1

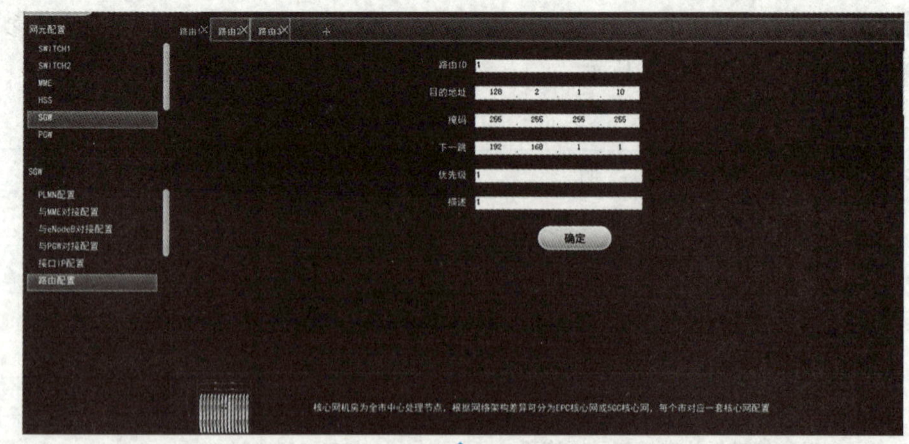

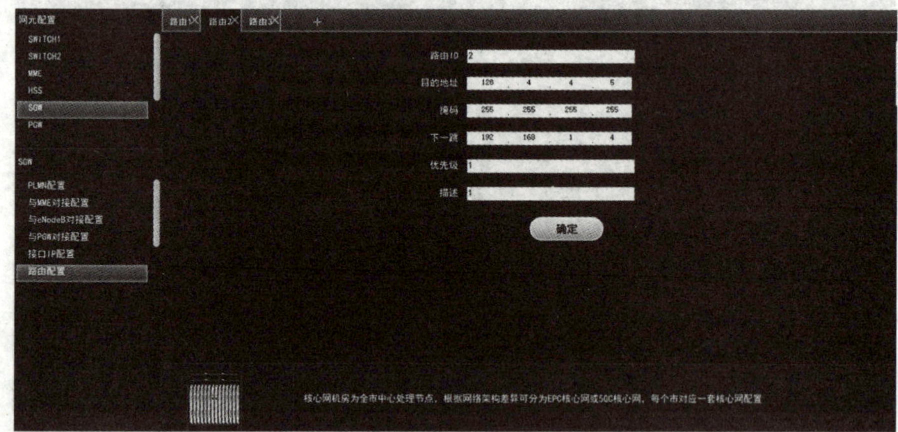

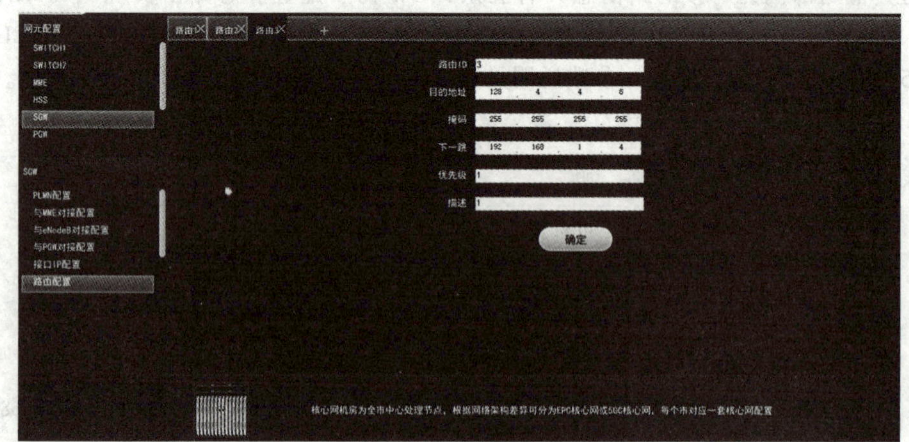

图 2-153　SGW 路由配置

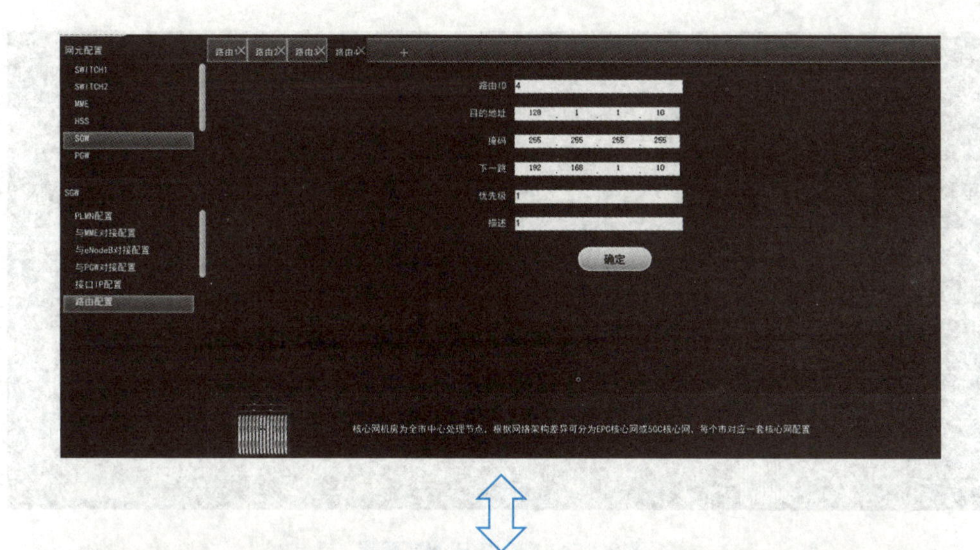

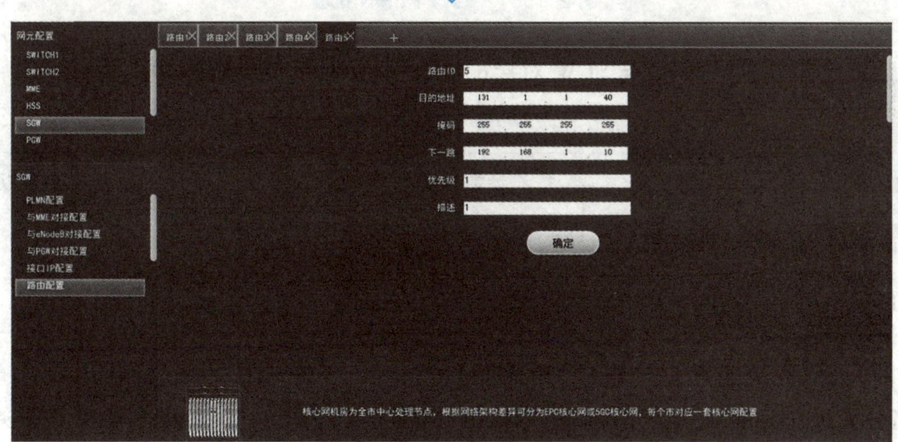

图 2-153　SGW 路由配置(续)

PGW 网元基础参数配置分以下四个大的操作步骤。

(1)本局数据配置:PGW 网元作为交换网络的一个交换节点存在,必须和网络中其他节点配合才能完成网络交换功能,因此需针对交换局不同情况,配置各自的局数据。本局数据配置主要是本局移动数据 PLMN。

(2)网元对接配置:网元对接配置主要是配置 PGW 与 SGW 之间的对接参数配置。

(3)地址池的配置:配置 PGW 本地地址池及 IP 地址段。

(4)接口地址及路由配置:地址及路由配置主要是配置 PGW 网元的 S5/S8 地址。

PGW 的 PLMN 参数配置说明见表 2-38。PGW PLMN 配置如图 2-154 所示。

表 2-38　PLMN 参数说明

参数名称	参数说明	参数规划
移动国家码	根据实际填写,如中国的移动国家码为 460	460
移动网号	根据运营商的实际情况填写	00

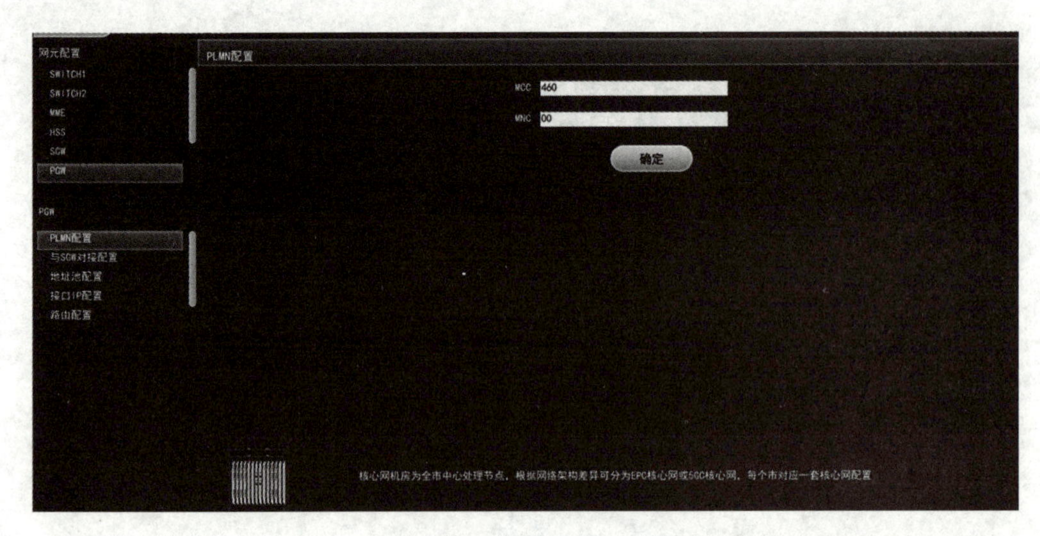

图 2-154　PGW PLMN 配置

在配置数据之前，应当先完成与 SGW 对接配置数据规划，示例见表 2-39。

表 2-39　PGW 对接地址参数说明

参数名称	参数说明	参数规划
S5S8-gtpc-ip-address	PGW 用于与 SGW 对接的控制面地址	128. 4. 4. 5
S5S8-gtpu-ip-address	PGW 用于与 SGW 对接的用户面地址	128. 4. 4. 8

地址池的配置：在分组数据网络中，用户必须获得一个 IP 地址才能接入 PDN，一般在现网中 PGW 支持多种为用户分配 IP 地址的方式，包括由 PGW 本地分配、AAA 分配和 DHCP 服务器分配，通常采用 PGW 本地分配的方式。本节介绍如何配置本地地址池中的 IP 地址，当 PGW 采用本地地址池为用户分配 IP 地址时，需要创建本地地址池，并为此种类型的地址池分配对应的地址段。

在配置数据之前，应当完成 PGW 地址池配置的数据规划，数据规划示例见表 2-40。PGW 地址池配置如图 2-155 所示。

表 2-40　PGW 地址池参数说明

参数名称	说　　明	参数规划
地址池 ID	用于标识某个接口，不可重复	1
APN	填写 APN-NI 信息	Jaan
地址池起始地址	地址池的起始地址	192. 1. 1. 1
地址池终止地址	地址池的终止地址	192. 1. 1. 254
掩码	地址段的掩码	255. 255. 255. 0

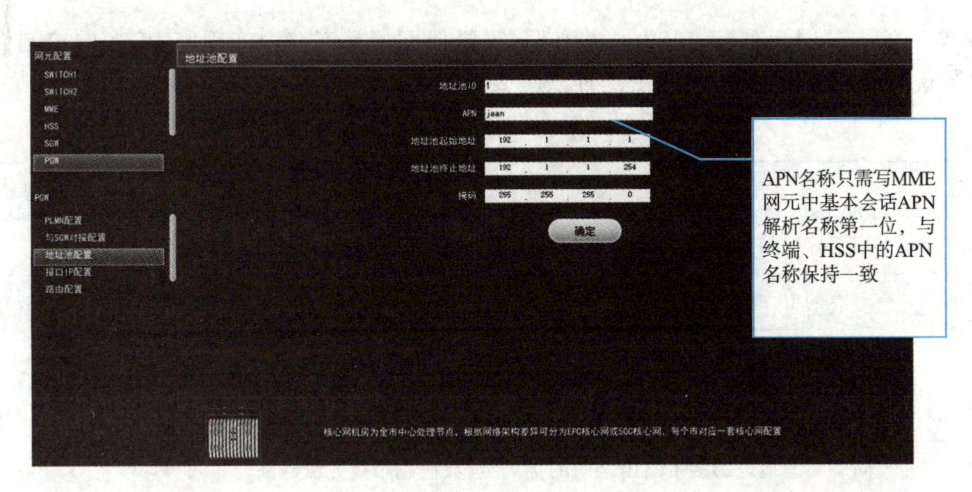

图 2-155　PGW 地址池配置

PGW 物理接口配置，此处的接口地址一定要对应设备配置连接的接口。具体参数说明见表 2-41。PGW 接口配置如图 2-156 所示。

表 2-41　PGW 接口参数说明

参数名称	说　明	参数规划
接口 ID	用于标识某个接口，不可重复	1
槽位	接口板所在的槽位	7
端口	填写单板对应的端口，默认由上至小，从 1 开始编号	1
IP 地址	对应接口板的实接口 IP 地址	192. 168. 1. 4
掩码	对应接口板的实接口子网掩码	255. 255. 255. 0

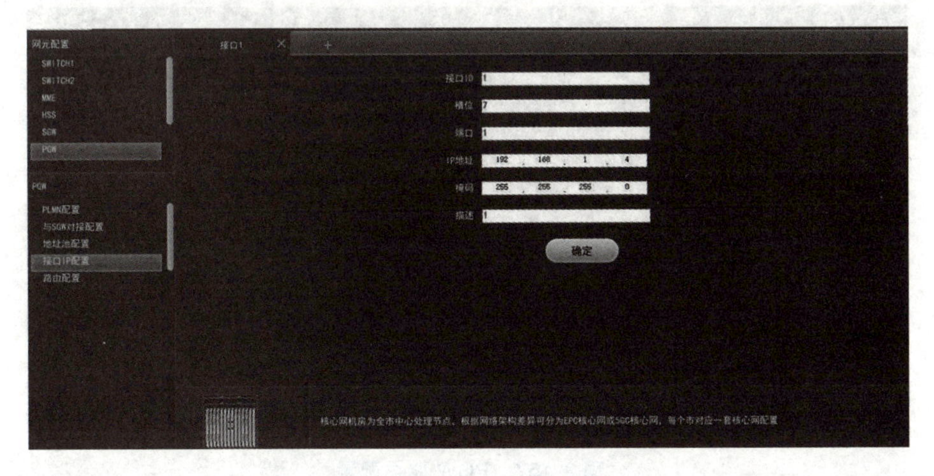

图 2-156　PGW 接口配置

PGW 与其他内部网元对接的路由总共有两条,需要配置静态路由实现与 PGW 的控制面与用户面地址参数说明见表 2-42。PGW 路由配置如图 2-157 所示。

表 2-42　PGW 路由参数说明

参数名称	说　明	参数规划
路由 ID	用于标识某条路由,不可重复	1/2/
目的地址	对端的 IP 地址前缀	128. 3. 3. 5/128. 3. 3. 8
掩码	IP 地址所对应的子网掩码	255. 255. 255. 255
下一跳	下一跳 IP 地址所在的接口地址	192. 168. 1. 3/192. 168. 1. 3
优先级	同一目的地址的多条路由之间的优先级,数值越小优先级越高	1

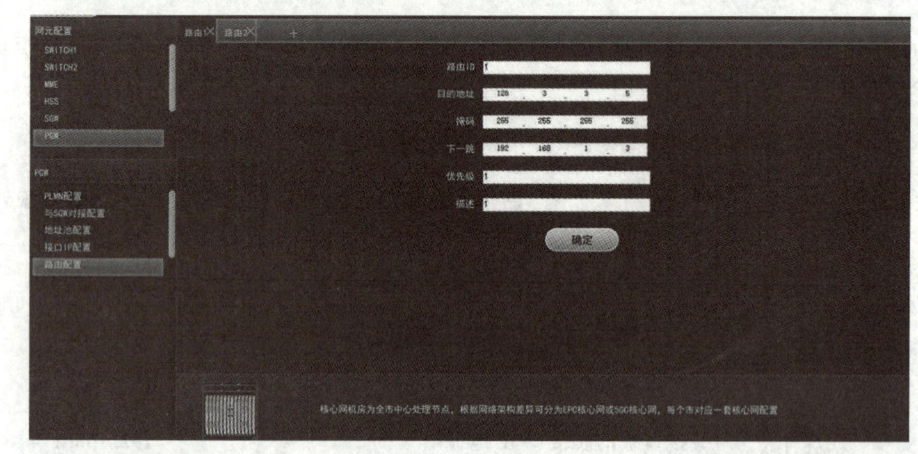

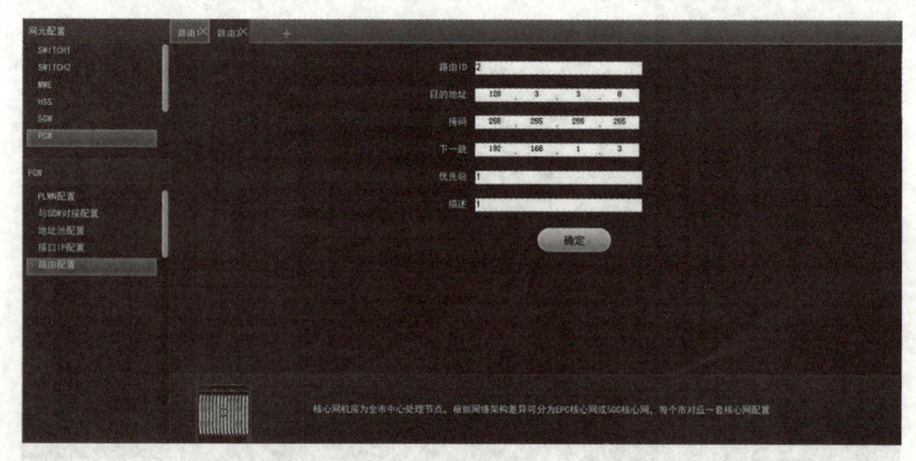

图 2-157　PGW 路由配置

HSS 网元基础参数配置分以下三个大的操作步骤：

(1)网元对接参数配置：网元对接配置主要是配置 HSS 与 MME 之间的对接参数配置。

(2)接口地址及路由配置：地址及路由配置主要是配置各个接口上的 IP 地址以及静态路由。

(3)用户签约信息设置：通过此配置进行用户的业务受理、用户信息维护，主要包括签约信息、鉴权信息及用户标识。

HSS 的网元对接参数配置说明见表 2-43。HSS Diameter 对接配置如图 2-158 所示。

表 2-43 HSS 对接参数说明

参数名称	参数说明	参数规划
移动 SCTP 标识	用于标识偶联	1
Diameter 偶联本端	HSS 端的偶联地址	128.5.1.6
Diameter 偶联本端端口号	HSS 端的端口号，值域范围 1-65535，与偶联本端地址绑定在一起	1
Diameter 偶联对端 IP	对端的偶联地址，与 MME 侧协商一致	128.2.1.6
Diameter 偶联对端端口号	对端的端口号，与 MME 侧协商一致	1
Diameter 偶联应用属性	与对端相反，一般 HSS 作为服务端，，两端有一端为客户端一端为服务端即可	客户端
本端主机名	HSS 节点主机名	hss.cnnet.cn
本端域名	HSS 节点域名	cnnet.cn
对端主机名	MME 节点主机名	mme.cnnet.cn
对端域名	MME 节点域名	cnnet.cn

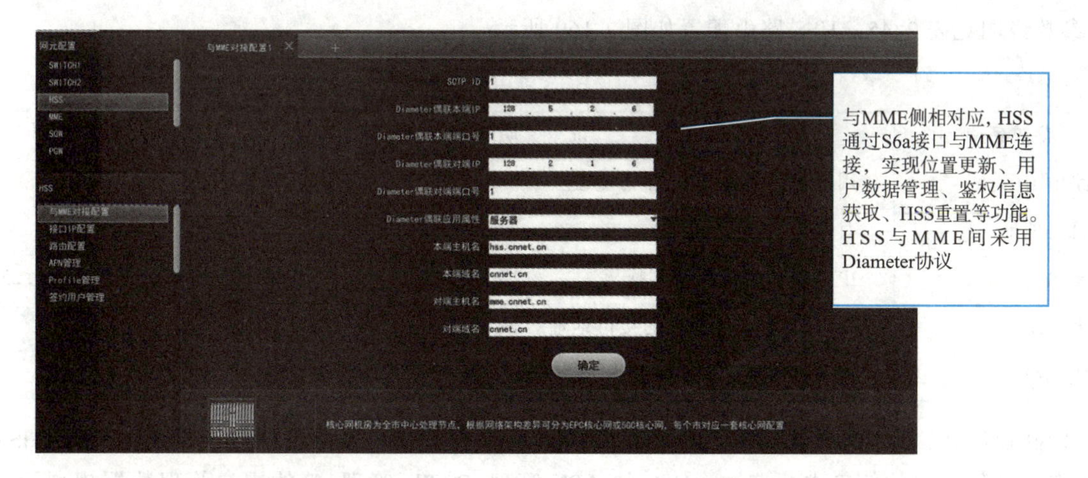

图 2-158 HSS Diameter 对接配置

HSS 物理接口配置，此处的接口地址一定要对应设备配置连接的接口。具体参数说明见表 2-44。HSS 接口配置如图 2-159 所示。

表 2-44　接口参数说明

参数名称	说　明	参数规划
接口 ID	用于标识某个接口，不可重复	1
槽位	接口板所在的槽位	7
端口	填写单板对应的端口，默认由上至小，从 1 开始编号	1
IP 地址	对应接口板的实接口 IP 地址	192. 168. 1. 2
掩码	对应接口板的实接口子网掩码	255. 255. 255. 0

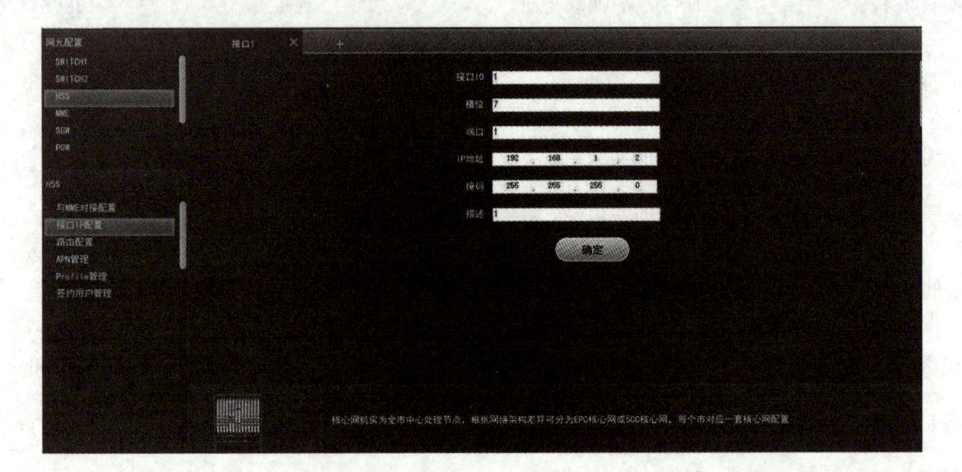

图 2-159　HSS 接口配置

HSS 与其他内部网元对接的路由总共有一条，需要配置静态路由实现与 MME 的控制面路由互通，参数说明见表 2-45。HSS 路由配置如图 2-160 所示。

表 2-45　HSS 路由参数说明

参数名称	说　明	参数规划
路由 ID	用于标识某条路由，不可重复	1/
目的地址	对端的 IP 地址前缀	128. 2. 1. 6
掩码	IP 地址所对应的子网掩码	255. 255. 255. 255
下一跳	下一跳 IP 地址所在的接口地址	192. 168. 1. 1
优先级	同一目的地址的多条路由之间的优先级，数值越小优先级越高	1

HSS 存储并管理用户签约数据，包括用户鉴权信息、位置信息及路由信息。因此，需要在 HSS 中对所有的签约用户的信息进行签约。HSS 的 APN 管理、Profile 管理、签约用户管理数据规划示例见表 2-46、表 2-47、表 2-48。HSS 签约配置如图 2-161 所示。

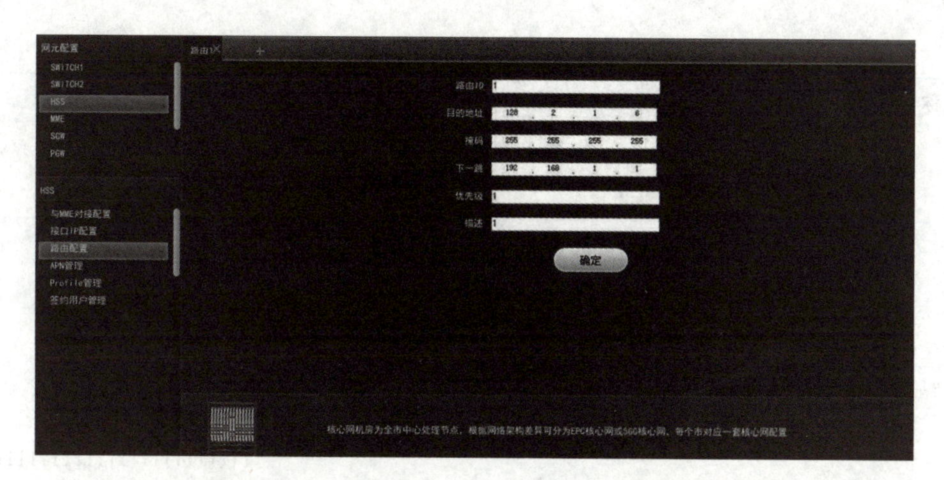

图 2-160　HSS 路由配置

表 2-46　APN 参数说明

参数名称	说　　明	参数规划
APN ID	唯一的一个序列号,值域范围 1-100	1
APN-NI	对应 MME 中 APN 解析名称的第一位	Jaan
Qos 分类识别码	QCI,QCI 用来代表控制承载级别的包传输处理的接入点参数,范围 1-9	1;5;8
APR 优先级	无线优先级,范围 1～15	192. 168. 1. 1
APN-AMBR-UL	APN-AMBR(APN-Aggregate Maximum Bit,APN 聚合最大比特率)参数是关于某个 APN,所有的 Non-GBR 承载的比特速率总和的上限。本参数存储在 HSS 中,它限制同一 APN 中所有 PDN 连接的累计比特速率。 APN 的上行带宽,APN-AMBR 的上行值	100000
APN-AMBR-DL	APN 的下行带宽,APN-AMBR 的下行值	100000

表 2-47　Profile 参数说明

参数名称	说　　明	参数规划
Profile ID	唯一的一个序列号,值域范围 1-100 之间取值	1
对应 APN ID	与 APN 的 ID 号一一对应	1
EPC 频率选择优先级	默认选择频率	5GC Frequence
UE-AMBR-UL	UE-AMBR(UE-Aggregate Maximum Bit,UE 聚合最大比特率)参数是关于某个 UE、所有 Non-GBR 承载的、所有 APN 连接的比特率总和的上限。 用户上行最大带宽,用户的上行值	100000
UE-AMBR-DL	用户下行最大带宽,用户的下行值	100000

表 2-48　签约用户参数说明

参数名称	说　　明	参数规划
IMSI	IMSI 是在移动网中唯一识别一个移动用户的号码。IMSI = MCC + MNC + MSIN	460000123456789
MSISDN	MSISDN 是 ITU-T 分配给移动用户的唯一的识别号，也就是通称的手机号码	17712345678
Profile ID	与 Profile 管理中的 ID 一一对应	1
鉴权管理域	默认值为 FFFF	FFFF
KI	用户鉴权键，23 位十六进制数，需要与卡信息保持一致	11111111111111111111111111111111

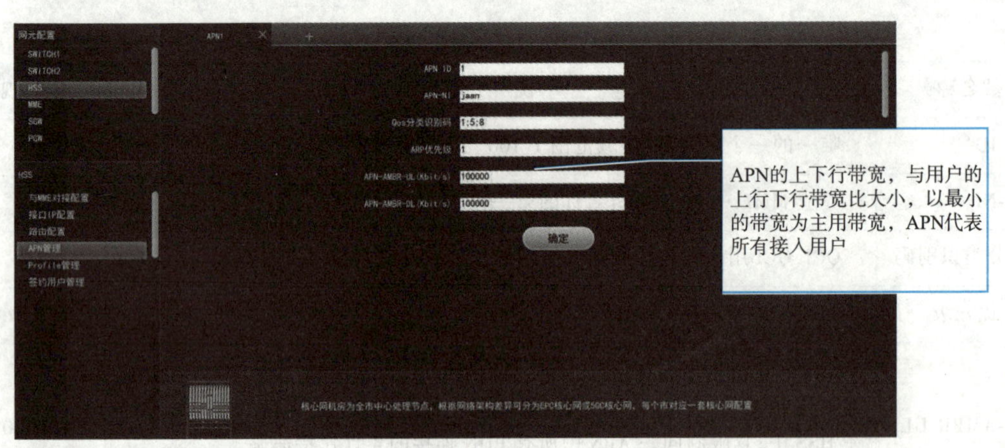

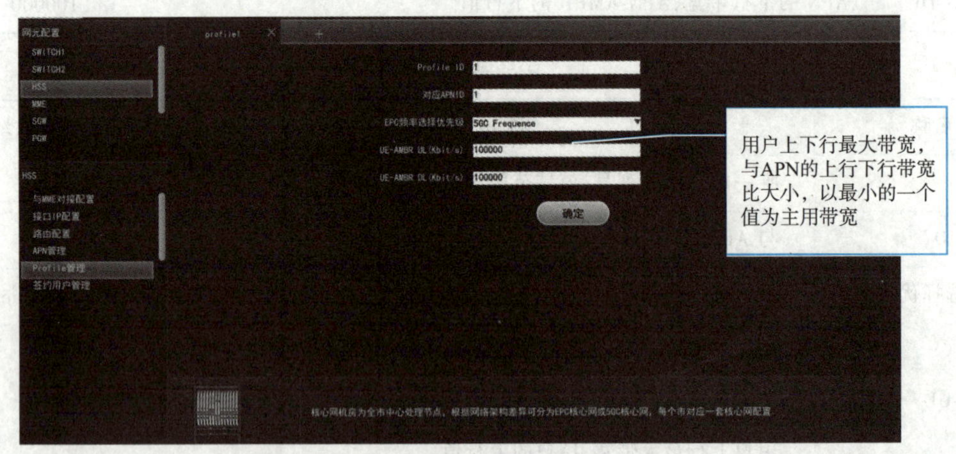

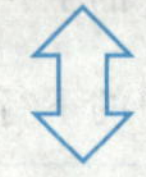

图 2-161　HSS 签约配置

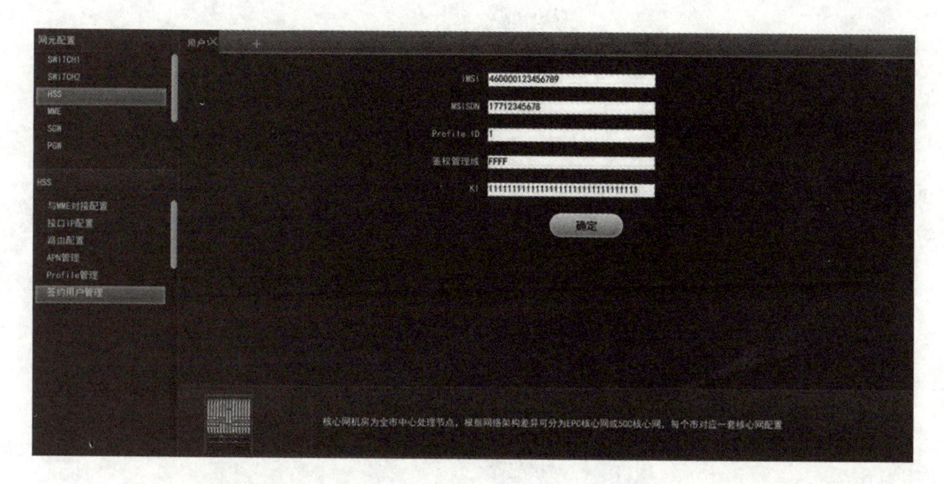

图 2-161　HSS 签约配置(续)

2.13 无线对接参数配置

2.13.1 理论概述

5G NR 网络中 F1 接口为 CU 与 DU 之间的逻辑接口，分为控制面 F1-C 和用户面 F1-U，F1-C 主要负责 CU 和 DU 之间信令传输，F1-U 主要负责 CU 和 DU 之间数据传输。在进行对接时 F1-C 接口两侧 DU 和 CUCP 均需配置类型为 F1 偶联的 SCTP 偶联。F1-U 接口两侧无需配置偶联。当 CU 与 DU 为合设部署时，无需配置路由；当 CU 与 DU 为分离部署时，需要配置 F1-C 与 F1-U 对应的路由。

E1 接口为 CU 内部 CUCP 和 CUUP 直接的逻辑接口，由于 CUCP 与 CUUP 位于同一设备，仅需配置两者间的偶联即可，偶联类型为 E1 偶联。

2.13.2 实训目的

通过学习地址划分，合理地规划 IP 地址以及掌握静态路由的配置方式。

2.13.3 实训任务

IP 与对接配置，IP 地址以及网关都需要自行规划。从前面的网络拓扑图中我们可以看到，BBU 中有与 MME 的 S1-MME 偶联，还有与 CUCP 的 Xn 偶联，这两个为控制面的偶联，我们需要配置 SCTP 配置，而 BBU 与 SGW 的 S1-U 链路以及 BBU 与 CUUP 的 X2-U 链路为用户面的连接，我们使用静态路由配置即可，而 BBU 配置了网关，所以此处不需要进行静态路由的配置。

IP 与对接配置中需要分别配置 DU、CUCP、CUUP 的 IP 地址，在对接配置中 DU 需要配置 F1 接口与 CUCP 连接以用于用户数据的传输，CUCP 需要配置 F1 接口与 CUCP 连接、Xn 接口与 BBU 连接、E1 接口与 CUUP 偶联，CUUP 需要配置 E1 接口与 CUCP 偶联。无线对接配置流程如图 2-162 所示。

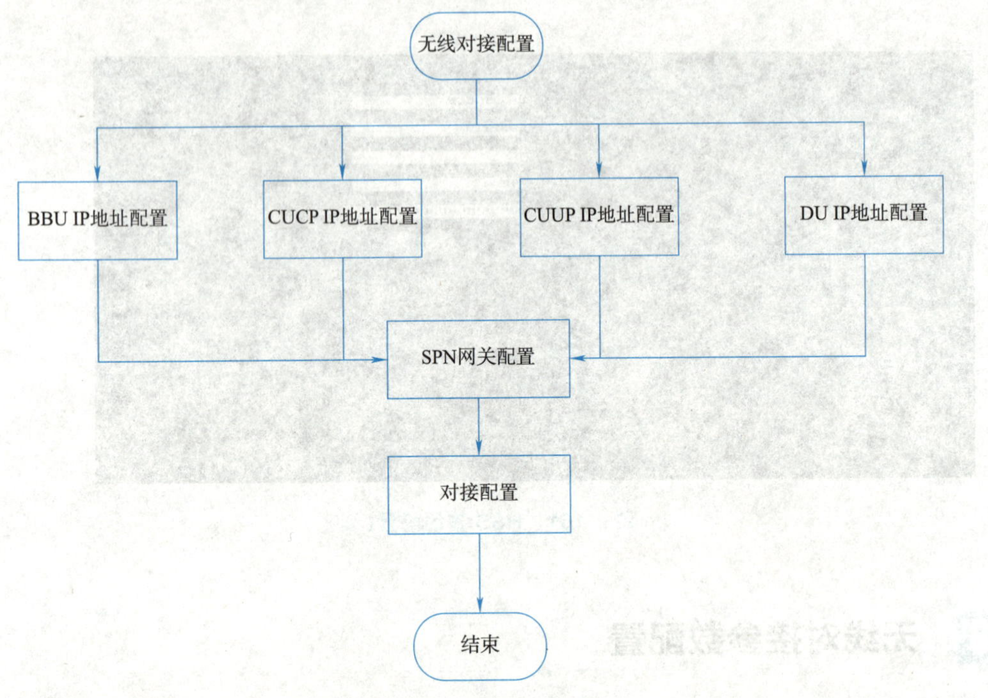

图2-162 无线对接配置流程

2.13.4 建议时长

4课时。

2.13.5 实训规划

其中,NG-RAN代表5G接入网,5GC代表5G核心网。如图2-163所示。

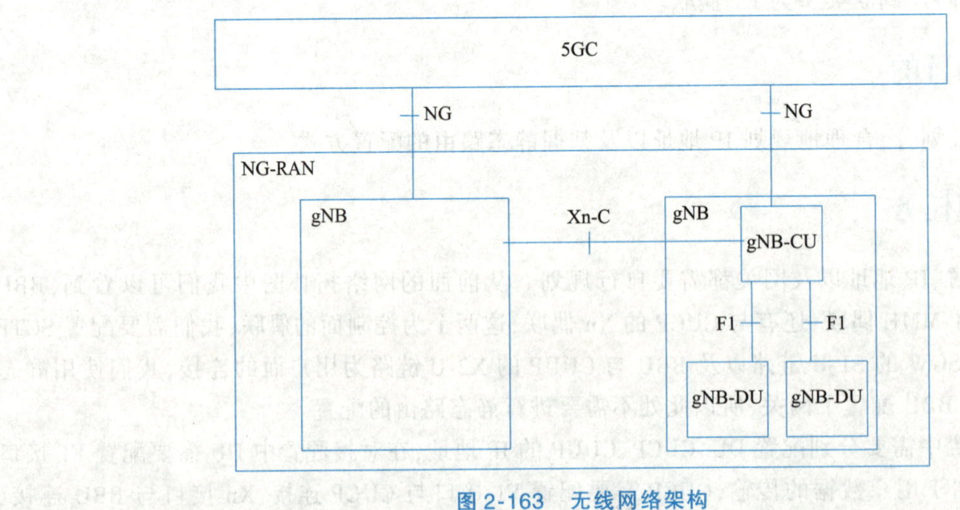

图2-163 无线网络架构

在 NG-RAN 中,节点只有 gNB 和 ng-eNB。gNB 负责向用户提供 5G 控制面和用户面功能,根据组网选项的不同,还可能包含 ng-eNB,负责向用户提供 4G 控制面和用户面功能。

5GC 采用用户面和控制面分离的架构,其中 AMF 是控制面的接入和移动性管理功能,UPF 是用户面的转发功能。

NG-RAN 和 5GC 通过 NG 接口连接, gNB 和 ng-eNB 通过 Xn 接口相互连接,gNB-CU 和 gNB-DU 通过 F1 接口连接。

2.13.6　实训步骤

打开“IUV-5G”软件,做无线参数对接配置的前提一定要完成无线设备的配置,选择“网络配置”中的“数据配置”软件上方中选择无线网-建安市 B 站点无线机房,主要配置的设备有 BBU、ITBBU-CUCP、ITBBU-CUUP、DU 等。

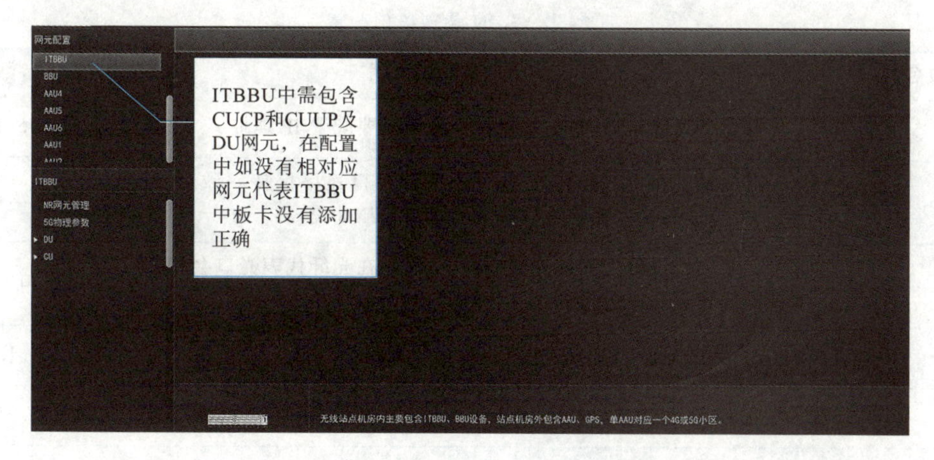

图 2-164　无线参数配置界面

无线参数对接涉及到配置可以分为三个部分:

(1)业务 IP 地址配置:IP 地址可以规划的类型有 A 类、B 类、C 类、可变长子网掩码等,软件中以 24 位可变长子网掩码为例。

(2)SCTP 对接配置:无线侧涉及到基于 SCTP 对接的设备接口有 X2-C、S1、E1、F1-C,根据网络架构图中的连线接口找到对应关系。

(3)静态路由配置:无线侧设备不具备动态路由的功能,不同网段之间需手动配置指向对方的路由。

BBU 的 IP 地址配置见表 2-49,SPN-物理接口配置见表 2-50,SPN-逻辑接口配置见表 2-51。

表 2-49　BBU 及 ITBBU-IP 配置

参数名称		参 数 说 明	参数规划
IP 配置	IP 地址	基站侧 IP 地址,用于不同业务通道的基站侧唯一本地地址。IP 地址可以采用 24 位,也可以采用 30 位掩码,业务地址不可以是 32 位掩码	BBU:128.1.1.10 CUCP:130.1.1.30 CUUP:131.1.1.40 DU:129.1.1.20

续表

参数名称		参数说明	参数规划
IP配置	掩码	24位掩码点分十进制写法为255.255.255.0 30位掩码点分十进制写法为255.255.255.252 32位掩码点分十进制写法为255.255.255.255	255.255.255.0
	网关	基站发送报文到达目的。目前所经过第一个网关地址,工程模式需对应承载设备接口地址。网关需和IP地址在同一个网段,建议取最小的一个IP地址或者最大的一个IP地址,软件中灵活配置,软件中CUCP、CUUP、DU设备需要配置VLAN来区分不同的业务,网关配置在承载站点机房,通过子接口的形式配置	BBU:128.1.1.1 CUCP:130.1.1.1 CUUP:131.1.1.1 DU:129.1.1.1 VLAN ID:130/131/129

表2-50　SPN-物理接口配置

参数名称		参数说明	参数规划
物理接口	接口ID	与设备连线接口对应,对应接口上面需要配置IP地址	RJ45-10/1
	接口状态	有两种状态UP、DOWN,软件中两端接口速率保持一致为UP状态,两端连线接口速率不一致会显示DOWN状态	UP
	光/电	代表两个设备之间的连线线缆类型,现在光纤代表光口会打开,选择网线代表网口会打开	网口
	IP地址	24位IP地址,BBU的直连地址也称为网关	128.1.1.1
	子网掩码	与IP地址对应	255.255.255.0
	描述	自定义描述,根据类型填写,可写可不写	—

表2-51　SPN-逻辑接口配置

参数名称		参数说明	参数规划
配置子接口	接口ID	与设备连线接口对应,对应接口上面需要配置IP地址	100GE1/1:1/2/3
	接口状态	有两种状态UP、DOWN,软件中两端接口速率保持一致为UP状态,两端连线接口速率不一致会显示DOWN状态	UP
	封装VLAN	此处的VLAN ID需与CUCP、CUU、DU对应	CUCP:130 CUUP:131 DU:129
	IP地址	为CUCP、CUUP、DU的直连地址,也称为网关	CUCP:130.1.1.1 CUUP:131.1.1.1 DU:129.1.1.1
	子网掩码	与IP地址对应	255.255.255.0
	接口描述	自定义描述,根据类型填写,可写可不写	—

软件配置截图如图 2-165 所示。

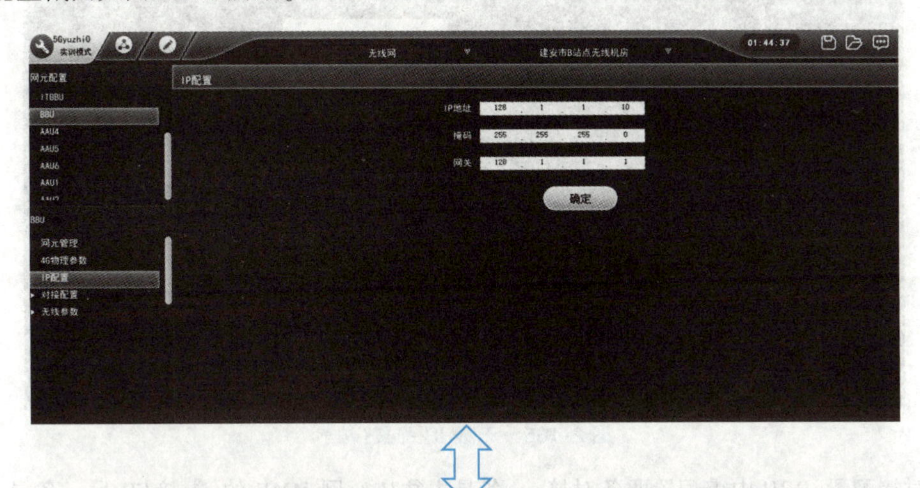

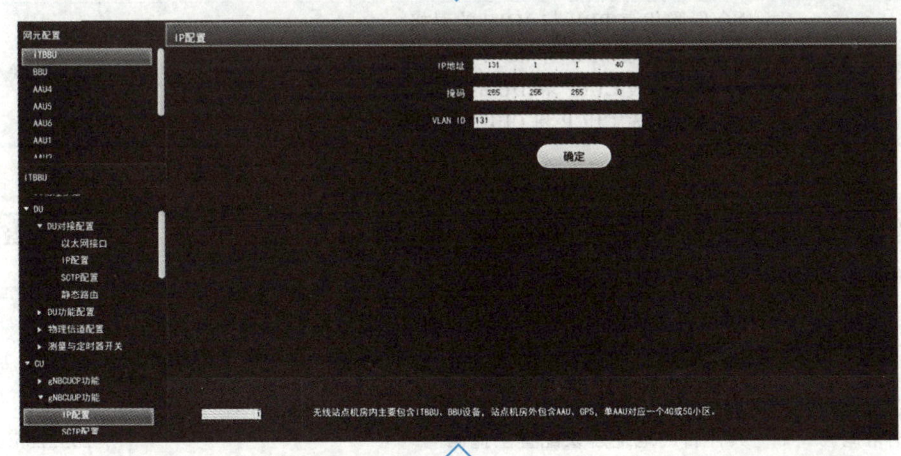

图 2-165　无线 IP 配置

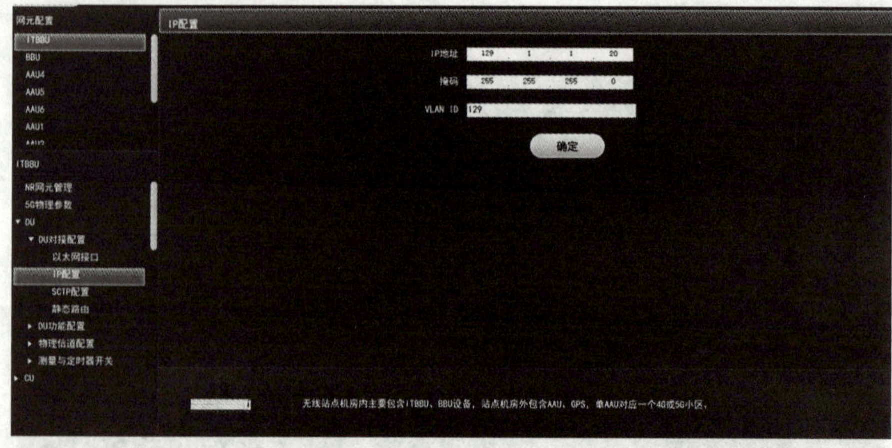

图 2-165　无线 IP 配置(续)

SCTP 对接配置,BBU 中需配置两条对接,一条是去往核心网 MME 的 S1 接口,另一条是去往 CUCP 的 XN 接口对接、软件中的静态路由可以添加也可以不用添加,对接配置说明见表 2-52 和表 2-53。

表 2-52　BBU-对接配置

参数名称		参数说明	参数规划
SCTP 配置	SCTP 链路号	SCTP 偶联的链路号,取值范围内用户自定义,对接配置需要几条可以自定义数值	1/2
	本端端口号	SCTP 偶联的基站侧本端端口号,在取值范围内可以任意规划,现网推荐为 36412(参考 3GPP TS36.412),如果局方有自己的规划原则,以局方的规划原则为准	1/3
	远端端口号	SCTP 偶联的远端端口号,对应为 MME 本端地址,需和 MME 规划数据一致;另外一条对应 CUCP 需和 CUCP 的数据一致	1/3
	远端 IP 地址	SCTP 偶联的远端 MME 业务 IP 地址,与 MME 侧数据一致;另一条的远端 CUCP 业务的 IP 地址,与 CUCP 侧数据一致	128.2.1.1/130.1.1.30
	出入流个数	根据给出的值域范围自定义流数	2/2
	链路类型	NG 偶联代表 BBU 与 MME 的对接 XN 偶联代表 BBU 与 CUCP 的对接 F1 偶联代表 CUCP 和 DU 的对接 E1 偶联代表 CUCP 和 CUUP 的对接	NG 偶联/XN 偶联

表 2-53　BBU-对接配置

参数名称		参数说明	参数规划
静态路由	静态路由编号	编号,用于标识路由	1
	目的 IP 地址	S1-U 报文目的 IP 地址,在本软件中填入 SGW 的业务地址也就是逻辑接口地址;X2-U 报文目的 IP 地址,在本软件中填入 CUUP 的业务地址	128.2.1.1/131.1.1.40
	网络掩码	具体目的地址建议配置全掩码	255.255.255.255
	下一跳 IP 地址	基站发送报文到达目的目前所经过第一个网关地址,工程模式需对应承载设备接口地址,两条下一跳地址为同一个网关	128.1.1.1

对接配置软件截图如图 2-166 所示。

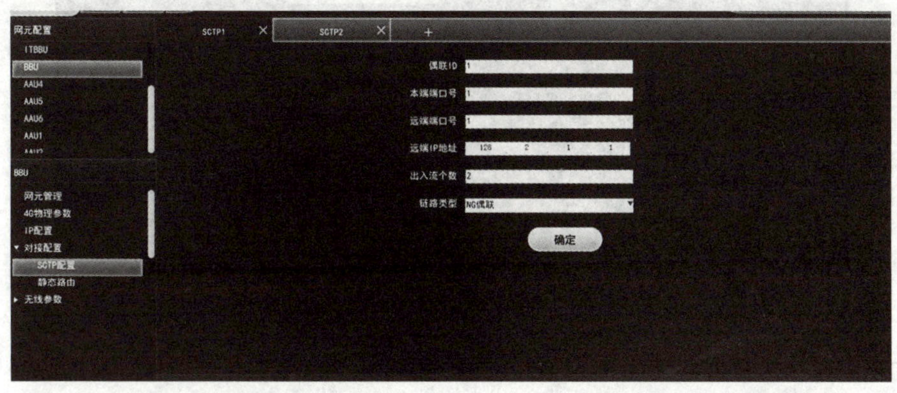

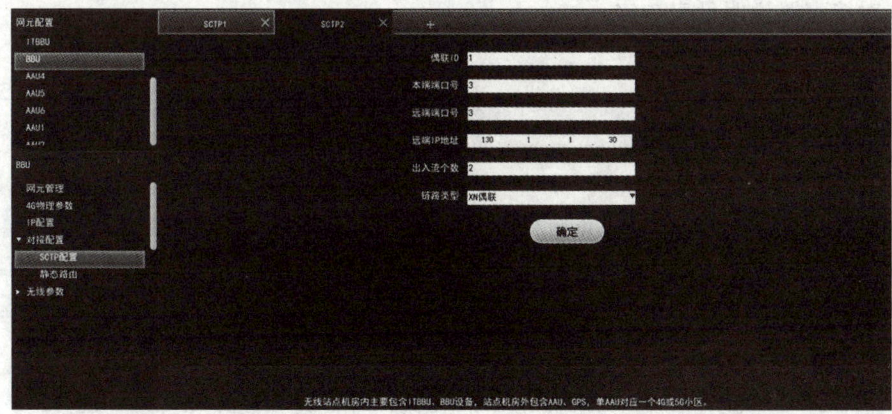

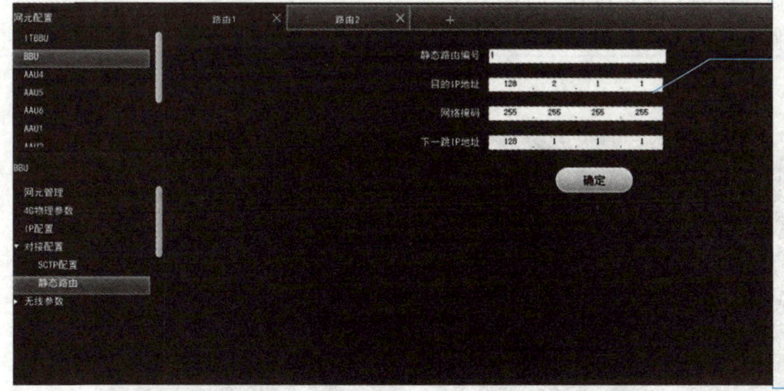

软件中可以配置也可不配置，如配置了静态路由后一定要注意目的地址、掩码、下一跳地址不可配错，静态路由的优先级比缺省路由优先级高，此处所指缺省路由可以理解为BBU的网关地址，配置了静态路由，报文会优先走静态路由，错误的情况下会导致数据传输中断

图 2-166　BBU 与 ITBBU 对接配置

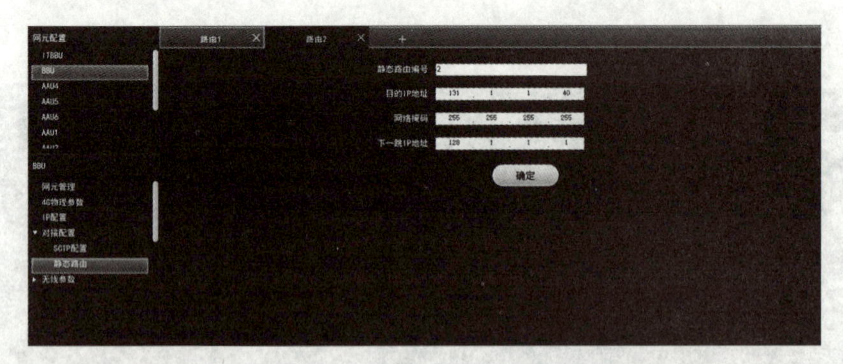

图 2-166　BBU 与 ITBBU 对接配置(续)

完成 BBU 之间的对接配置后需进入 ITBBU 中进行 DU 和 CU 的对接配置,根据拓扑图的对接关系可以看出 DU 设备只和 CU 对接,因为 CU 和 DU 在同一个机框中,内部有对应的交换板,软件中 DU 的静态路由可以配置也可以不用配置,软件中 DU 和 CU 之间的控制面接口需要配置 SCTP 对接配置,DU-SCTP 对接配置说明见表 2-54。

表 2-54　DU-SCTP 对接配置

参数名称		参　数　说　明	参数规划
SCTP 配置	SCTP 链路号	SCTP 偶联的链路号,取值范围内用户自定义,对接配置需要几条可以自定义数值	1/2/3
	本端端口号	SCTP 偶联的基站侧本端端口号,在取值范围内可以任意规划,现网推荐为 36412(参考 3GPP TS36.412),如果局方有自己的规划原则,以局方的规划原则为准	2
	远端端口号	SCTP 偶联的远端端口号,对应为 CUCP 本端地址,需和 CUCP 规划数据一致	2
	远端 IP 地址	SCTP 偶联的远端 MME 业务 IP 地址,与 MME 侧数据一致;另一条的远端 CUCP 业务的 IP 地址,与 CUCP 侧数据一致	130.1.1.30
	链路类型	NG 偶联代表 BBU 与 MME 的对接 XN 偶联代表 BBU 与 CUCP 的对接 F1 偶联代表 CUCP 和 DU 的对接 E1 偶联代表 CUCP 和 CUUP 的对接	F1 偶联

DU 对接配置如图 2-167 所示。

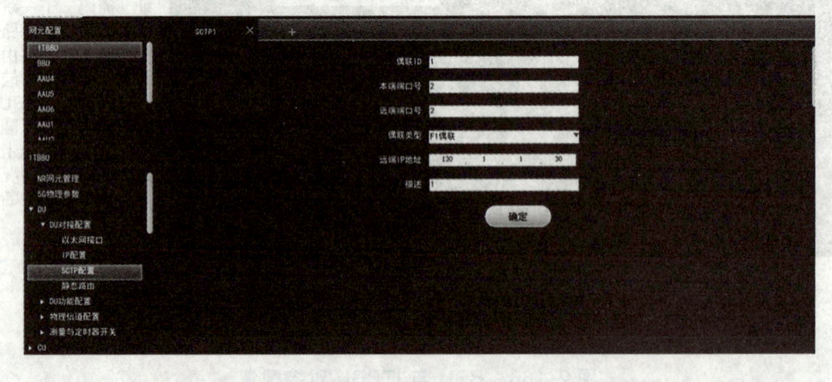

图 2-167　DU SCTP 配置

完成 DU 配置后，接着需配置 CU 的对接配置，CU 从逻辑上分为 CUCP 和 CUUP，CUCP 涉及到 SCTP 的对接，静态路由、CUUP 只需要完成静态路由配置即可，软件中需要配置三条对接配置，分别与 BBU、DU、CUUP 之间的对接，静态路由配置需要配置三条，分别是 CUCP 到 BBU、CUUP 到 BBU、CUUP 到 SGW 之间的路由，参数说明见表 2-55、表 2-56、表 2-57。

表 2-55　CUCP-SCTP 对接配置

参数名称		参　数　说　明	参数规划
SCTP 配置	SCTP 链路号	SCTP 偶联的链路号，取值范围内用户自定义，对接配置需要几条可以自定义数值	1/4/3
	本端端口号	SCTP 偶联的基站侧本端端口号，在取值范围内可以任意规划，现网推荐为 36412（参考 3GPP TS36.412），如果局方有自己的规划原则，以局方的规划原则为准	2/4/3
	远端端口号	SCTP 偶联的远端端口号，对应为 CUCP 本端地址，需和 CUCP 规划数据一致	2/4/3
	远端 IP 地址	SCTP 偶联的远端 MME 业务 IP 地址，与 MME 侧数据一致；另一条的远端 CUCP 业务的 IP 地址，与 CUCP 侧数据一致	129.1.1.20/131.1.1.40/128.1.1.10
	链路类型	NG 偶联代表 BBU 与 MME 的对接 XN 偶联代表 BBU 与 CUCP 的对接 F1 偶联代表 CUCP 和 DU 的对接 E1 偶联代表 CUCP 和 CUUP 的对接	F1 偶联/E1 偶联/XN 偶联

表 2-56　CUCP-静态路由配置

参数名称		参　数　说　明	参数规划
静态路由	静态路由编号	编号，用于标识路由	1
	目的 IP 地址	S1-U 报文目的 IP 地址，在本软件中填入 SGW 的业务地址也就是逻辑接口地址；X2-U 报文目的 IP 地址，在本软件中填入 CUUP 的业务地址	128.1.1.10
	网络掩码	具体目的地址建议配置全掩码	255.255.255.255
	下一跳 IP 地址	基站发送报文到达目的目前所经过第一个网关地址，工程模式需对应承载设备接口地址，两条下一跳地址为同一个网关	130.1.1.1

表 2-57　CUUP-静态路由配置

参数名称		参　数　说　明	参数规划
静态路由	静态路由编号	编号，用于标识路由	1/2
	目的 IP 地址	S1-U 报文目的 IP 地址，在本软件中填入 SGW 的业务地址也就是逻辑接口地址；X2-U 报文目的 IP 地址，在本软件中填入 CUUP 的业务地址	128.3.3.1/128.1.1.10
	网络掩码	具体目的地址建议配置全掩码	255.255.255.255
	下一跳 IP 地址	基站发送报文到达目的目前所经过第一个网关地址，工程模式需对应承载设备接口地址，两条下一跳地址为同一个网关	131.1.1.1

CUCP 的对接配置、静态路由及 CUUP 的静态路由配置，如图 2-168 所示。

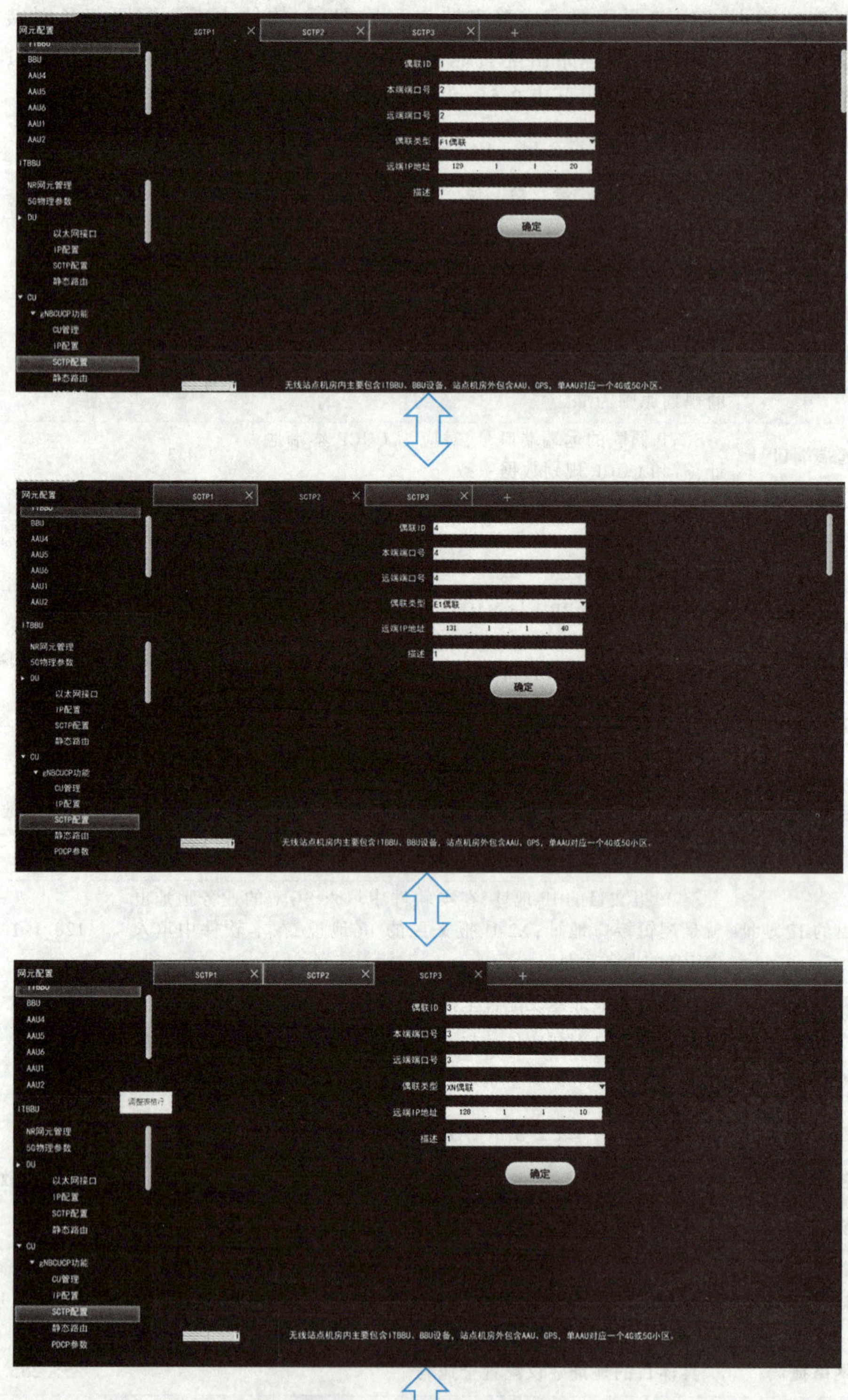

图 2-168　CU-DU 对接配置

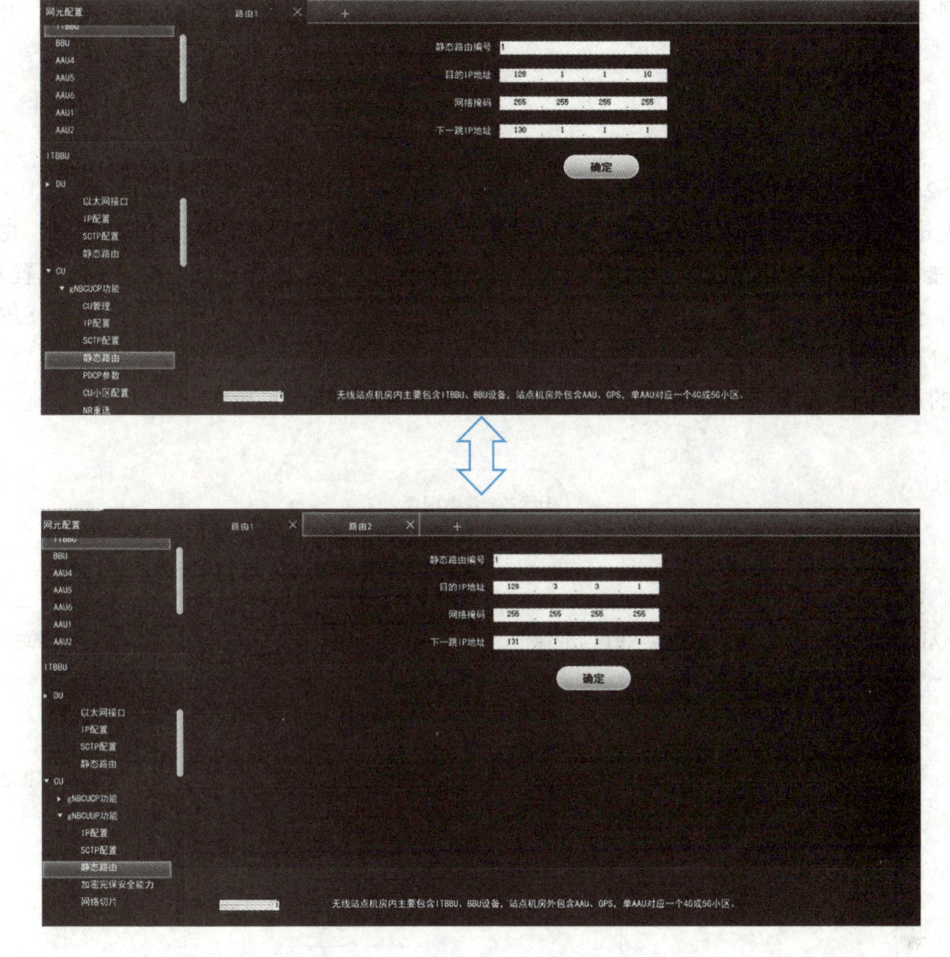

图 2-168　CU-DU 对接配置(续)

2.14　无线小区基础参数

2.14.1　理论概述

5G NR 中共有两种类型的小区定义:CU 小区和 DU 小区,1 个 CU 小区可管理多个 DU 小区,1 个 DU 小区只能对应 1 个 CU 小区。前面章节提到,CU 主要处理 PDCP 层及以上的协议功能,DU 主要处理物理层、MAC 层、RLC 层协议功能,因此相关物理层、MAC 层、RLC 层参数在 DU 侧配置,PDCP 层、RRC 层参数在 CU 侧配置。

2.14.2　实训目的

通过无线小区基础参数配置,学生可掌握无线小区开通关键参数原理与配置规范,了解各无线侧网元的基本功能与作用,并可独立完成无线小区基础业务开通。

2.14.3 实训任务

任务一:Option2 无线小区基础参数实操配置。

Option2 无线参数配置流程说明:

(1)先进行无线基础参数配置(如:AAU 射频配置、ITBBU-NR 网元管理、ITBBU-5G 物理参数、DU-DU 功能配置、DU-物理信道配置、DU-测量与定时器开关、CU-CU 管理、CU-CU 小区配置)。

(2)再进行对接配置(如:DU-ip 地址配置、CUCP-ip 地址配置、CUUP-ip 地址配置、SPN 网关配置、SCTP 对接配置)。

具体的配置流程如图 2-169 所示。

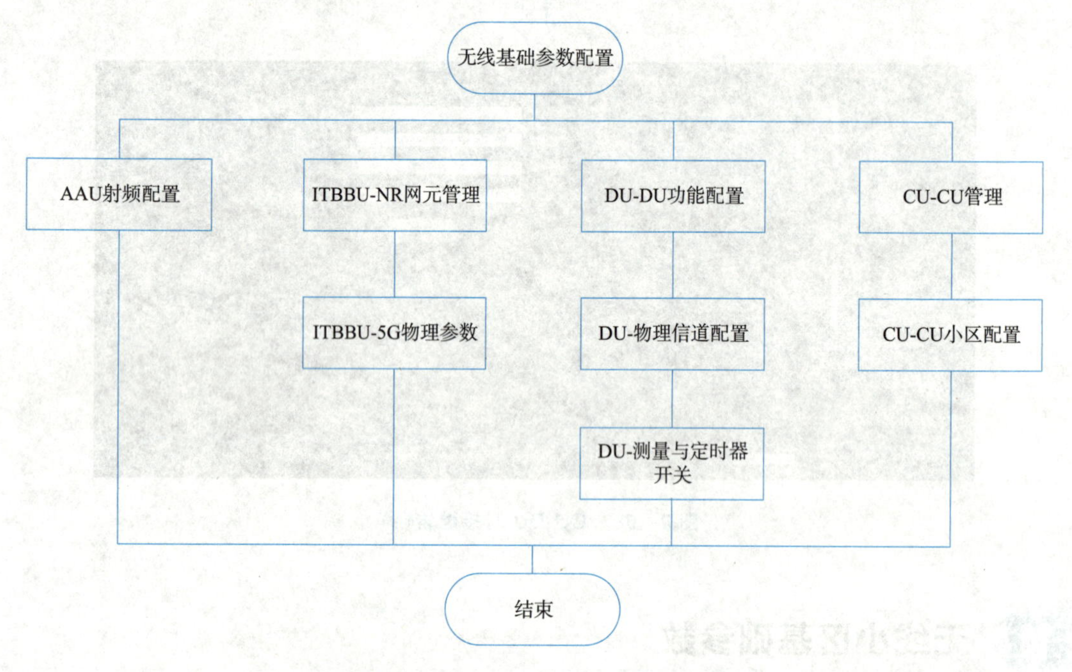

图 2-169　Option2 无线小区基础参数配置流程

任务二:Option3x 无线小区基础参数实操配置。

Option3x 无线参数配置流程说明:

(1)先进行无线基础参数配置(如:AAU 射频配置、BBU-网元管理、BBU-4G 物理参数、ITBBU-NR 网元管理、ITBBU-5G 物理参数、DU-DU 功能配置、DU-物理信道配置、DU-测量与定时器开关、CU-CU 管理、CU-CU 小区配置)。

(2)再进行对接配置(如:DU-ip 地址配置、CUCP-ip 地址配置、CUUP-ip 地址配置、SPN 网关配置、SCTP 对接配置)。

具体的配置流程如图 2-170 所示。

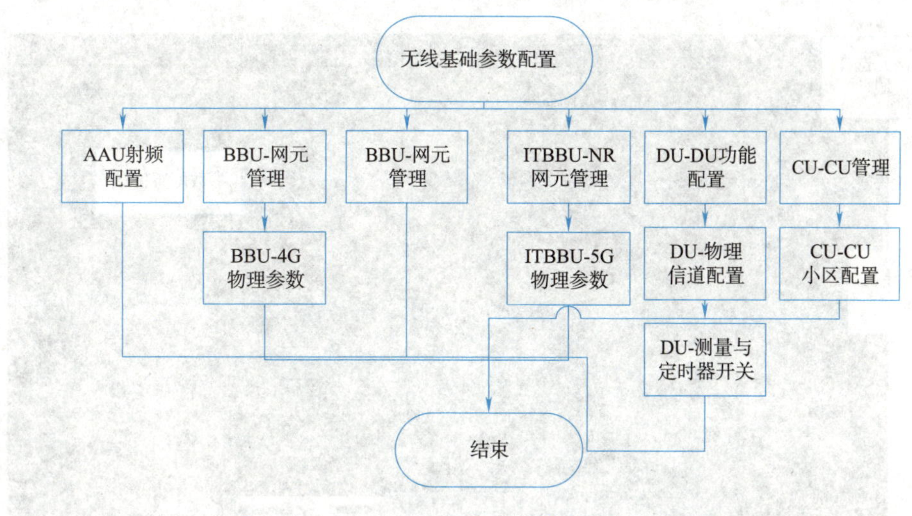

图 2-170 Option3x 无线小区基础参数配置流程

2.14.4 建议时长

4 课时。

2.14.5 实训规划

由于本项目涉及的无线参数较多,为便于实训配置,具体参数规划详见各步骤中参数说明表格。

2.14.6 实训步骤

任务一:Option2 无线小区基础参数实操配置。

登录 IUV-5G 全网部署与优化的客户端,在上方的“四水市”“建安市”“兴城市”中,选择所需要配置的城市,以下例子中选择“兴城市”的城市,单击“下一步”按钮,再单击下方“网络配置-规划计算”,单击选择“独立组网”打开数据配置模块,选择“兴城市 B 站点无线机房”,单击网元选择区域的“AAU1”可以看到数据配置界面,如图 2-171 所示,其他 AAU 及 ITBBU 等网元配置界面功能一致。

网元配置界面介绍见表 2-58。

表 2-58 无线参数配置界面说明

名 称	说 明
网元选择区域	进行网元类别的选择及切换,网元改变相应的命令导航随之改变
命令导航区域	提供按树状显示命令路径的功能,点击相应命令进行该命令的参数配置
参数配置区域	显示命令和参数,同时也提供参数输入及修改功能

AAU 射频配置操作步骤如下:

(1)支持频段范围配置:AAU 的频段范围,为接下来进行的小区配置中小区中心载频的选址,规划了一个范围。

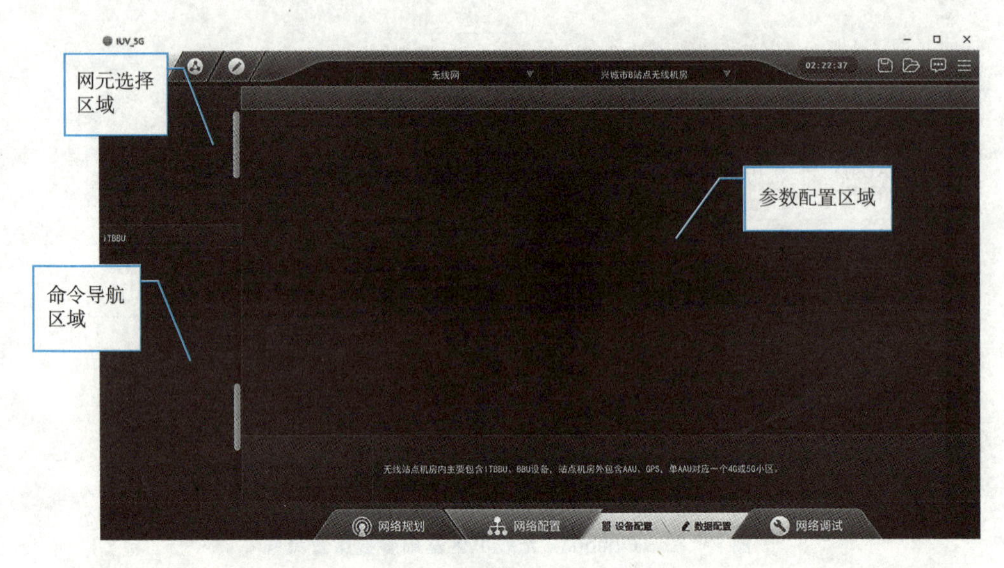

图 2-171　无线参数配置界面

(2) AAU 收发模式配置：AAU 收发模式对小区内用户接入数量以及用户速率有影响。

AAU 射频配置参数规划与说明见表 2-59。

表 2-59　AAU 配置参数说明

参数名称	参数说明	参数规划
支持频段范围配置	为后续网络配置规划频段，如 2 200 MHz ~ 2 700 MHz	3 400 MHz ~ 3 800 MHz
AAU 收发模式配置	AAU 中有 16T16R 及 64T64R 这两种收发模式	64T64R

AAU 频段配置如图 2-172 所示。

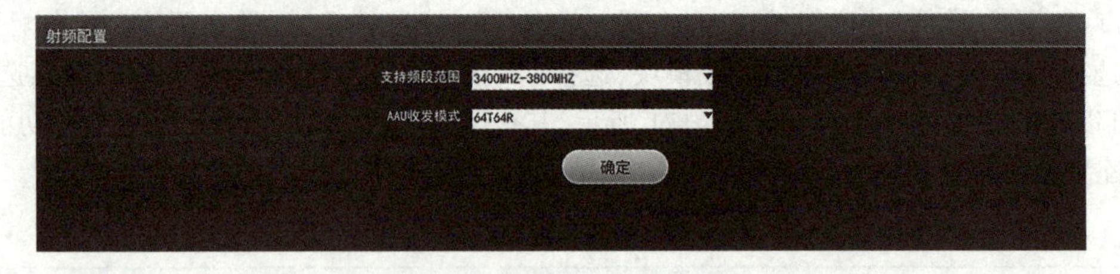

图 2-172　AAU 频段配置

由于篇幅有限，此处仅进行 AAU1 的配置，AAU2 及 AAU3 请按上述数据自行配置。

NR 网元管理主要包含网元类型、基站标识、PLMN、网络模式、时钟同步模式、NSA 共框标识业务配置，后两个参数主要涉及 Option3x 组网模式下的配置，在本次 Option2 组网模式配置下可不做配置。NR 网元管理见表 2-60。

表 2-60　NR 网元管理参数说明

参数名称	说　明	参数规划
网元类型	选择 CUDU 分离或者合设的网元类型	CUDU 合设
基站标识	基站标识是标识该基站在本核心网下的一个标识	1
PLMN	PLMN 是公共陆地移动网　　PLMN = MCC + MNC	46001
网络模式	软件中有两种网络模式,NSA 为非独立组网,SA 为独立组网	SA
时钟同步模式	软件中在配置 NSA 模式时需要配置这里我们填入数据即可	频率同步
NSA 共框标识	NSA 模式下 BBU 与 ITBBU 之间同步的标识	1

NR 网元管理软件配置如图 2-173 所示。

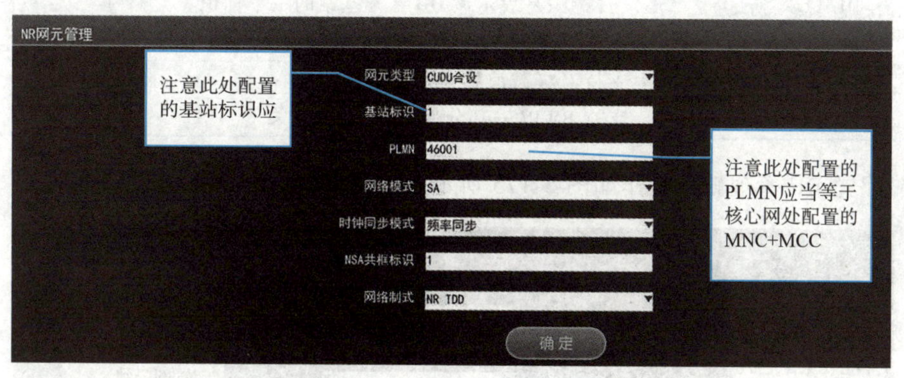

图 2-173　NR 网元管理配置

5G 物理参数配置主要包含 AAU 链路光口使能配置及承载网链路端口配置,参数说明见表 2-61。

表 2-61　5G 物理参数说明

参数名称	参数说明	参数规划
AAU 链路光口使能	设备连线完之后可以对对应的光口进行赋能	使能
承载网链路端口	根据设备配置中与承载网的连线,来判断是光口还是网口	光口

5G 物理参数配置,如图 2-174 所示。

图 2-174　5G 物理参数配置

DU配置操作步骤如下：

(1)DU功能配置：需要配置DU管理、QoS业务配置、RLC配置、网络切片配置、扇区载波配置、DU小区配置、接纳控制配置、BWPUL参数配置、BWPDL参数配置。参数见表2-62～表2-70。

(2)物理信道配置：需要配置PUCCH、PUSCH、PRACH、SRS公用参数、PDCCH、PDSCH、PBCH信道参数，参数规划与说明见表2-73～表2-77。

(3)测量与定时器开关配置：需要配置RSRP测量、小区业务参数配置、UE定时器配置。参数见表2-78～表2-82。

表2-62　DU无线参数说明

参数名称		参数说明	参数规划
DU管理	基站标识	基站标识是标识该基站在本核心网下的一个标识	1
	DU标识	DU标识是表示该DU在本基站的一个标识	1
	PLMN	MCC＋MNC	46001
	CA支持开关	支持CA(载波聚合)的开关	打开
	BWP切换策略开关	支持BWP(一部分带宽)的切换开关	打开

DU功能配置-DU管理软件操作如图2-175所示。

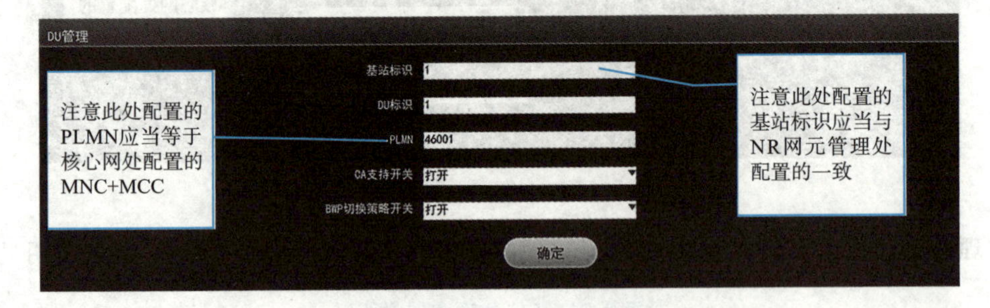

图2-175　DU管理配置

表2-63　DU功能配置-Qos业务配置

参数名称		参数说明	参数规划
QoS业务配置	QoS标识类型	在Option3x模式下选择QCI，在Option2模式下选择5QI	5QI
	QoS分类标识	不同的5QI/QCI标识对应的包时延、误码率、平均时间窗口、最大数据突发量不同，QCI有1-9个标识，5QI有1-85个标识	1/5/9
	业务承载类型	与QoS分类标识相对应，1-4，65-67，75为GBR，其他为Non-GBR	GBR/Non-GBR
	业务数据包QoS延时参数	该参数规定了该业务类型下数据包传输的常规时延(仅作参考，不影响实际业务)	10
	丢包率	该参数为该业务类型下常规丢包率(仅作参考，不影响实际业务)	10

续表

参数名称		参数说明	参数规划
QoS 业务配置	业务优先级	表示该业务类型的优先级	1
	业务类型名称	VoIP-Voice over IP，语音，对应 QCI1 业务示例 Conversational Voice LsoIP-living streaming over IP，直播流媒体，对应 QCI2、7 业务示例 BsoIP-Buffered Streaming over IP，非实时缓冲流，对应 QCI4 业务示例 Non-Conversational Video (Buffered Streaming) IMS signaling-IMS 信令，对应 QCI5 业务示例 IMS Signalling Prior IP Service-优先级高的 IP 业务，对应 QCI6 业务示例 progressive video VIP default bearer-VIP 用户承载，对应 QCI8 业务示例 www，e-mail，chat，ftp，p2p file sharing NVIP default bearer-普通用户承载，对应 QCI8 业务示例 www，e-mail，chat，ftp，p2p file sharing Signalling bearer-信令承载，运营商扩展的 QCI256，协议中无定义	VoIP\IMS signaling\VIP default bearer 分别对应上面 分类标识 1/5/9

DU 功能配置-Qos 业务配置软件操作如图 2-176 所示。

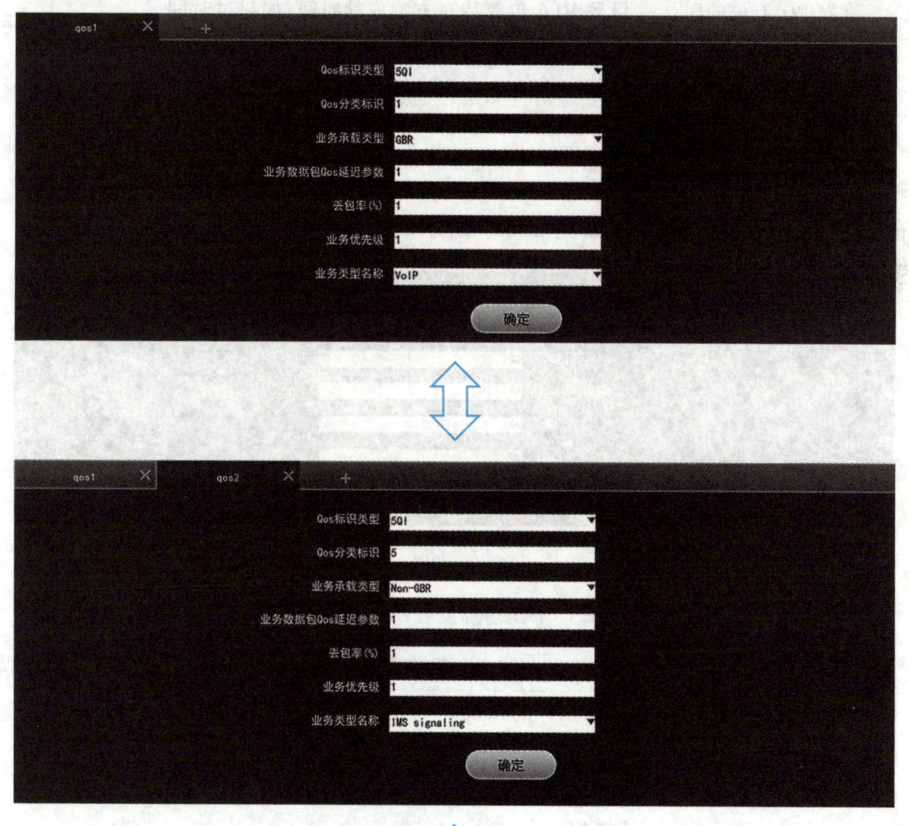

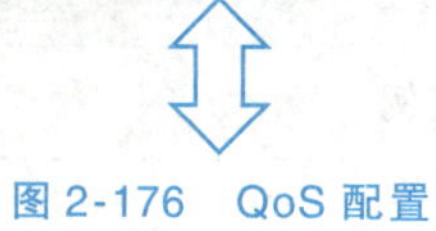

图 2-176　QoS 配置

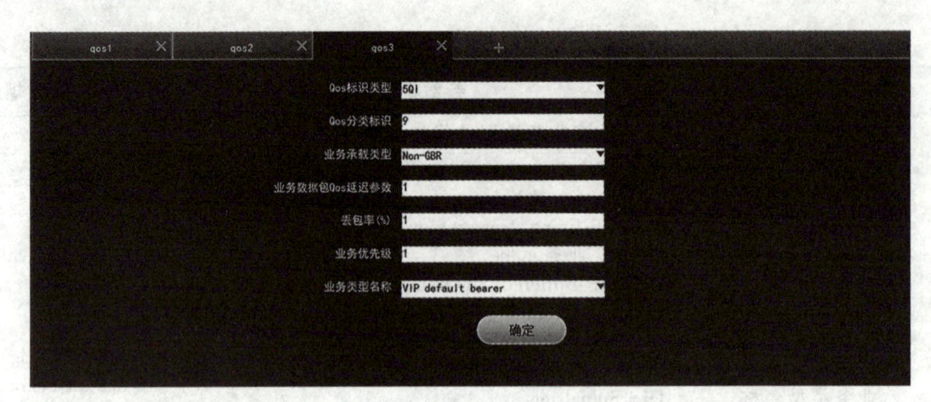

图 2-176 QoS 配置(续)

表 2-64 DU 功能配置-RLC 配置

参数名称		参数说明	参数规划
RLC 配置	非确认模式 RLC 序列号长度	用于表示非确认模式的 RLC 序列号长度	12
	确认模式 RLC 序列号长度	用于表示确认模式的 RLC 序列号长度	12
	重发 POLL 位的时间间隔	设置 RLC 包等待对方响应的时间,如超过时间未响应则重新发送 RLC 包	12
	最大重传门限值	在确定丢包之后 RLC 进行重传的门限值	32
	重组定时器	在接收方收到 RLC 碎块包之后进行重组的时间	40

DU 功能配置-RLC 配置软件操作如图 2-177 所示。

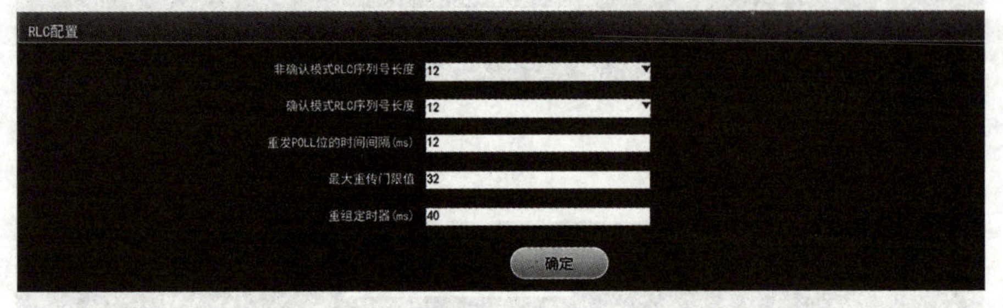

图 2-177 RLC 配置

表 2-65 DU 功能配置-网络切片配置

参数名称		参数说明	参数规划
网络切片配置	NSSAI 标识	网络切片的标识	1
	SST	切片服务类型 eMBB(增强型移动宽带)、uRLLC(高可靠低时延)、mMTC(海量连接)、V2X(车联网)	eMBB
	SD	切片实例	1

续表

参数名称		参数说明	参数规划
网络切片配置	分片 IP 地址	该网络切片的 IP 地址	10. 10. 10. 1
	切片级上行保障速率	该切片在该网络环境下上行最低速率	4 000
	切片级下行保障速率	该切片在该网络环境下下行最低速率	4 000
	切片级上行最大速率	该切片在该网络环境下上行最大速率	4 000
	切片级下行最大速率	该切片在该网络环境下下行最大速率	4 000
	切片级流控制窗长	可保障该切片的速率指标	1 000
	基于切片的用户数的接纳控制门限	控制该切片的用户接入数	3 600

DU 功能配置-网络切片配置软件操作如图 2-178 所示。

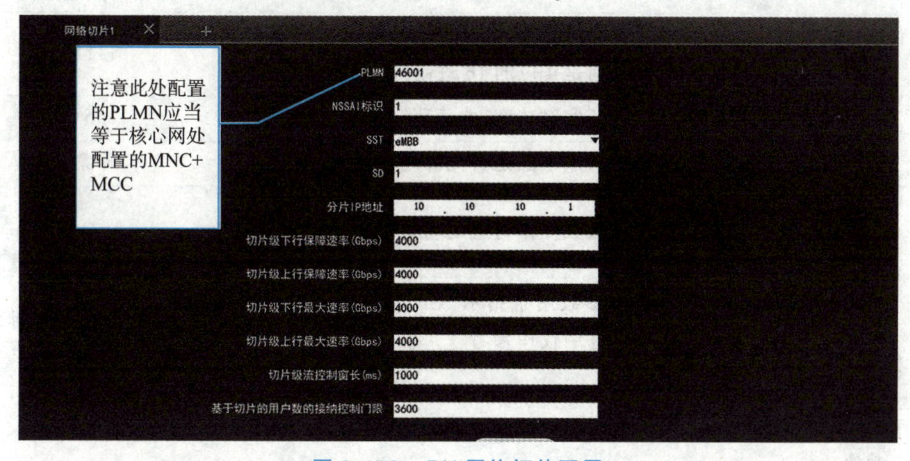

图 2-178　DU 网络切片配置

表 2-66　DU 功能配置-扇区载波

参数名称		参数说明	参数规划
扇区载波	载波配置功率	该扇区载波配置功率	500
	载波实际发射功率	该扇区载波实际发射功率	560

DU 功能配置-扇区载波配置软件操作如图 2-179 所示。

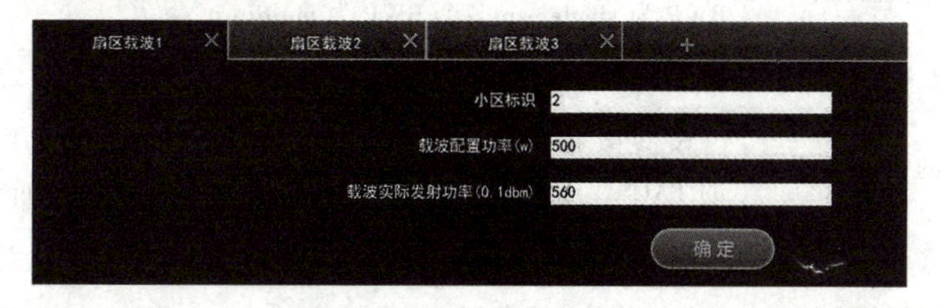

图 2-179　载波功率配置

表2-67 DU功能配置-DU小区配置

参数名称		参数说明	参数规划
DU 小区配置	DU 小区标识	表示该小区在当前 DU 下的标识	1/2/3
	小区属性	小区所属 5G 频段范围,低频、高频 sub1G 场景、Qcell 场景	低频
	AAU 链路光口	该小区信号由哪个 AAU 发射	1\2\3
	频段指示	表示该小区属于哪一个频段 n41、n77、n78、n79	n78
	中心载频	5G 系统工作频段的中心频点,配置为绝对频点	630000
	下行 Point A 频点	表示 5G 下行的 0 号 RB 的 0 号子载波中心位置	626724
	上行 Point A 频点	表示 5G 上行的 0 号 RB 的 0 号子载波中心位置	626724
	物理小区 ID	为物理小区标识也叫 PCI,取值范围为 0~503	7/8/9
	跟踪区域码	跟踪区是用来进行寻呼和位置更新的区域配置范围是 4 位的 16 进制数	1111
	小区 RE 参考功率	小区发射功率,取值范围 120~180	156
	小区禁止接入指示	指示该小区是否允许用户接入	非禁止
	通用场景的子载波间隔	该参数仅作为通用场景的子载波间隔参考	scs15or60
	SSB 测量的 SMTC8 周期和偏移	该参数用于指示 SSB 测量的 SMTC 周期和偏移软件中仅作参考	SMTC 周期 5ms[sf5]
	邻区 SSB 测量的 SMTC 周期(20 ms)和偏移	指示邻区测量 SSB 的快慢软件中仅做参考	1
	初次激活的上行 BWP ID	该参数用于设置初次激活的上行 BWP ID	1
	初次激活的下行 BWP ID	该参数用于设置初次激活的下行 BWP ID	1
	BWP 配置类型	该参数为入新小区时激活的下行 BWP:单个 BWP 为 singlebwp 多个 BWP 为 multibwp	Singlebwp
	UE 最大发射功率	手机端发射信号所能发出的最大功率	23
	EPS 的 TAC 开关	该参数指示了该小区是否支持配置 LTE 的 TAC	配置 configuredEpsTAC[epsTacOn]
	系统带宽	指示了该小区在频域上占的 RB 数	273
	SSB 测量频点	SSB 块的中心位置	629988

续表

参数名称		参数说明	参数规划
DU 小区配置	SSB 测量 BitMap	SSB 测量的 Bit 图有短、中、长三种	shortBitmap[shortBitmap]
	SSBlock 时域图谱位置	该参数指示了波束的数量，配置了几个 1 就代表有几个波束	111111
	测量子载波间隔	SSB 的测量子载波间隔	30 KHZ
	系统子载波间隔	5G 系统的子载波间隔	30 KHZ

DU 功能配置-DU 小区配置软件操作如图 2-180 所示。

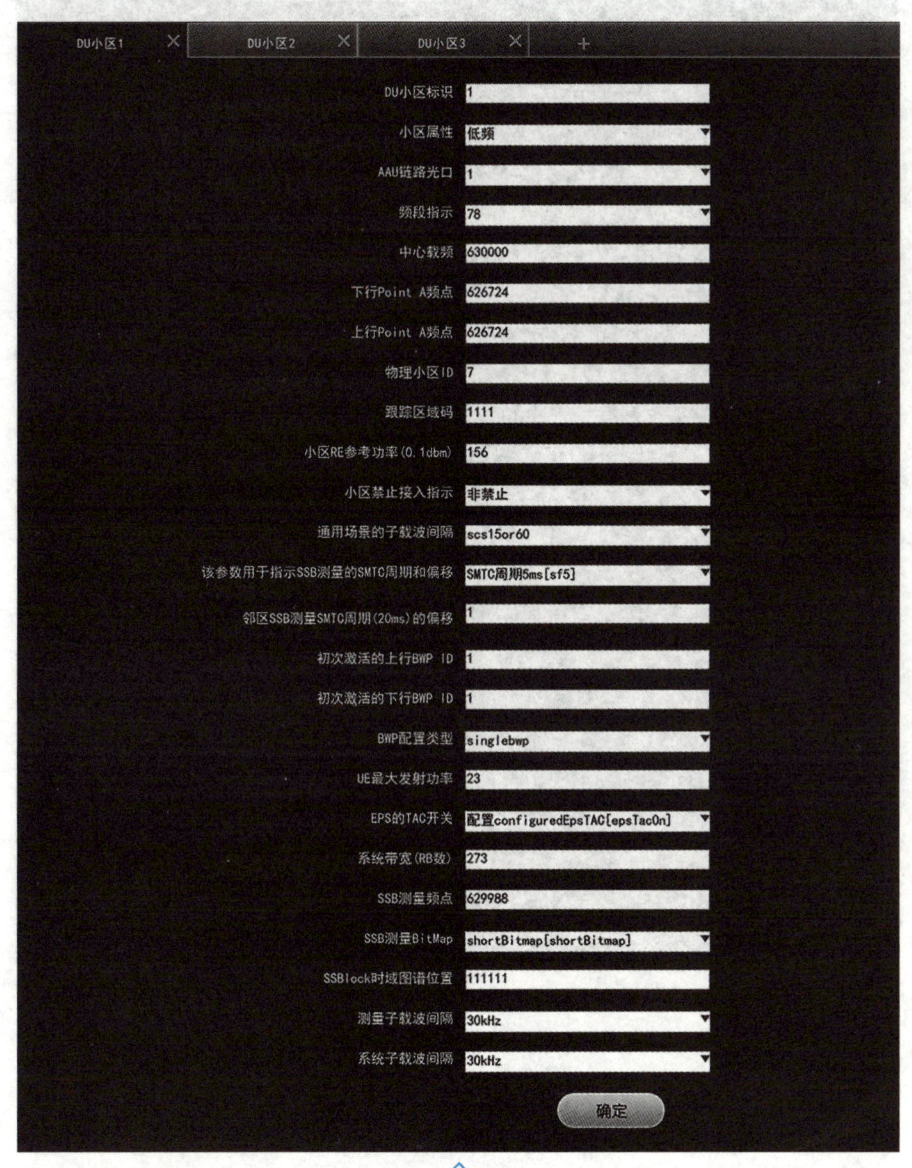

图 2-180　DU 小区配置

DU小区1　DU小区2　DU小区3　+

DU小区标识	2
小区属性	低频
AAU链路光口	2
频段指示	78
中心载频	630000
下行Point A频点	626724
上行Point A频点	626724
物理小区ID	8
跟踪区域码	1111
小区RE参考功率(0.1dbm)	156
小区禁止接入指示	非禁止
通用场景的子载波间隔	scs15or60
该参数用于指示SSB测量的SMTC周期和偏移	SMTC周期5ms[sf5]
邻区SSB测量SMTC周期(20ms)的偏移	1
初次激活的上行BWP ID	1
初次激活的下行BWP ID	1
BWP配置类型	singlebwp
UE最大发射功率	23
EPS的TAC开关	配置configuredEpsTAC[epsTacOn]
系统带宽(RB数)	273
SSB测量频点	629988
SSB测量BitMap	shortBitmap[shortBitmap]
SSBlock时域图谱位置	111111
测量子载波间隔	30kHz
系统子载波间隔	30kHz

确定

图2-180　DU小区配置(续)

图 2-180　DU 小区配置(续)

表 2-68　DU 功能配置-接纳控制

参数名称		参数说明	参数规划
接纳控制	小区用户数接纳控制门限	限制接入终端的数量	10 000
	基于切片用户数的接纳控制开关	对不同的切片接纳用户数的控制	关闭
	小区用户数接纳控制预留比例	为该小区用户接入数量预留一定的比例	1%

DU 功能配置-接纳控制软件操作如图 2-181。

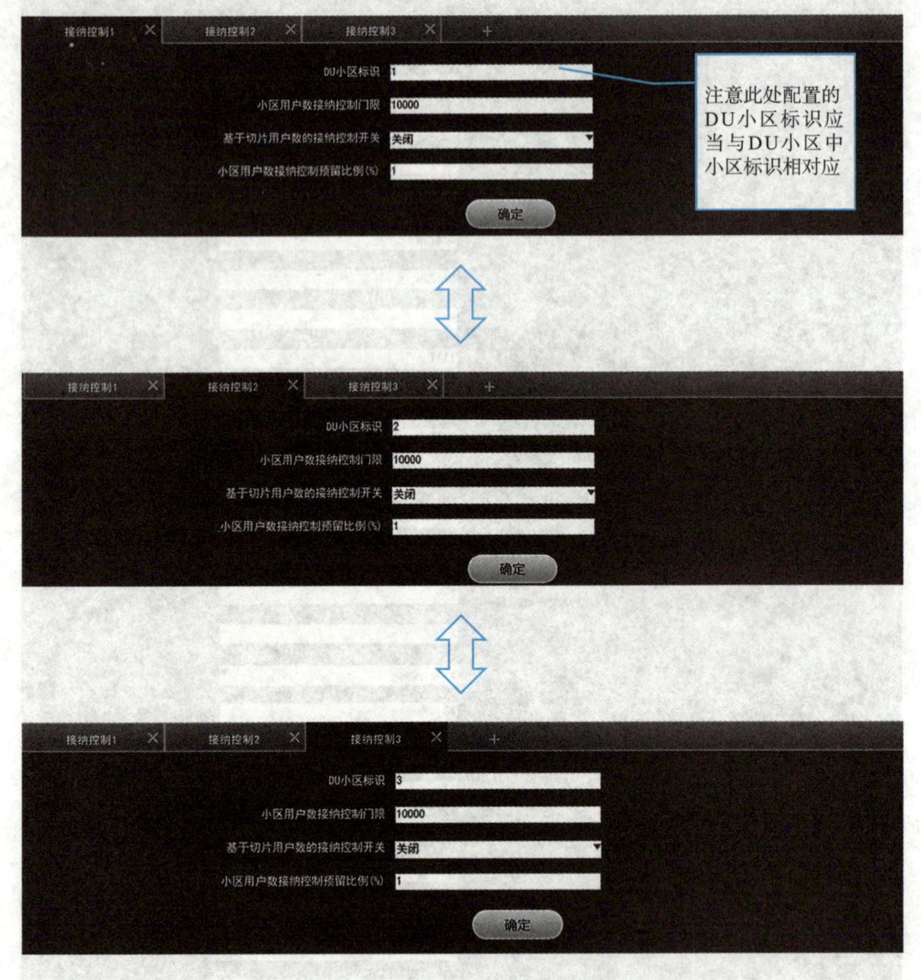

图 2-181　小区接纳控制配置

表 2-69　DU 功能配置-BWPUL 参数

参数名称		参数说明	参数规划
BWPDL 参数	上行 BWP 索引	该参数指示用户接入时以此索引来寻找对应的 BWP	1\2\3
	上行 BWP 起始 RB 位置	该参数标识了上行 BWP 的起始位置	1\2\3
	上行 BWP RB 个数	该参数标识了上行 BWP 所占的 RB 个数	200
	上行 BWP 的子载波间隔	该参数标识了上行 BWP 的子载波间隔	30KHz

DU 功能配置-BWPUL 参数软件配置如图 2-182 所示。

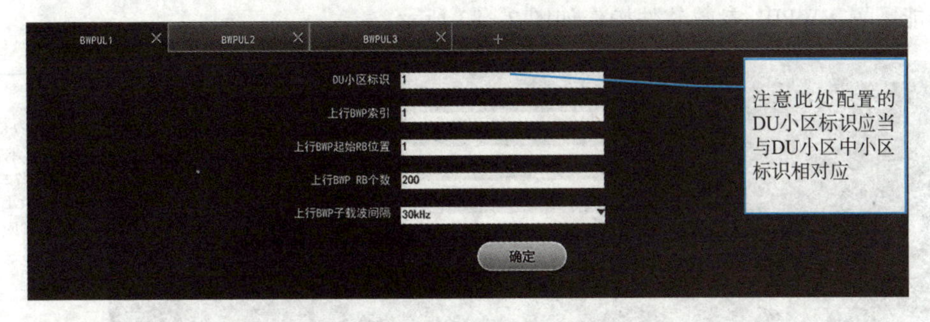

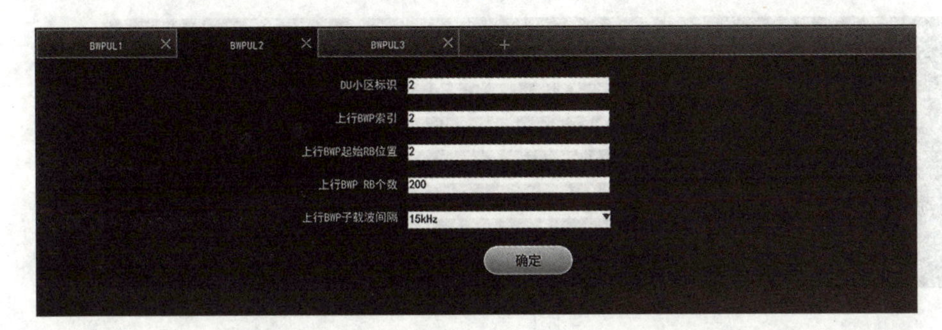

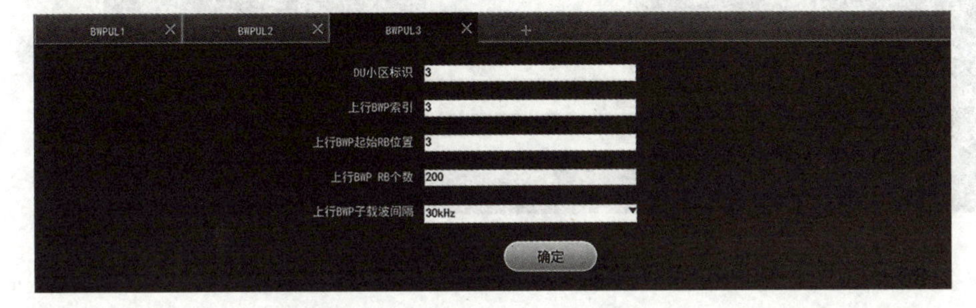

图 2-182　BWPUL 配置

表 2-70　DU 功能配置-BWPDL 参数

参数名称		参数说明	参数规划
BWPDL 参数	下行 BWP 索引	该参数指示用户接入时以此索引来寻找对应的 BWP	1/2/3
	下行 BWP 起始 RB 位置	该参数标识了下行 BWP 的起始位置	1/2/3
	下行 BWP RB 个数	该参数标识了下行 BWP 所占的 RB 个数	200
	下行 BWP 的子载波间隔	该参数标识了下行 BWP 的子载波间隔	30KHz

DU功能配置-BWPDL参数软件操作如图2-183所示。

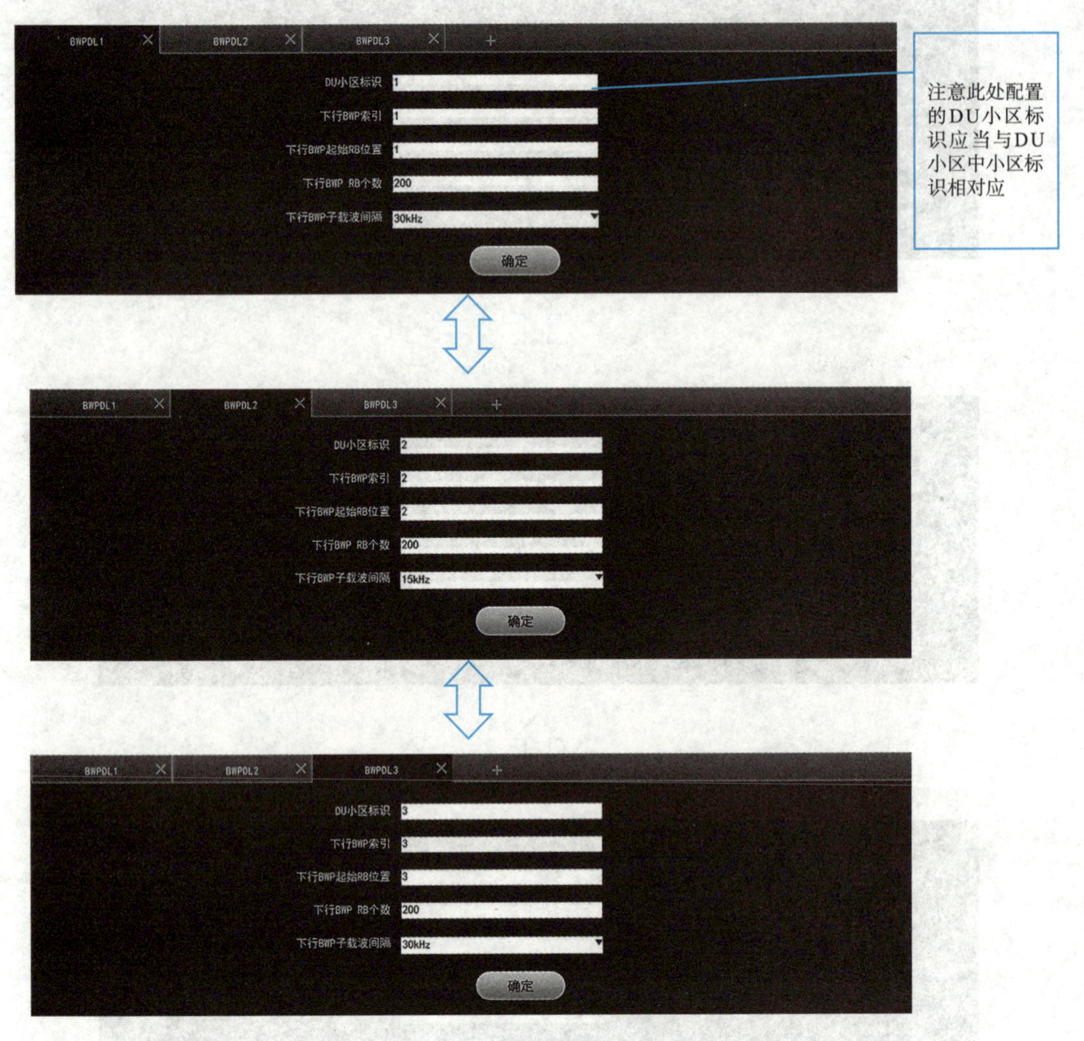

图2-183 BWPDL配置

表2-71 物理信道配置-PUCCH信道配置

参数名称		参数说明	参数规划
PUCCH信道配置	SR PUCCH格式	该参数用于设置传输SR(调度请求)使用的PUCCH格式。eMBB业务建议使用PUCCH format1(长格式),URLCC建议使用PUCCH format0(短格式)	Format0
	SR PUCCH RB个数	该参数用于设置BWP内传输SR(调度请求)的PUCCH RB个数。根据BWP内支持的RRC链接用户个数确定	1
	SR PUCCH符号数	该参数用于设置BWP内传输SR(调度请求)的在一个时隙内占用多少个符号数	1

续表

参数名称		参数说明	参数规划
PUCCH信道配置	SR PUCCH 起始符号	该参数用于设置 BWP 内传输 SR（调度请求）的 PUCCH 符号个数	1
	SR 传输周期	该参数用于设置发送 SR 的周期（调度请求），为一维数组	2
	CQI 上报使能开关	指示终端是否上报终端所测得的 CQI（软件中默认打开）	打开
	RSRP 上报使能开关	指示终端是否上报终端所测得的 RSRP（软件中默认打开）	打开
	CSI PUCCH 起始符号	该参数用于设置上报 CSI（UE 将下行信道质量反馈给 gNB 的信道质量指示符）的 PUCCH 资源在 slot 内的起始符号	1

物理信道配置-PUCCH 信道配置软件操作如图 2-184 所示。

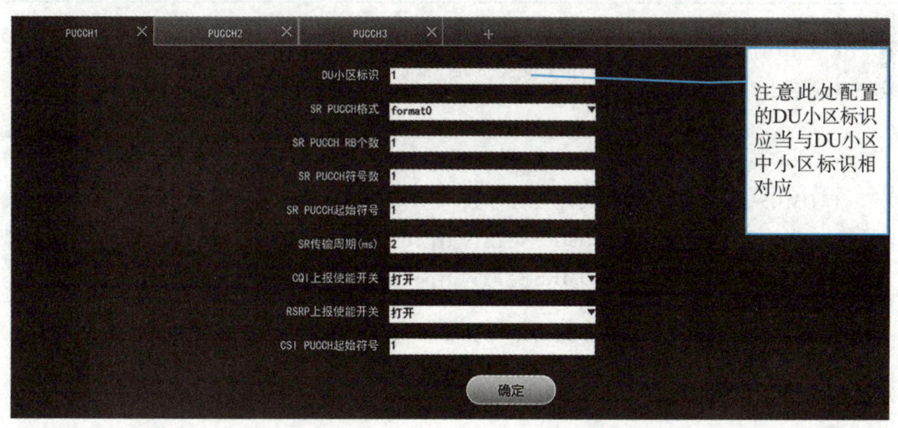

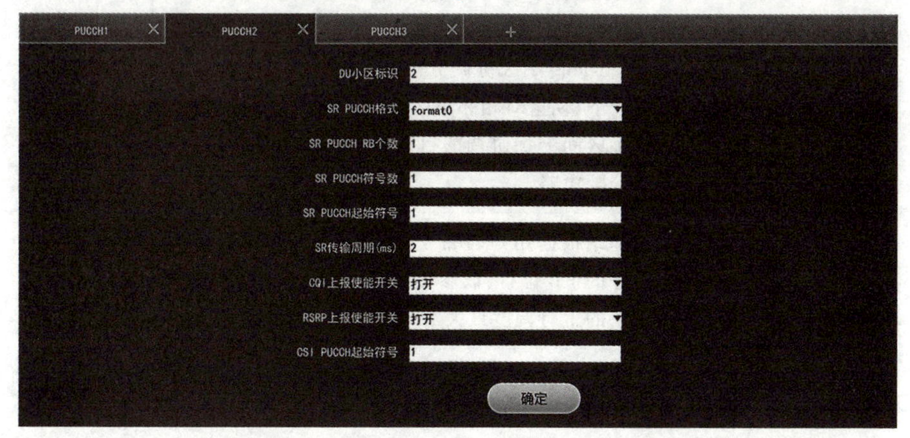

图 2-184　PUCCH 信道配置

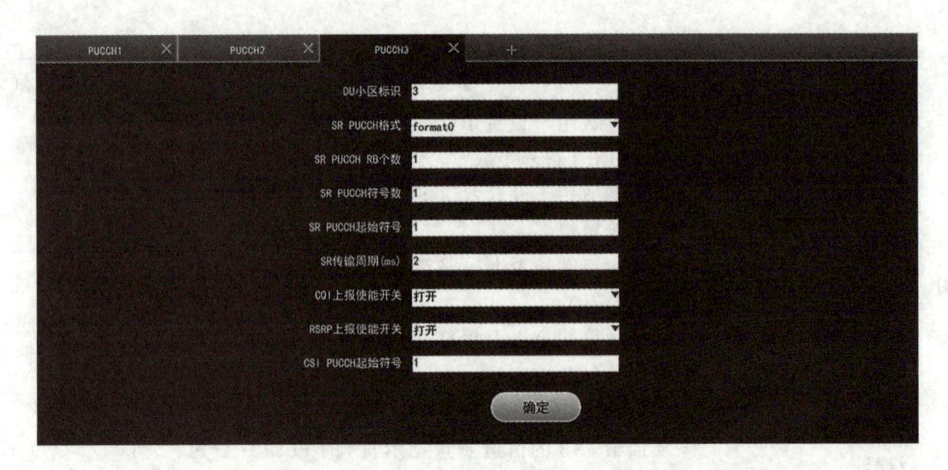

图 2-184　PUCCH 信道配置(续)

表 2-72　物理信道配置-PUSCH 信道配置

PUSCH信道配置	UE 专用的 PUSCH DMRS 类型	该参数用来设置 PUSCH 在频域上的映射类型。Type1 支持 8 端口(8 流)、type2 支持 12 端口(12 流)	type1
	UL DMRS 最大符号数	该参数是用来设置 UE 专用的 PUSCH DMRS 的最大连续符号数 当 DMRS 类型为 type1 时,len1 = 4,len2 = 8 当 DMRS 类型为 type2 时,len1 = 6,len2 = 12	len1
	UE 专用的 PUSCH DMRS 映射类型	该参数用来设置 PUSCH 在时域上的映射类型 Type A 在时隙上连续调度 Type B 基于微时隙调度	Type A
	上行 RB 分配策略	指示基站上行 RB 分配时,策略的选择: broadband:宽带分配策略,从频带一端向另一端进行顺序分配,默认分配方式 cell-icic:小区协调分配,主要是用于在低负载场景下,期望对相邻小区分配不同的 RB 位置,达到小区间干扰协调的目的;frequency-selection:频选分配策略	broadband
	上行 PMI 频选最大 RB 数门限	基站根据用户自带 PMI 的 SINR,选择信道质量好的 RB 位置,该参数用于控制参与 PMI 频选用户的上行调度最大 RB 数	1
	mini-solt 时隙调度数	调度时隙中的符号个数。2、4、7	2

物理信道配置-PUSCH 信道配置如图 2-185 所示。

图 2-185　PUSCH 信道配置

表 2-73　物理信道配置-PRACH 信道配置

参数名称		参数说明	参数规划
PRACH 信道配置	Msg1 子载波间隔	跟随系统子载波间隔	30 KHZ
	竞争解决定时器时长	sf8 代表 8 个子帧,sf16 代表 16 个子帧 竞争时间越长,可接入的用户就越多	sf8
	PrachRootSequenceIndex(PRACH 根序列索引)	分为长根序列 l839 与短根序列 l139 长根序列用于 FR1(5G 低频)短根序列适用于所有频段	l839[l839]
	起始逻辑跟序列索引	指示了该小区用户接入时选择接入的 ZC 序列的索引号	111/137/130
	UE 接入和切换可用 preamble 个数	指示了该小区用户进行接入和切换时可用的 preamble 个数	60
	前导码个数	该参数指示 PRACH 前导码的个数	1
	PRACH 功率攀升步长	用户发送 MSG1 失败未收到 MSG2 时后,终端下一次发送 MSG1 时增加的功率	0dB
	基站期望的前导接收功率	在进行随机接入时基站希望用户接收的功率	-74
	RAR 响应窗长	规定了该小区用户进行随机接入时的响应时间,响应时间越长,随机接入成功率越高	sl1
	基于逻辑根序列的循环移位参数(Ncs)	根据起始逻辑根序列索引的参数进行前导码的循环移位,以此生成 64 位的前导码	1
	PRACH 时域资源配置索引	指示了该小区内用户进行随机接入时时域资源的配置	1
	GroupA 前导对应的 MSG3 大小	指基于竞争的前导码对应的 MSG3 消息的大小	B56
	GroupB 前导传输功率偏移	该参数是 eNB 配置的 MSG3 传输时功率控制余量,UE 用该参数区分随机接入前导为 group A 或 group B	0dB
	GroupA 的竞争前导码个数	该参数是每个 SSB 组 A 的竞争前导码个数	1
	Msg3 与 preamble 发送时的功率偏移	该参数决定了该小区用户组别	1

物理信道配置-PRACH 信道配置如图 2-186 所示。

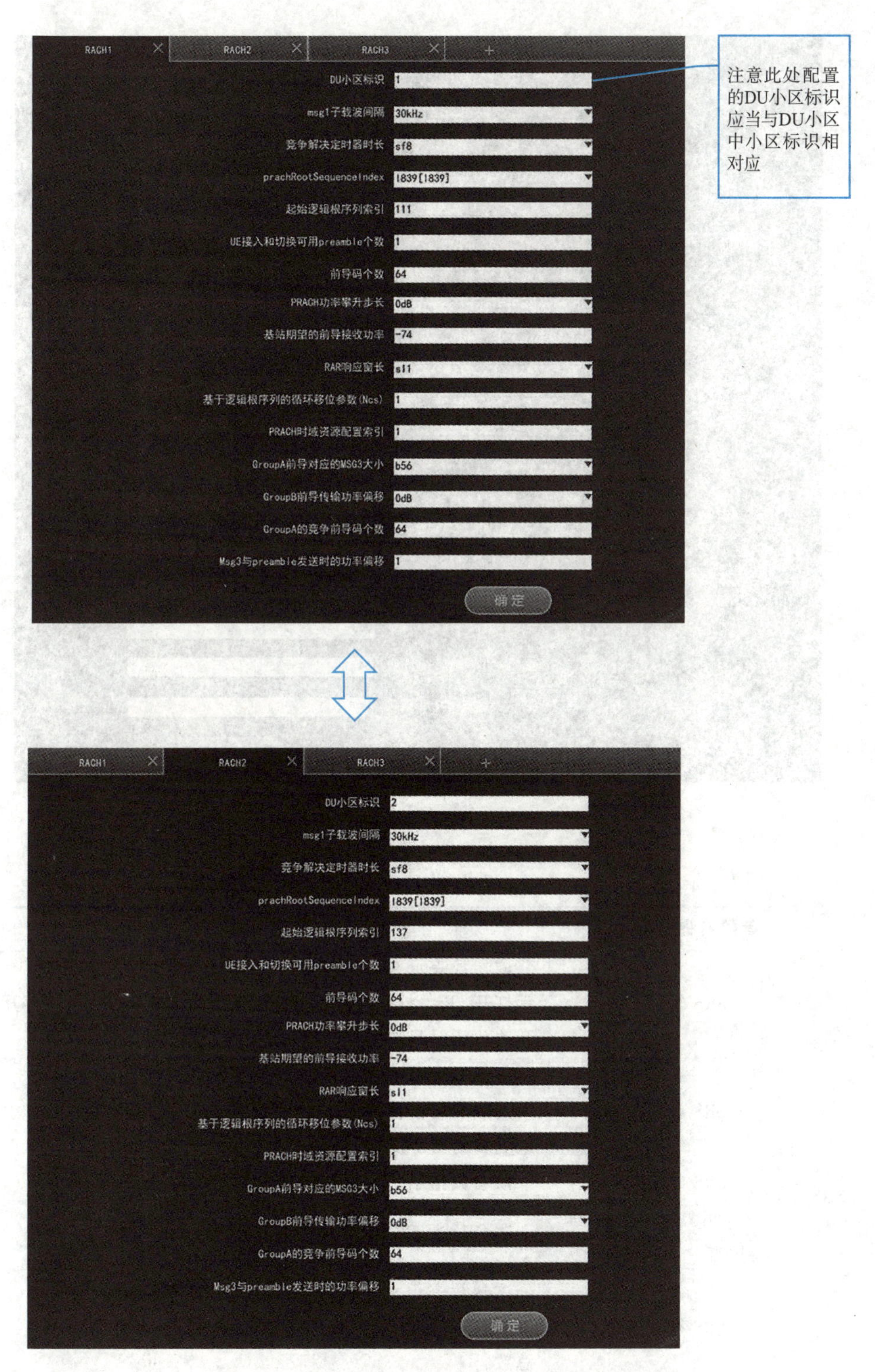

图 2-186　PRACH 信道配置

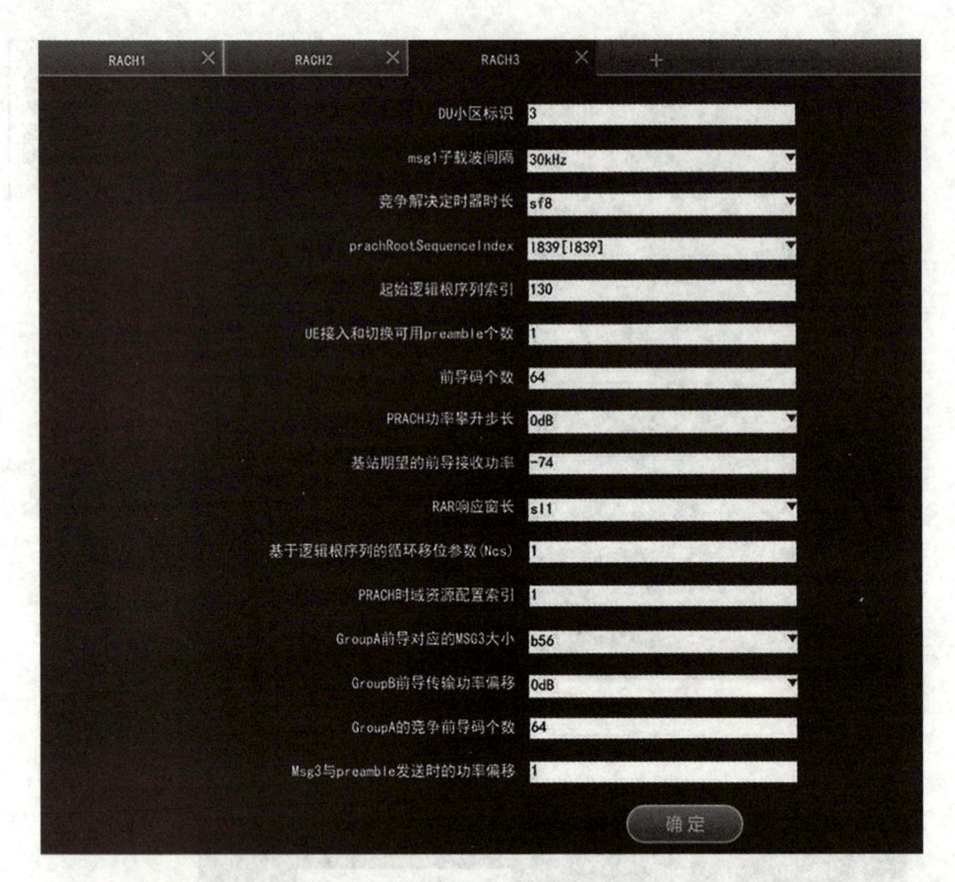

图 2-186 PRACH 信道配置(续)

表 2-74 物理信道配置-SRS 公用参数

参数名称		参数说明	参数规划
SRS 公用参数	SRS 轮发开关	该参数表示 SRS 的轮发开关,0 表示关闭,1 表示打开,开关打开时需要分配给 UE 两个资源集,开关关闭时只需要分配给 UE 一个资源集	打开
	SRS 最大疏分数	该参数指示了 SRS 在梳域的最大资源数目,增大其数值可以提高 SRS 的资源总数进而可以接入更多的 UE 数	2
	SRS 的 slot 序号	该参数指示了 SRS 在时隙上的位置	4
	SRS 符号的起始位置	该参数表示在时域上 SRS 符号的起始位置	1
	SRS 符号长度	该参数表示 SRS 在单个 slot 里面的符号长度,改变其数值会改变 SRS 资源在时域上的资源总数	1
	CSRS	该参数指示了 SRS 宽带资源的 RB 数	1
	BSRS	该参数指示了 SRS 子带资源的 RB 数(Sub1G)	1

物理信道配置-SRS 公用参数软件操作如图 2-187。

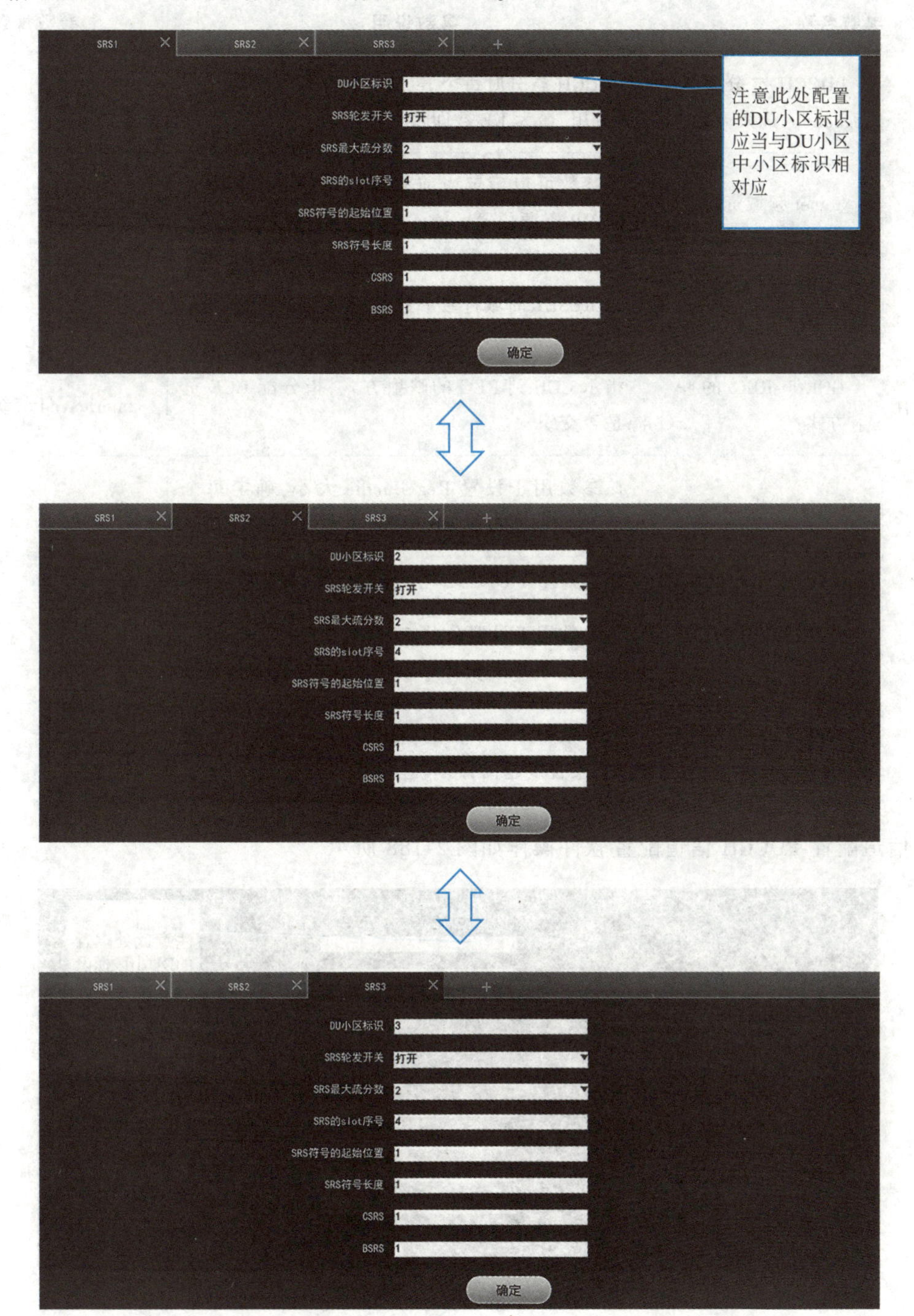

图 2-187　SRS 信号配置

表 2-75 物理信道配置-PDCCH 信道配置

参数名称		参数说明	参数规划
PDCCH 信道配置	PDCCH 空分每个 regbundle 最大流数	PDCCH 空分时每个 regbundle 可以同时被几个 UE 占用，最大 UE 数即最大流数	2
	Corset 频域资源	此参数可以确定当前 CORESET 在 BWP 内占用的 RB 资源位置	1
	CORESET 时域符号个数	CORESET 时域符号个数	1
	CCE-to-REG 的映射方式	指示 CCE 到 REG 的映射方式，指分配 CCE 资源是否交织	interleaved 交织
	Reg Bundling 大小	该参数用于设置 Reg Bundle 大小，确定每个 REG Bundle 所占的 RB 个数	n2
	交织矩阵的行数	该参数用于设置交织矩阵的行数，提高容错率	n2
	公共 PDCCH 的 CCE 聚合度	该参数用于设置公共 PDCCH 的 CCE 聚合度，即使用几个 CCE 资源来发送 PDCCH 控制信息	4
	初始 Coreset 对应的 CCE 聚合度	该参数用于指示初始 CORESET 对应的 CCE 聚合度，聚合度越高，码率越低，解调性能越好	4

物理信道配置-PDCCH 信道配置软件操作如图 2-188 所示。

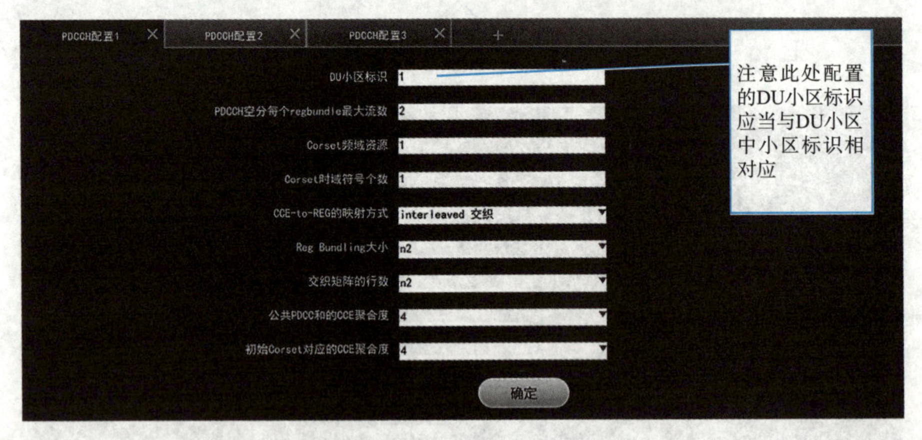

图 2-188 PDCCH 信道配置

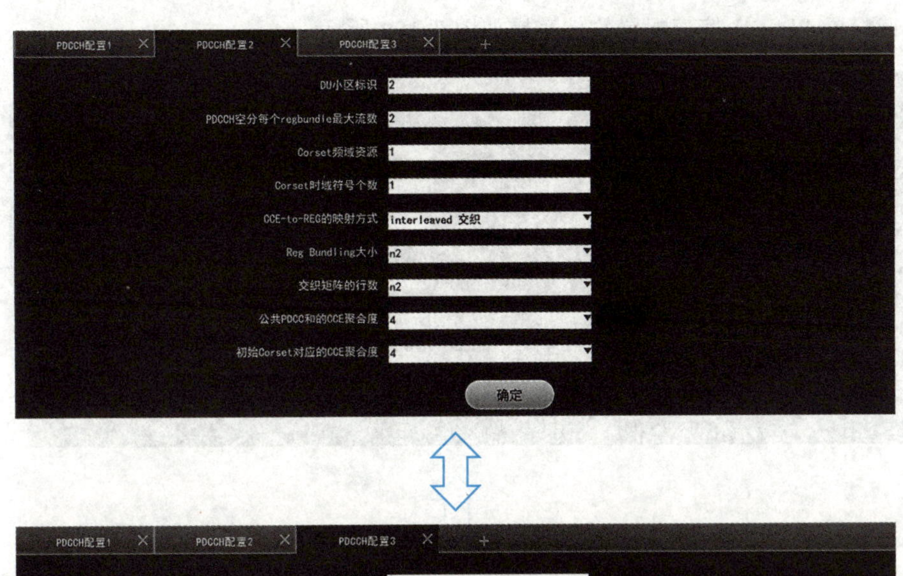

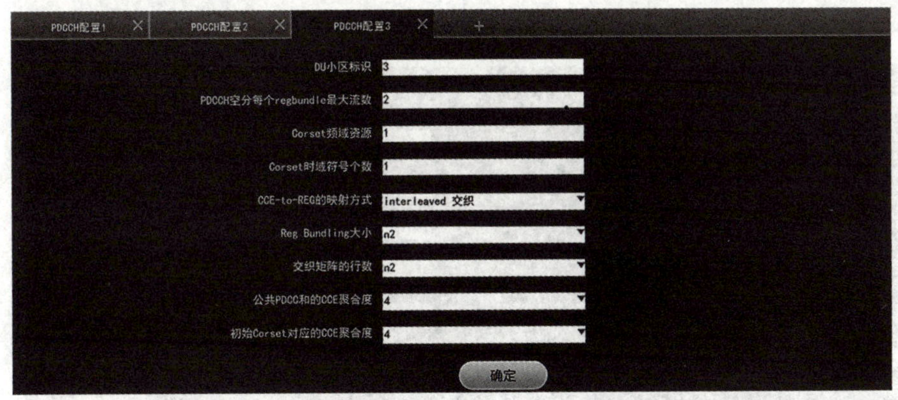

图 2-188　PDCCH 信道配置(续)

表 2-76　物理信道配置-PDSCH 信道配置

参数名称		参数说明	参数规划
PDSCH 信道配置	UE 专用的 PDSCH DMRS 类型	该参数用来设置 PDSCH 在频域上的映射类型。Type1 支持 8 端口(8 流)、type2 支持 12 端口(12 流)	type1
	DL DMRS 最大符号数	该参数是用来设置 UE 专用的 PDSCH DMRS 的最大连续符号数 当 DMRS 类型为 type1 时,len1 = 4,len2 = 8 当 DMRS 类型为 type2 时,len1 = 6,len2 = 12	len1
	PRB Bundling 方式	指示 PRB Bundling 的分配方式,动态分配或者静态方式	static[staticBundlingSize]
	UE 专用的 PUSCH DMRS 类型	该参数用来设置 PDSCH 在时域上的映射类型 Type A 在时隙上连续调度 Type B 基于微时隙调度	typeA
	Mini-slot 调度时隙数	调度时隙中的符号个数。2、4、7	2

物理信道配置-PDSCH 信道配置软件实操如图 2-189 所示。

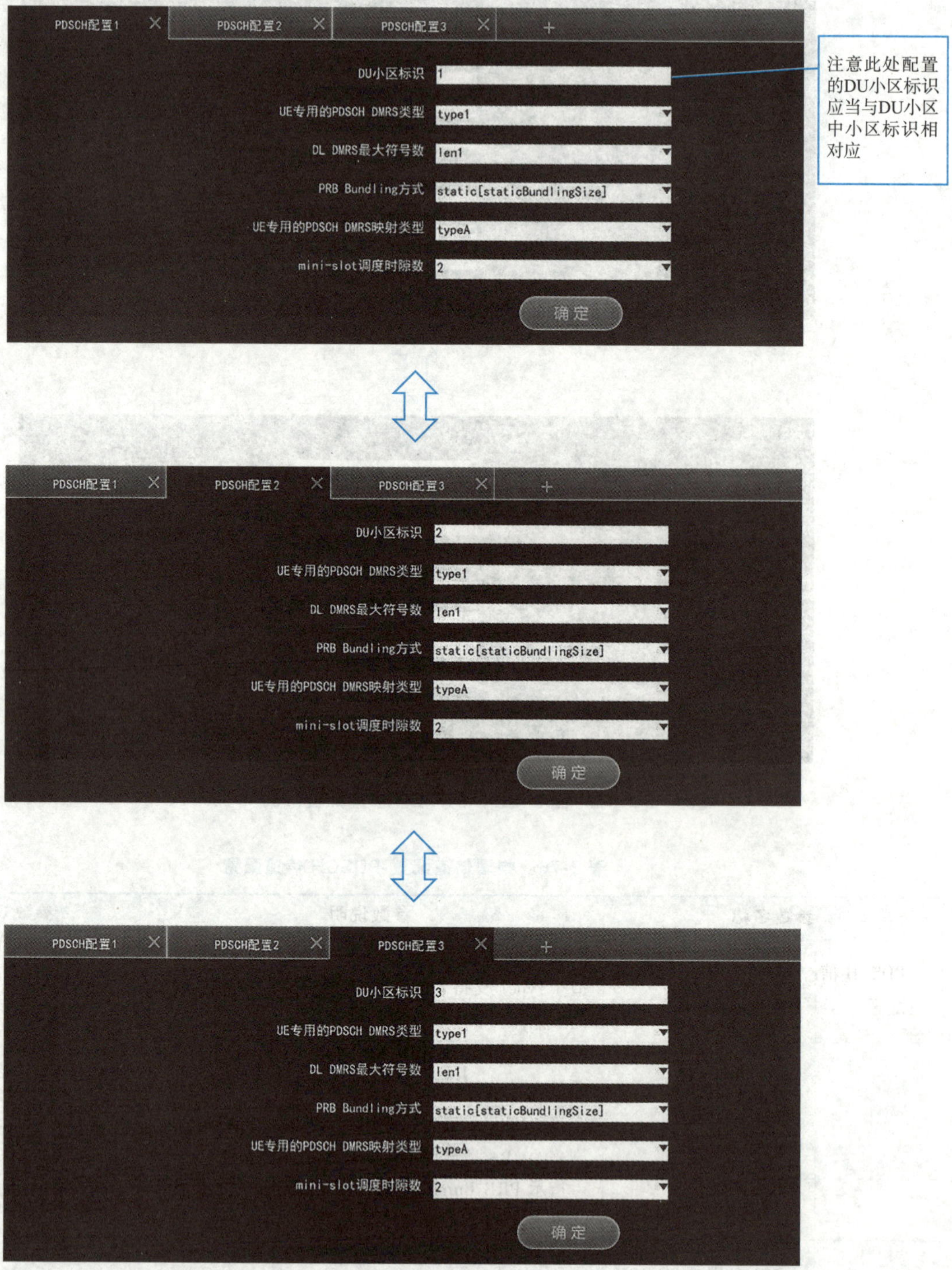

PDSCH配置1 | PDSCH配置2 | PDSCH配置3 | +

参数	值
DU小区标识	1
UE专用的PDSCH DMRS类型	type1
DL DMRS最大符号数	len1
PRB Bundling方式	static[staticBundlingSize]
UE专用的PDSCH DMRS映射类型	typeA
mini-slot调度时隙数	2

确定

注意此处配置的DU小区标识应当与DU小区中小区标识相对应

PDSCH配置1 | PDSCH配置2 | PDSCH配置3 | +

参数	值
DU小区标识	2
UE专用的PDSCH DMRS类型	type1
DL DMRS最大符号数	len1
PRB Bundling方式	static[staticBundlingSize]
UE专用的PDSCH DMRS映射类型	typeA
mini-slot调度时隙数	2

确定

PDSCH配置1 | PDSCH配置2 | PDSCH配置3 | +

参数	值
DU小区标识	3
UE专用的PDSCH DMRS类型	type1
DL DMRS最大符号数	len1
PRB Bundling方式	static[staticBundlingSize]
UE专用的PDSCH DMRS映射类型	typeA
mini-slot调度时隙数	2

确定

图 2-189　PDSCH 信道配置

表 2-77　物理信道配置-PBCH 信道配置

参数名称		参数说明	参数规划
PBCH 信道配置	初始 CORESET RB 符号数	该参数用于指示初始 CORESET 的 RB 和符号个数，即 CORESET0 在频域资源所占的 RB 个数，在时域资源所占的符号个数	24 个 RB 2 个符号[24-2]
	SSBlock 发送周期	该参数用于指示 SSBlock（同步信号块）的发送周期	5ms
	SSB 发送功率	该参数用于指示 SSBlock 的发送功率	1

物理信道配置-PBCH 信道配置软件操作如图 2-190 所示。

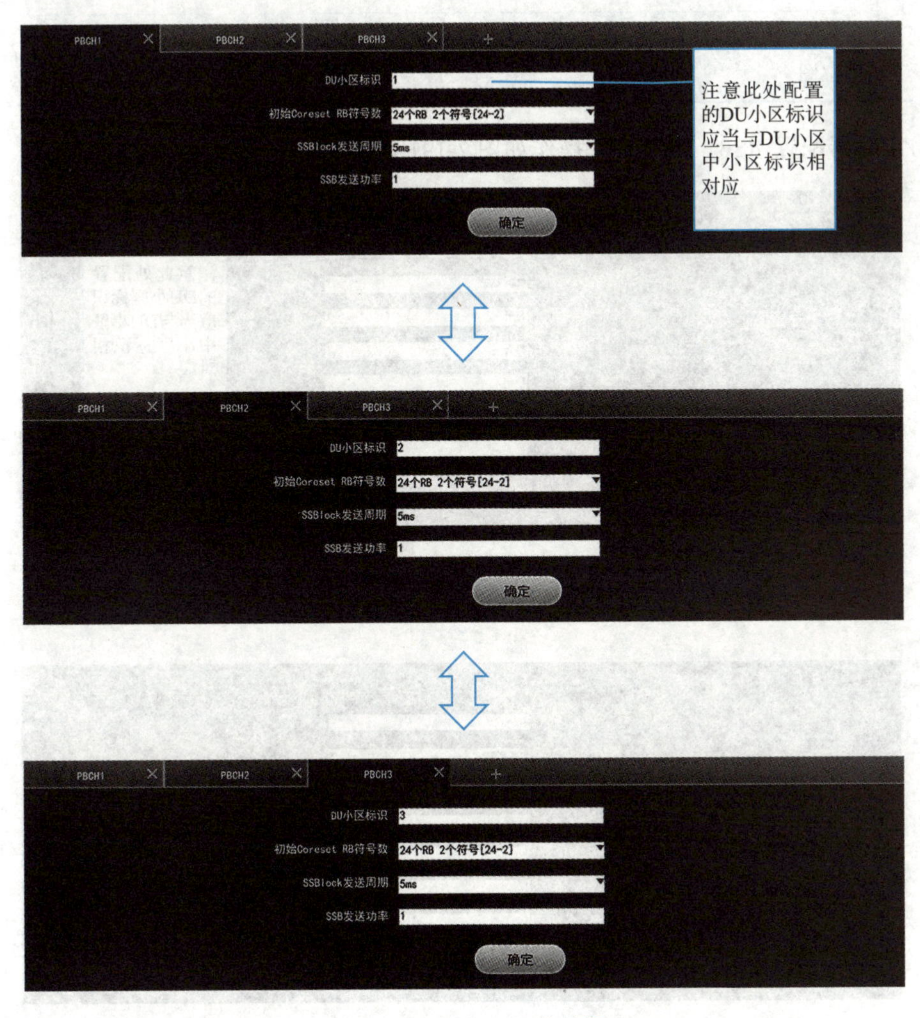

图 2-190　PBCH 信道配置

表 2-78　测量与定时器配置-RSRP 测量

参数名称		参数说明	参数规划
RSRP 测量	测量上报量类型	共七种测量上报类型，可指示终端按照规定类型进行上报	SSB RSRP
	CSI-RS 使能开关	开启后可测得 CSI-RS 信号	打开
	SSB 使能开关	开启后可测得 SSR RSRP 信号	打开
	CSI-RS 符号在配置周期内偏移的 slot 数	指示 CSI-RS 符号在配置周期内允许偏移的时隙数	1
	CSI-RS 波束比特位图	指示 CSI-RS 波束的位置	1
	CSI-RS 频域位置比特位图	指示 CSI-RS 在频域上的位置	1

测量与定时器配置-RSRP 测量软件操作如图 2-191 所示。

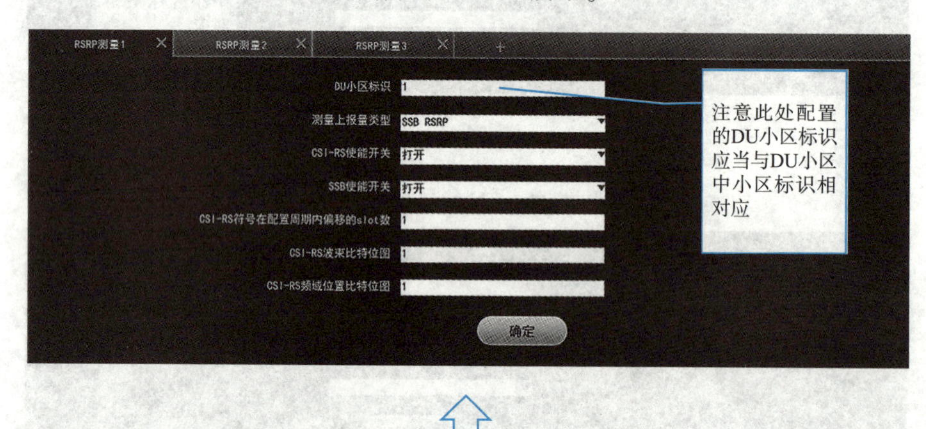

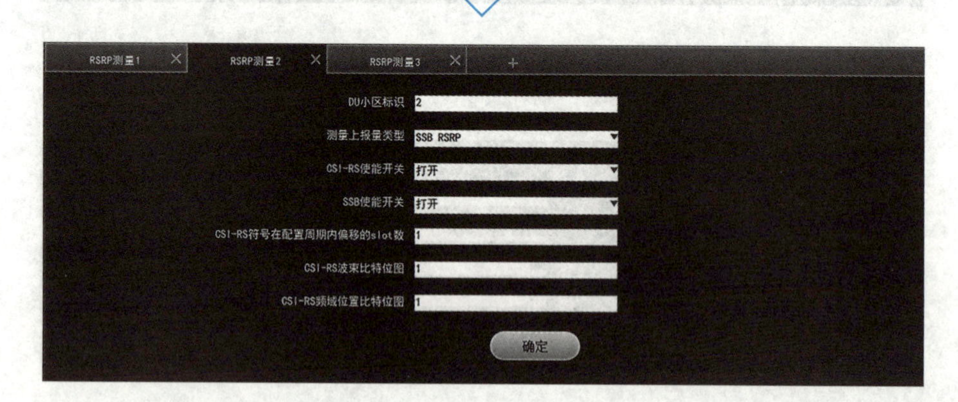

图 2-191　RSRP 测量配置

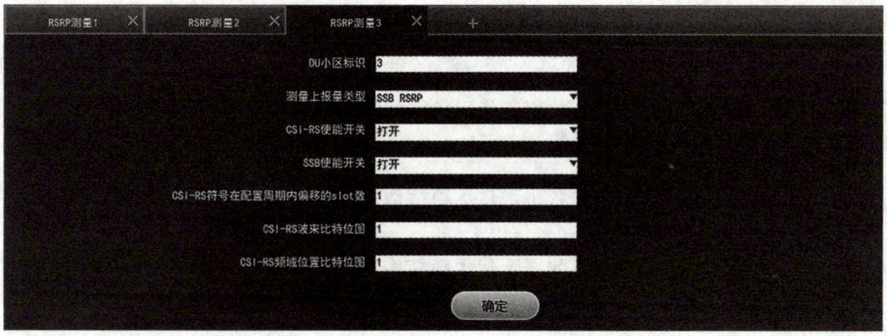

RSRP测量1　RSRP测量2　RSRP测量3

DU小区标识　3
测量上报量类型　SSB RSRP
CSI-RS使能开关　打开
SSB使能开关　打开
CSI-RS符号在配置周期内偏移的slot数　1
CSI-RS波束比特位图　1
CSI-RS频域位置比特位图　1
确定

图 2-191　RSRP 测量配置(续)

表 2-79　测量与定时器配置-小区业务参数配置

参数名称		参数说明	参数规划
小区业务参数配置	下行 MIMO 类型	MU-MIMO:多用户多入多出 SU-MIMO:单用户多入多出	MU-MIMO
	下行空分组内最大流数限制	下行空分 UE 最大支持流数	1
	下行空分组最大流数	下行空分组最大支持流数。单小区时,最大流数为 24 流;多小区时,最大流数为 16 流	2
	上行 MIMO 类型	MU-MIMO:多用户多入多出 SU-MIMO:单用户多入多出	MU-MIMO
	上行空分组内单用户最大流数限制	上行空分 UE 最大支持流数	1
	上行空分组的最大流数限制	上行空分组最大支持流数。单小区时,最大流数为 24 流;多小区时,最大流数为 16 流	2
	单 UE 上行最大支持层数限制	单 UE 上行 PDSCH 传输最大支持层数限制。默认值为 1,即 1 层。对于终端四天线接收场景此参数建议置 1;终端八天线接收场景此参数建议置 2	1
	单 UE 下行最大支持层数限制	单 UE 下行 PDSCH 传输最大支持层数限制。默认值为 4,即 4 层。对于终端四天线接收场景此参数建议置 4;终端八天线接收场景此参数建议置 8	1
	PUSCH 256QAM 使能开关	是否打开 PUSCH 256QAM 调制方式	打开
	PDSCH 256QAM 使能开关	是否打开 PDSCH 64QAM 调制方式	打开
	波束配置	指示波束的方位角、下倾角、水平及垂直波宽	暂不配置
	帧结构第一个周期的时间	该参数用于指示帧结构第一个周期的时间	2. 5
	帧结构第一个周期的帧类型	该参数表明帧结构第一个周期的帧类型,是数组形式,最多 10 个元素,每个元素对应一个 slot	11 200
	第一个周期 S slot 上 GP 符号数	该参数用于指示帧结构第一个周期 S slot 上的 GP 符号的个数	2
	第一个周期 S slot 上的上行符号数	该参数用于指示帧结构第一个周期 S slot 上的上行符号的个数	5

续表

参数名称		参数说明	参数规划
小区业务参数配置	第一个周期S slot上的下行符号数	该参数用于指示帧结构第一个周期S slot上的下行符号的个数	7
	帧结构第二个周期帧类型是否配置	该参数用于指示帧结构第二个周期帧类型是否配置	否
	帧结构第二个周期的时间	该参数用于指示帧结构第二个周期的时间	0.5
	帧结构第二个周期的帧类型	该参数指示帧结构第二个周期的帧类型，是数组形式，最多10个元素，每个元素对应一个slot	1
	第二个周期S slot上GP符号数	该参数用于指示帧结构第二个周期S slot上的GP符号的个数	1
	第二个周期S slot上的上行符号数	该参数用于指示帧结构第二个周期S slot上的上行符号的个数	1
	第二个周期S slot上的下行符号数	该参数用于指示帧结构第二个周期S slot上的下行符号的个数	1

测量与定时器配置-小区业务参数配置软件操作如图2-192所示。

小区业务参数配置1 ×　小区业务参数配置2 ×　小区业务参数配置3 ×　+

参数	值
DU小区标识	1
下行MIMO类型	MU-MIMO
下行空分组内用户最大流数限制	1
下行空分组最大流数	2
上行MIMO类型	MU-MIMO
上行空分组内单用户的最大流数限制	1
上行空分组的最大流数限制	2
单UE上行最大支持层数限制	1
单UE下行最大支持层数限制	1
PUSCH 256QAM使能开关	打开
PDSCH 256QAM使能开关	打开
波束配置	1*1*20*10*65*65*是/2******/3******/.
帧结构第一个周期的时间	2.5
帧结构第一个周期的帧类型	11200
第一个周期S slot上的GP符号数	2
第一个周期S slot上的上行符号数	5
第一个周期S slot上的下行符号数	7
帧结构第二个周期帧类型是否配置	否
帧结构第二个周期的时间	0.5
帧结构第二个周期的帧类型	1
第二个周期S slot上的GP符号数	1
第二个周期S slot上的上行符号数	1
第二个周期S slot上的下行符号数	1

确定

注意此处配置的DU小区标识应当与DU小区中小区标识相对应

图2-192　小区业务参数配置

小区业务参数配置1 × 小区业务参数配置2 × 小区业务参数配置3 × +

参数	值
DU小区标识	2
下行MIMO类型	MU-MIMO
下行空分组内用户最大流数限制	1
下行空分组最大流数	2
上行MIMO类型	MU-MIMO
上行空分组内单用户的最大流数限制	1
上行空分组的最大流数限制	2
单UE上行最大支持层数限制	1
单UE下行最大支持层数限制	1
PUSCH 256QAM使能开关	打开
PDSCH 256QAM使能开关	打开
波束配置	点击查看并编辑子波束配置
帧结构第一个周期的时间	2.5
帧结构第一个周期的帧类型	11120
第一个周期S slot上的GP符号数	5
第一个周期S slot上的上行符号数	2
第一个周期S slot上的下行符号数	7
帧结构第二个周期帧类型是否配置	否
帧结构第二个周期的时间	0.5
帧结构第二个周期的帧类型	1
第二个周期S slot上的GP符号数	1
第二个周期S slot上的上行符号数	1
第二个周期S slot上的下行符号数	2

确定

图 2-192 小区业务参数配置(续)

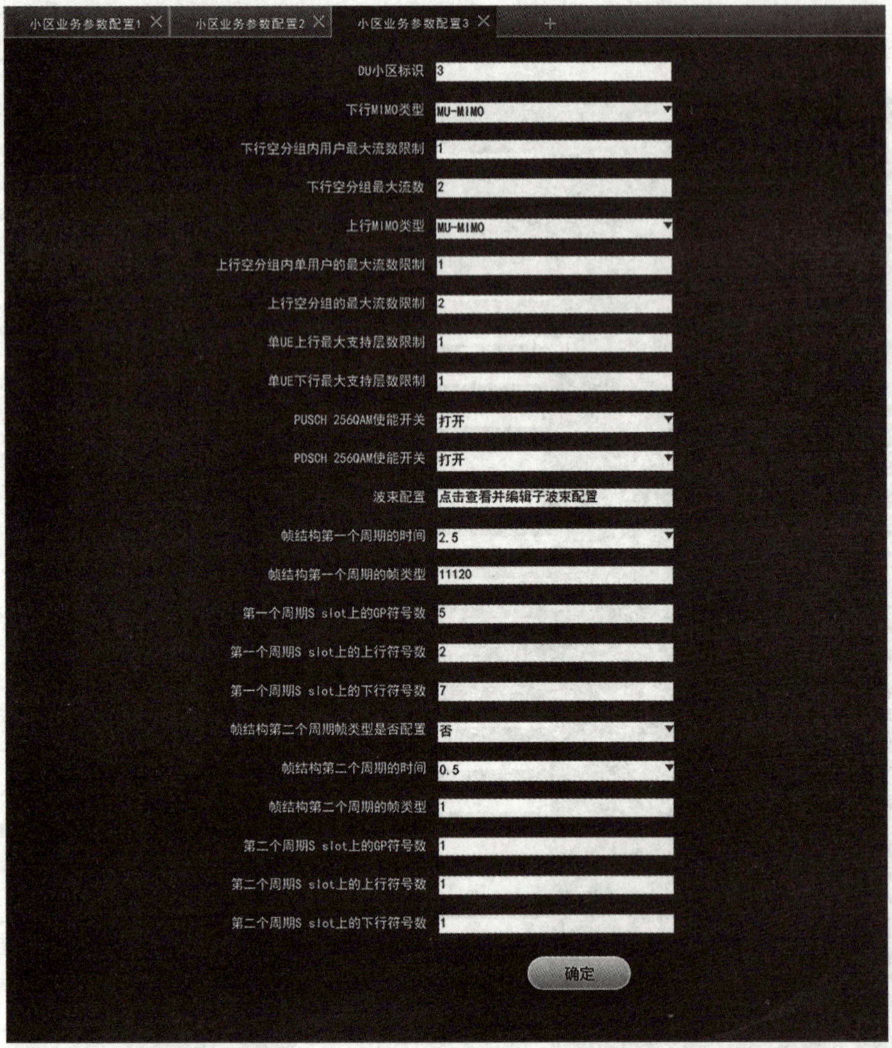

图 2-192　小区业务参数配置(续)

表 2-80　测量与定时器配置-UE 的定时器配置

参数名称		参数说明	参数规划
UE 的定时器配置	T300	UE 的 RRC 连接建立定时器	100
	T301	UE 的 RRC 重建定时器	100
	T310	UE 的 RRC 连接禁止定时器	1
	T311	UE 的下行链路 Failure 进入 Idle 态的最大等待时间	1 000

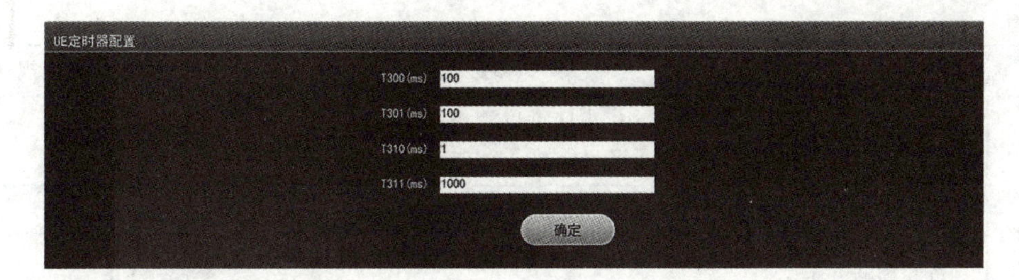

图 2-193　定时器配置

CU 配置操作步骤如下：

gNBCUCP 功能：包括 CU 管理、CU 小区配置，参数见表 2-81、表 2-82。

表 2-81　gNBCUCP 功能-CU 管理

参数名称		参数说明	参数规划
CU 管理	基站标识	基站标识是标识该基站在本核心网下的一个标识 CU 处基站标识应当与 DU 处基站标识一致	1
	CU 标识	CU 标识是表示该 CU 在本基站的一个标识	1
	基站 CU 名称	基站 CU 名称是 CU 的名称	1
	PLMN	PLMN 是公共陆地移动网　　PLMN = MCC + MNC	46 001
	CU 承载链路端口	此处根据设备配置中的 CU 连线来进行配置	光口

gNBCUCP 功能-CU 管理软件操作如图 2-194 所示。

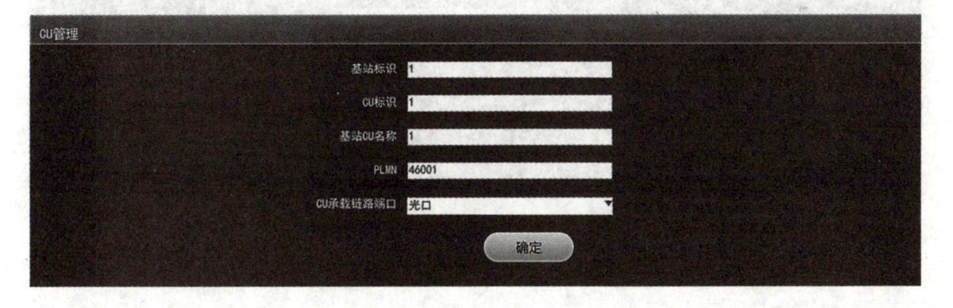

图 2-194　CU 管理配置

表 2-82　gNBCUCP 功能-CU 小区配置

参数名称		参数说明	参数规划
CU 小区配置	CU 小区标识	表示该小区在当前 CU 下的标识	1/2/3
	小区属性	根据该小区的实际频段来进行划分，有低频、高频、sub1G 场景、Qcell 场景四种属性	低频
	小区类型	根据小区的覆盖范围分为宏站和微站	宏小区

续表

参数名称		参数说明	参数规划
CU 小区配置	对应 DU 小区 ID	一个 CU 小区可以管理多个 DU 小区，但是一个 DU 小区只能被一个 CU 小区管理	1/2/3
	NR 语音开关	是否支持 NR 语音业务	打开
	负载均衡开关	是否支持在业务量大的时候分摊到多个网元进行业务处理	打开

gNBCUCP 功能-CU 小区配置软件操作如图 2-195 所示。

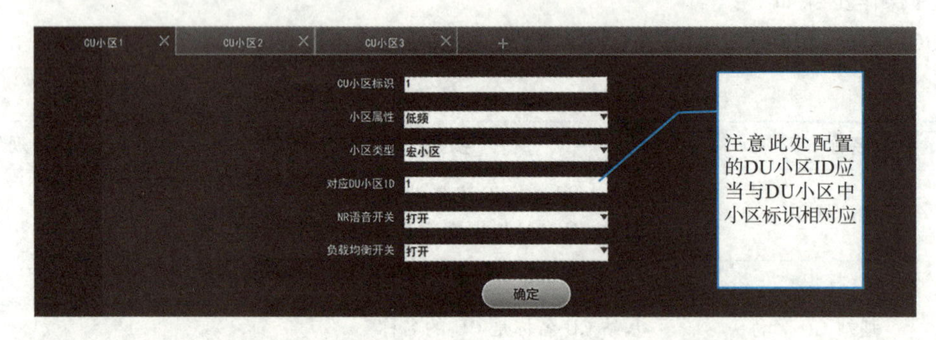

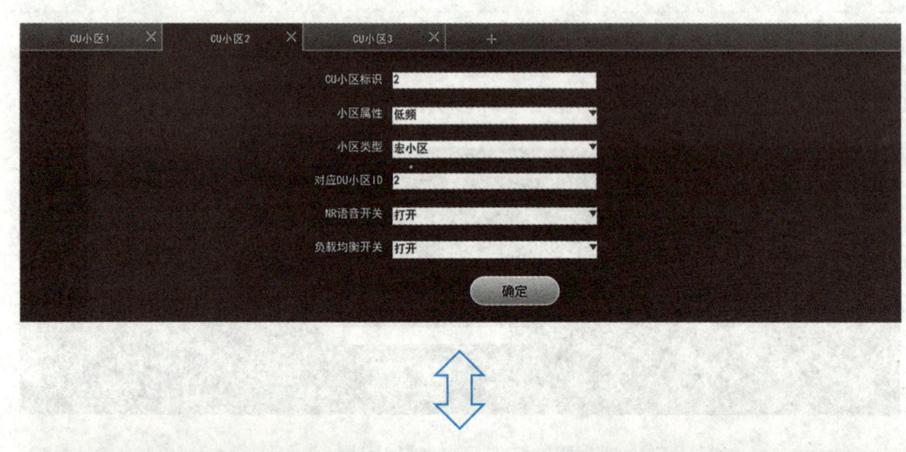

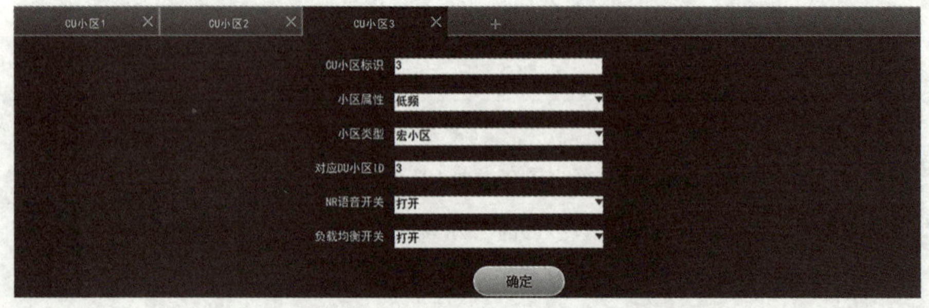

图 2-195　CU 小区配置

任务二：Option3x 无线小区基础参数实操配置

登录 IUV-5G 全网部署与优化的客户端，在上方的“四水市”“建安市”“兴城市”中，选择所需要配置的城市，以下例子中选择“建安市”的城市，单击“下一步”按钮，再单击下方“网络配置-规划计算”，单击选择“非独立组网”。打开数据配置模块，选择“建安市 B 站点无线机房”，单击网元选择区域的“AAU1”可以看到数据配置界面，如图 2-196 所示，其他 AAU 及 ITBBU 等网元配置界面功能一致。

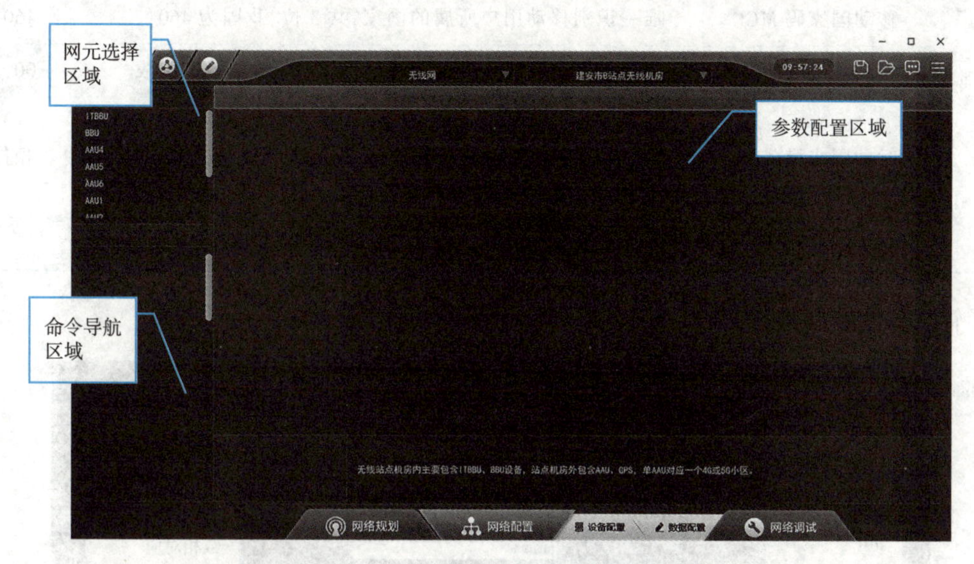

图 2-196　Option3x 无线参数配置界面

网元配置界面介绍见表 2-83。

表 2-83　数据配置界面说明

名　称	说　明
网元选择区域	进行网元类别的选择及切换，网元改变相应的命令导航随之改变
命令导航区域	提供按树状显示命令路径的功能，点击相应命令进行该命令的参数配置
参数配置区域	显示命令和参数，同时也提供参数输入及修改功能。

AAU 射频配置参数说明及规划请参考表 2-59 此处不再赘述。

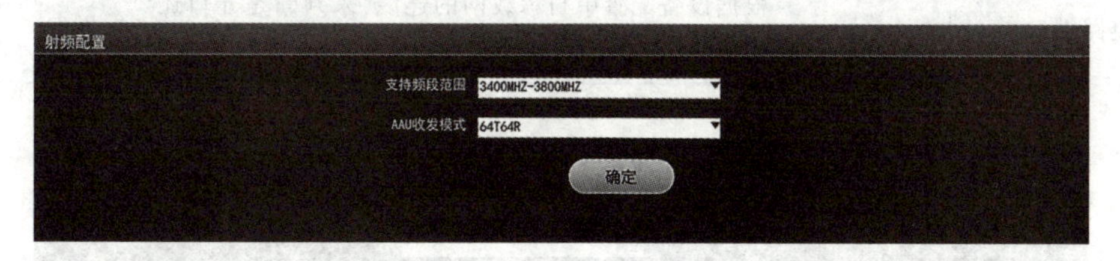

图 2-197　AAU 频段配置

因篇幅有限仅做 AAU1 配置样例，其余 AAU 配置与 AAU1 一致。

网元管理主要包含网元 ID、无线制式、移动国家码 MCC、移动网号 MNC、时钟同步模式、NSA 共框标识网元管理见表 2-84。

表2-84 网元管理

参数名称		参数说明	参数规划
网元管理	网元ID	表示此BBU在该网络中的标识	1
	无线制式	分为TD-LTE(时分双工)与FDD-LTE(频分双工)	TD-LTE
	移动国家码MCC	唯一识别移动用户所属的国家,共3位,我国为460	460
	移动网号MNC	用于识别移动客户所属的移动网络,2~3位数字组成	00
	时钟同步模式	该参数为BBU与ITBBU进行时钟同步的模式,当无线制式为TD-LTE时为相位同步,当无线制式为FDD-LTE时为频率同步	相位同步
	NSA共框标识	NSA模式下BBU与ITBBU之间同步的标识	1

网元管理软件实操如图2-198所示。

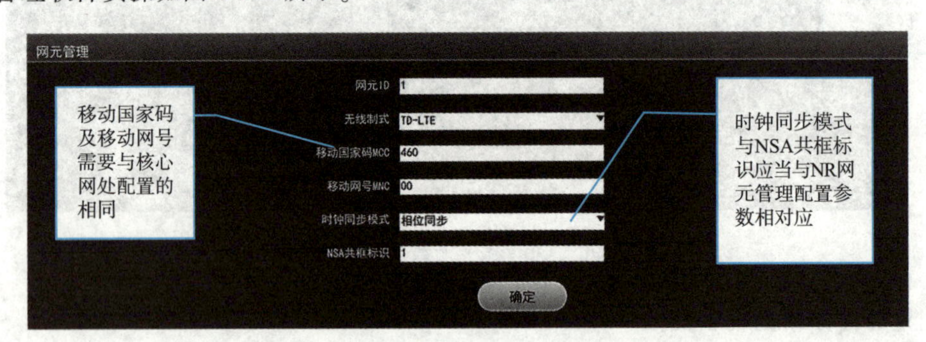

图2-198 4G网元管理

4G物理参数配置主要包含AAU链路光口使能配置及承载网链路端口配置见表2-85。

表2-85 AAU链路光口

参数名称	参数说明	参数规划
AAU链路光口使能	设备连线完之后可以需要对对应的光口进行赋能	使能
承载网链路端口	根据设备配置中与承载网的连线,来判断是光口还是网口	网口

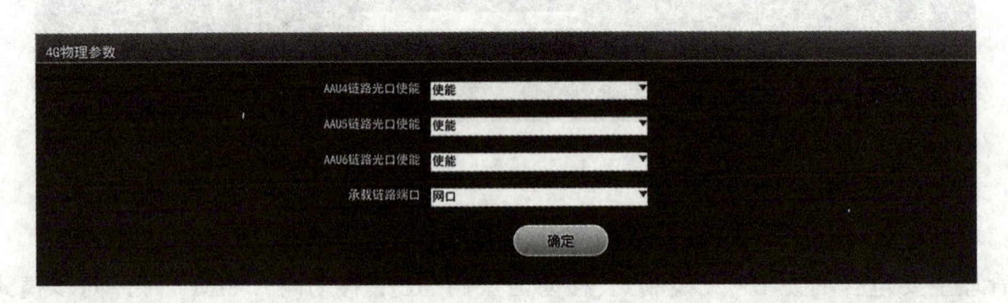

图2-199 4G物理参数配置

无线参数配置操作步骤如下：

(1)无线参数配置：包括 eNodeB 配置、TDD 小区配置、NR 邻接小区配置、邻接关系配置，参数见表 2-86 ~ 表 2-89。

表 2-86　eNodeB 配置

参数名称		参数说明	参数规划
eNodeB 配置	网元 ID	表示此 BBU 在该网络中的标识，与网元管理中填写的网元 ID 一致	1
	eNodeB 标识	表示此 eNodeB 在无线站点的标识	1
	业务类型 QCI 编号	标识该 BBU 支持的业务类型编号	8
	双连接承载类型	此处选择双连接中 BBU 的承载类型 MCG：业务主承载小区 SCG：业务辅承载小区 SCG Split：业务承载辅分流小区	SCG Split

eNodeB 配置软件配置如图 2-200 所示。

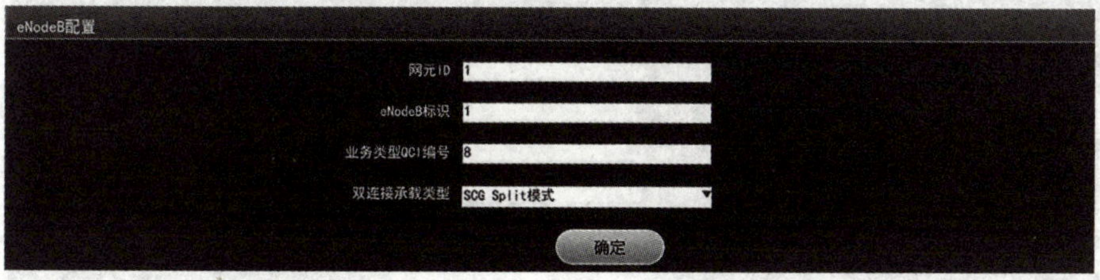

图 2-200　eNodeB 配置

表 2-87　TDD 小区配置

参数名称		参数说明	参数规划
TDD 小区配置	小区标识	表示小区在该基站下的标识	1/2/3
	小区 eNodeB 标识	表示小区所属的 eNodeB 标识	1
	AAU 链路光口	该小区信号由哪个 AAU 发射	1/2/3
	跟踪区码(TAC)	跟踪区是用来进行寻呼和位置更新的区域配置范围是 4 位的 16 进制数	1122
	物理小区识别码(PCI)	为物理小区标识，取值范围为 0 ~ 503	1
	小区参考信号功率	小区发射功率，一般为 23	23
	频段指示	表示该小区属于哪一个频段	42
	中心载频	4G 系统工作频段的中心频点，配置为实际频点	3 540
	小区的频域带宽	指示该小区在频域上所占用的带宽	20
	是否支持 VOLTE	是否支持语音业务	是

TDD 小区配置软件操作如图 2-201 所示。

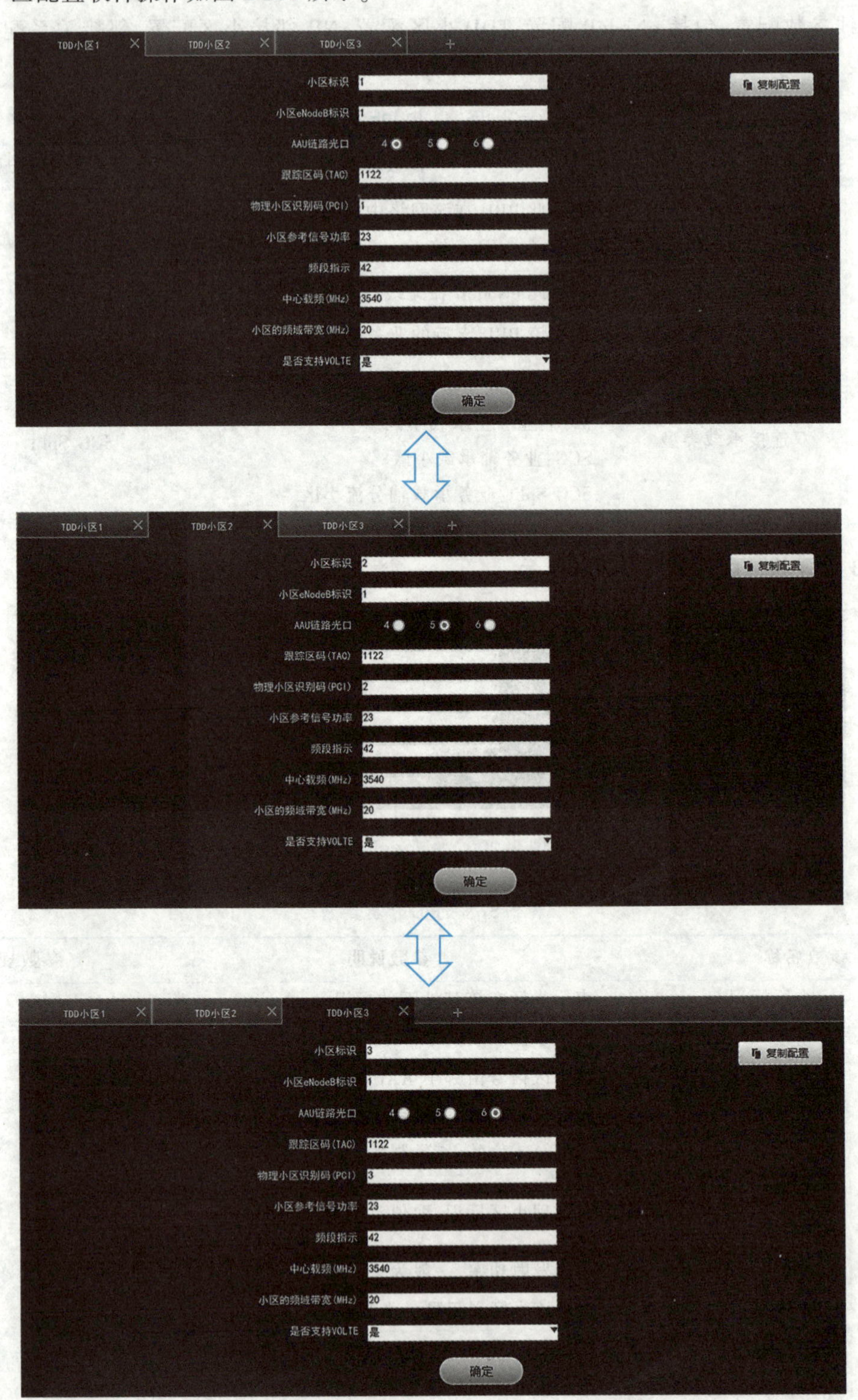

图 2-201　TDD 小区配置

表 2-88　NR 邻接小区配置

参数名称		参数说明	参数规划
NR 邻接小区配置	邻接 DU 标识	邻接的 DU 标识	1
	邻接 DU 小区标识	邻接的 DU 小区标识	1/2/3
	PLMN	PLMN 是公共陆地移动网 PLMN = MCC + MNC	46 000
	跟踪区码	NR 邻接小区的跟踪区，此处应与实际所配置的 DU 小区相对应	1122
	物理小区识别码	NR 邻接小区的物理小区标识，此处应与实际所配置的 DU 小区相对应	4/5/6
	NR 邻接小区频段指示	NR 邻接小区的频段指示，此处应与实际所配置的 DU 小区相对应	78
	NR 邻接小区的中心载频	NR 邻接小区的中心载频，此处填写相对应 DU 小区计算后的实际频点数值	3 450
	NR 邻接小区的频域带宽	NR 邻接小区的频域带宽，此处填写相对应 DU 小区的频域带宽	273
	添加 NR 辅节点事件	指发生该事件就将 NR 小区作为辅节点接入	B1

NR 邻接小区配置软件操作如图 2-202 所示。

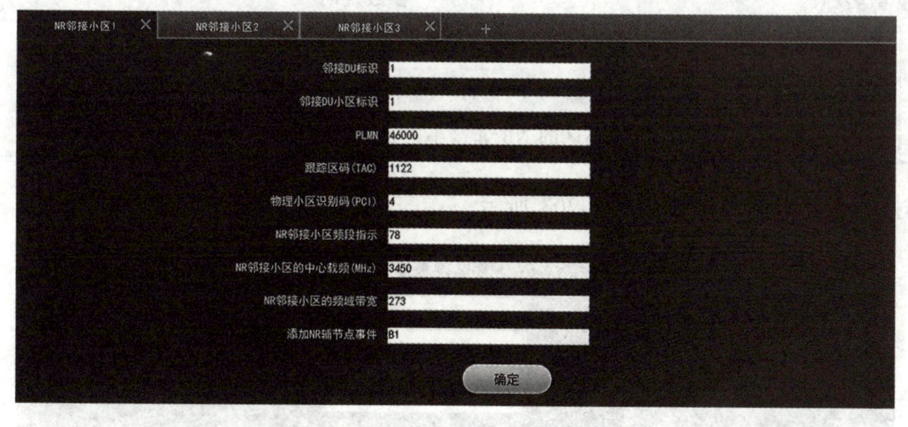

图 2-202　4G 侧 5G 邻区配置

NR邻接小区1 NR邻接小区2 NR邻接小区3 +

邻接DU标识 1
邻接DU小区标识 2
PLMN 46000
跟踪区码(TAC) 1122
物理小区识别码(PCI) 5
NR邻接小区频段指示 78
NR邻接小区的中心载频(MHz) 3450
NR邻接小区的频域带宽 273
添加NR辅节点事件 B1
确定

NR邻接小区1 NR邻接小区2 NR邻接小区3 +

邻接DU标识 1
邻接DU小区标识 3
PLMN 46000
跟踪区码(TAC) 1122
物理小区识别码(PCI) 6
NR邻接小区频段指示 78
NR邻接小区的中心载频(MHz) 3450
NR邻接小区的频域带宽 273
添加NR辅节点事件 B1
确定

图 2-202　4G 侧 5G 邻区配置(续)

表 2-89　邻接关系配置

参数名称		参数说明	参数规划
邻接关系表配置	FDD 邻接小区	指本小区的 FDD 制式的邻接小区	1/1/1
	TDD 邻接小区	指本小区的 TDD 制式的邻接小区	1/2/3
	NR 邻接小区	指本小区的 NR 邻接小区，格式为(DU 标识-DU 小区标识)	1-1/1-2/1-3

LTE 邻接关系配置软件操作如图 2-203 所示。

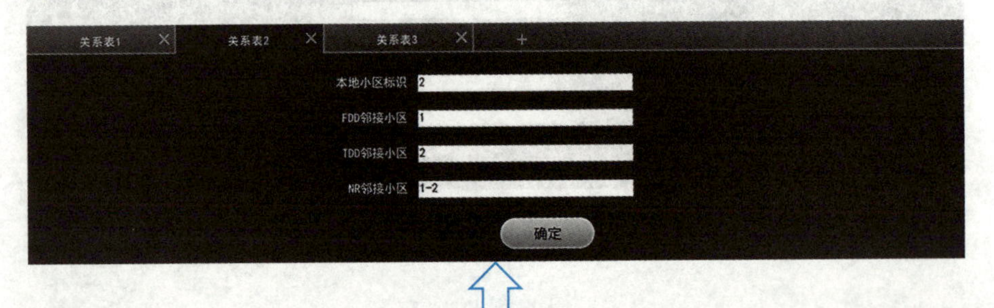

图 2-203　4G 侧邻接关系配置

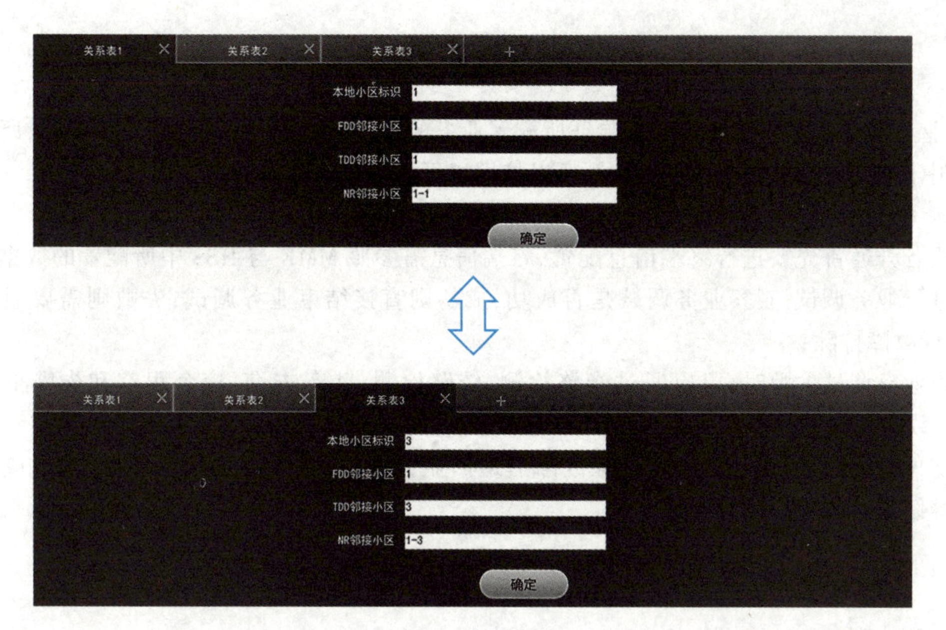

图 2-203　4G 侧邻接关系配置(续)

ITBBU 中 DU 及 CU 参数说明请查看任务一,Option3x 中仅数据规划与 Option2 中不同,此处不在逐一说明。

2.15 基础业务开通

2.15.1　理论概述

为实现 5G 网络毫秒级的低时延要求,5GC 与 NR 中用户面与控制面实现了完全分离,在进行业务调试时分别对应注册与会话建立。5G 系统中 UE 需要向网络注册才能获得授权接收服务,启用移动性跟踪和启用可达性。注册流程需终端、NR、5GC 共同参与,包含前面小节的小区搜索、随机接入、用户鉴权、AMF 选择等流程,同时也是会话建立的必要条件。4G 会话建立一般和 Attach 流程同步进行,但 5G 中相应的会话建立独立完成,前提需保证信令通道已成功建立。会话建立时以 QoS 流为最小单位,一个 PDU 会话是指一个用户终端 UE 与数据网络 DN 之间进行通讯的过程,PDU 会话建立后,也就是建立了一条 UE 和 DN 的数据传输通道。需注意 EPC 核心网下 Option3x 组网选项的业务验证与 4G 网络类型,注册与会话同步进行。

2.15.2　实训目的

通过基础参数的配置,学生可掌握 IUV-5G 全网部署与优化的业务开通、关键参数调试以及网络调试中工具的使用,了解影响业务进行的参数配置,并可独立进行业务开通与调试。本项目以建安市 Option3x 组网选项为例,业务验证中为联网测试。当选择 Option2 或 Option4a 时需分别进行注册与会话验证。

2.15.3 实训任务

进行业务调试的主要目的是为了验证所配置业务的设备、连线和数据配置是否正确，所以如果在业务调试中出现业务调试失败的现象时，可以按照以下流程进行故障排除。

具体流程如图2-204所示。

(1)业务开通首先要进行终端信息配置，终端信息需参照MME与HSS中所配置的数据；

(2)进行业务调试，观察业务调试是否成功，成功则直接结束业务调试，失败则需要通过业务验证工具进行故障排除；

(3)当业务调试失败时，可以通过光路检测、链路检测、状态查询，信令跟踪和告警工具进行设备、连线和数据配置的故障定位；

(4)定位故障后进行故障排除，排除故障后返回业务调试，业务调试成功即可，若不成功则返回步骤(3)继续进行故障排除直至成功。

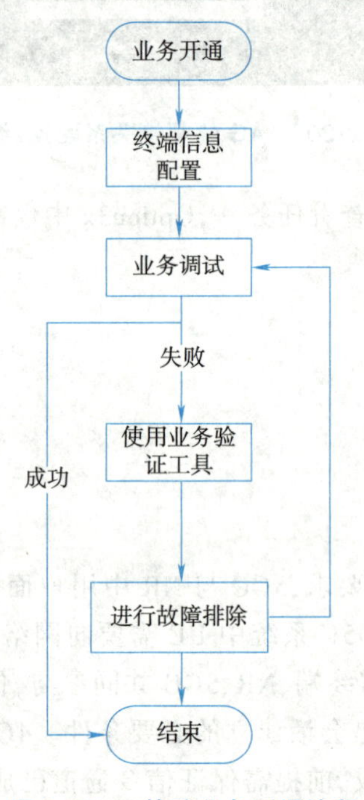

图2-204 基础业务开通流程

2.15.4 建议时长

4课时。

2.15.5 实训规划

业务验证测试界面如图2-205所示。

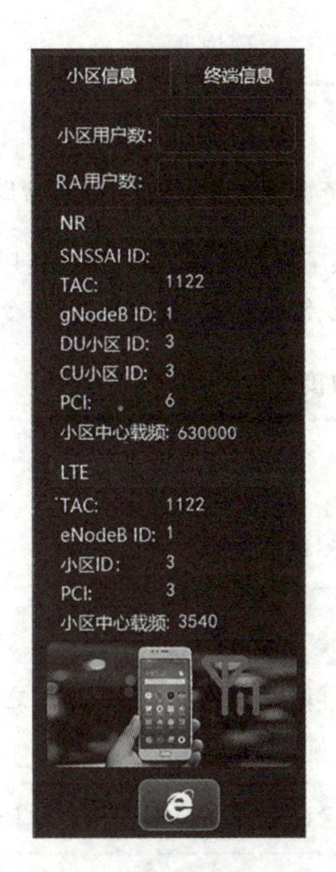

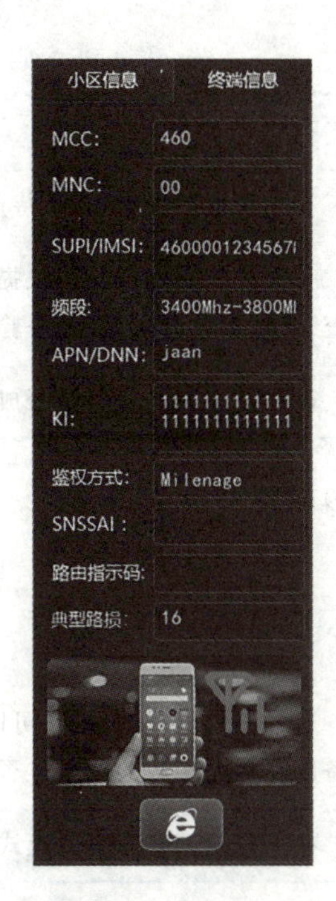

图 2-205　Option3x 联网 Attach 测试

2.15.6　实训步骤

登录 IUV-5G 全网部署与优化的客户端，打开“网络调试-业务调试”模块，选择“核心网 & 无线网”可以看到业务调试界面，如图 2-206 所示，主要分为 3 大模块。

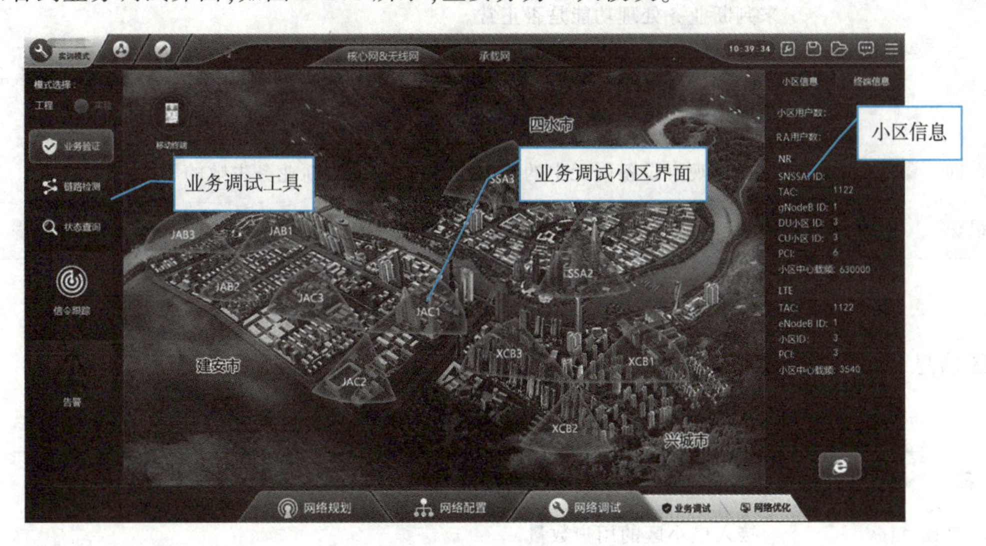

图 2-206　Option3x 业务调试界面

业务调试界面介绍见表 2-90。

表2-90 业务调试界面说明

名称	说明
业务调试小区界面	在小区地图中有12个待业务验证的小区点,1个可帮助验证的移动终端。
业务调试工具	为无线核心网产品模块提供了五种调试工具,帮助使用者对系统问题进行调试及排查,五种工具分别是:业务验证、链路检测、状态查询、信令跟踪、告警。
小区信息	显示该小区的业务是否成功接入。

模式选择介绍见表2-91。

表2-91 操作模式说明

名称	说明
实验模式	通过实验模式的选择,可以屏蔽承载网的相关配置,之查看无线核心业务网络的设备以及相关参数的配置是否正确。
工程模式	在工程测试状态下的模式,验证业务在全网下是否验证成功。

业务调试工具介绍见表2-92。

表2-92 业务调试工具说明

名称	说明
业务验证	通过移动终端的业务验证按钮进行拨测,对系统的业务验证,利用终端界面的显示来判断业务处理功能是否正常。
链路检测	利用对设备网元的IP进行Ping或Trace的操作以此对业务进行调试,由此帮助判断业务失败的原因。
状态查询	通过观察设备网元中的路由表,由此帮助判断业务失败的原因。
信令跟踪	通过观察信令名称,信令类型以及信令路径,由此帮助判断业务失败的原因。
告警	通过观察告警信息的描述,由此帮助判断业务失败的原因。

小区信息介绍见表2-93。

表2-93 用户数填写说明

名称	说明
小区用户数	接入该小区的用户数量
RA用户数	随机接入该小区的用户数量

终端信息介绍见表2-94。

表 2-94　终端 SIM 卡信息说明

名　　称	说　　明	参数规划
MCC	移动国家码	460
MNC	移动网号	00
SUPI/IMSI	终端的 IMSI 号码	460000123456789
频段	终端支持的频率范围	3 400 Mhz-3 800 Mhz
APN/DNN	Access Point Name 接入点名称,DNN 与 APN 等价	jaan
KI	鉴权秘钥,系统统一规划	11111111111111111111111111111111
鉴权方式	验证用户是否拥有访问系统的权利的方式	Milenage
SNSSAI	标识一个网络分片,Option3x 无需配置	无
路由指示码	寻找对应的核心网网络功能,Option3x 无需配置	无
典型路损	指示对应的随机接入组别,默认为 0	无

业务调试以及验证方式如下:

进入"网络调试-业务调试"模块,点击右方的"终端信息",分别填入数据规划的相应配置,结果如图 2-207 所示。

图 2-207　业务验证界面

在左方的方框中的模式选择,点击"工程",选择工程模式,依次单击长按并拖动上方的"移动终端"设备,选择所需要验证的城市,拖入需要验证的小区,本案例以建安市 JAB1 为例,单击右下方的业务验证按钮,若该小区的业务成功接入则显示彩色界面,若接入失败,则显示灰白界面,业务验证成功,结果如图 2-208 所示,业务验证失败,结果如图 2-209 所示。

图 2-208　业务验证成功结果

图 2-209　业务验证失败结果

2.16　承载网设备配置

2.16.1　理论概述

无。

2.16.2　实训目的

掌握承载网设备部署与线缆连接。

2.16.3　实训任务

完成建安市承载网设备安装与线缆链接。

2.16.4　建议时长

2 课时。

2.16.5　实训规划

建安市承载网设备连线规划如图 2-210 所示。

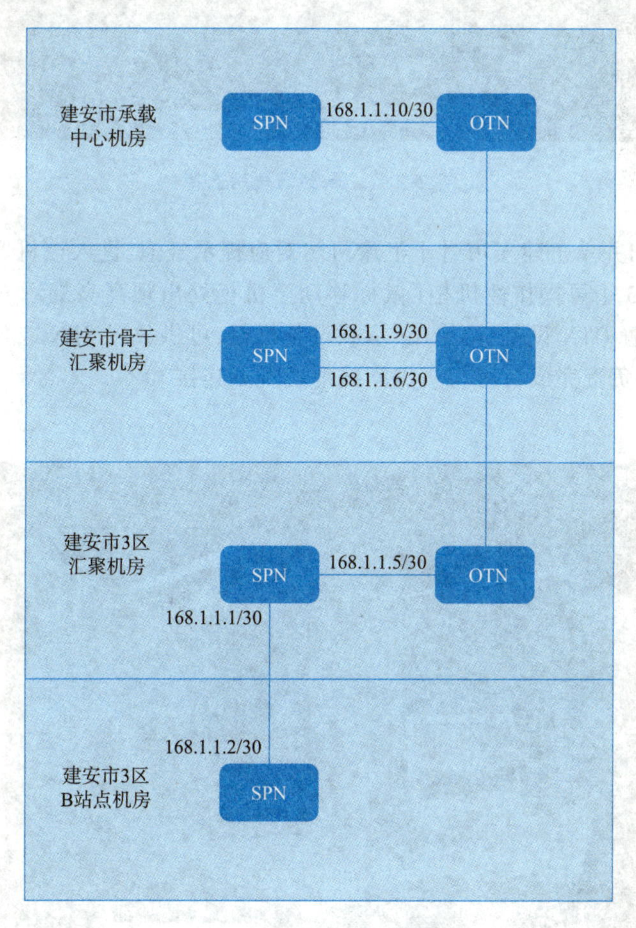

图 2-210　承载网 IP 规划

2.16.6　实训步骤

步骤 1：登录 IUV-5G 全网部署与优化的客户端，单击下方的“网络配置-设备配置”按钮，如图 2-211 所示。

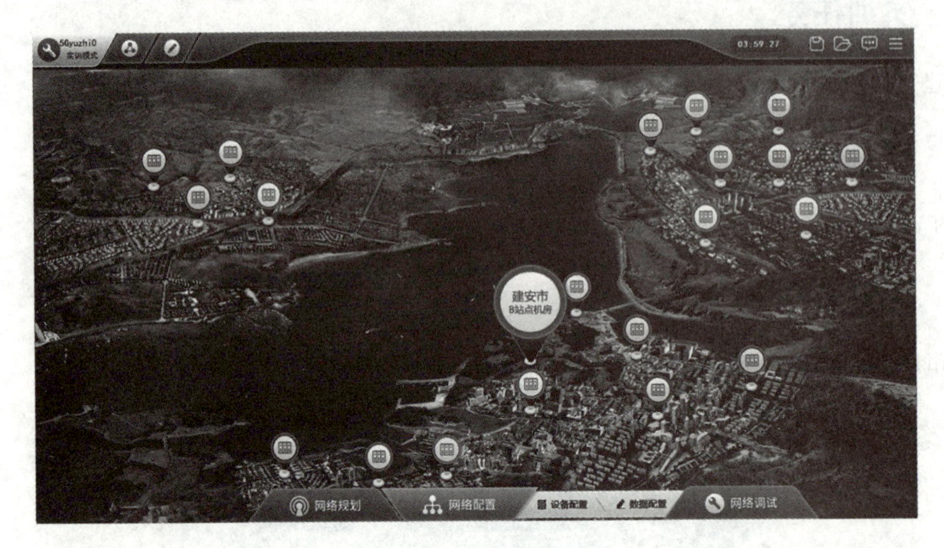

图 2-211　承载网机房选择

步骤2:在图中找出并单击建安市骨干汇聚机房对应提示气泡,进入该机房主界面,如图2-212所示。在该机房内,共有3个可操作性机柜(鼠标移动至机柜处出现高亮提示),从右往左分别为光传输网设备机柜,可供放置OTN设备,两个IP承载设备机柜,可供放置SPN或RT设备,最左侧白色机柜为ODF配线架,主要负责完成机房与机房间线缆的规划连接。

图 2-212　骨干汇聚机房内部

步骤3:单击中间的IP承载设备机柜,进入该机柜设备配置视图,如图2-213所示,主界面显示为对应机柜视图,右下角显示为设备资源池,提供多种型号SPN与RT供选择使用。

步骤4:在资源池中选择中型SPN,按住鼠标左键拖动该设备至左侧机柜红框提示内,完成SPN

图 2-213　机柜内部

设备的安装,如图 2-214 所示。

图 2-214　拖入 SPN 界面

步骤 5:点击左上方的返回按钮,返回至机房主界面,选择并单击最右侧的光传输网设备机柜,进入该机柜设备配置界面,按照步骤 4 的操作方式,为该机柜放置一台中型 OTN 设备,如图 2-215 所示。

步骤 6:点击右上角设备示意图中 SPN 网元,进入 SPN 线缆配置界面,如图 2-216 所示,主界面显示为 SPN 设备硬件结构及接口分布仿真图,右下角显示为线缆池,提供多种线缆供设备间连接选用。

步骤 7:在线缆池中找到并单击线缆池中“成对 LC-FC 光纤”,再单击主界面中 PTN 的第 6 槽位板卡上 100GE 接口,完成该光纤 PTN 侧连接,如图 2-217 所示。

图 2-215　拖入 RT 界面

图 2-216　SPN 面板

图 2-217　SPN 接口连线示意

步骤 8：点击设备示意图中 OTN 设备，进入 OTN 设备视图，如图 2-218 所示。在主界面显示为部分 OTN 设备视图，通过将鼠标放置上下滚动指示处，可进行设备视图的上下移动。

图 2-218　OTN 连线示意 1

步骤 9：将鼠标放置在向下滚动指示处，将设备视图向下移动，直至该设备第二层板卡显示在主界面内，找到并单击该设备 15 号槽位 OTU100GE 单板的 C1T/C1R 接口，完成 PTN 与 OTN 设备连接，如图 2-219 所示。

图 2-219　OTN 面板

步骤 10：在线缆池中找到并单击“LC-LC 光纤”，点击 OTN 设备 15 号槽位 OTU100GE 单板的 L1T 接口，再点击该设备 12 号槽位 OMU 单板的 CH1 接口，完成 OTU 与 OMU 单板间的连接，如图 2-220 所示。

图2-220　OTN连线示意2

步骤11：在线缆池中找到并单击“LC-LC光纤”，单击OTN设备12号槽位OMU单板的OUT接口，再单击该设备11号槽位OBA单板的IN接口，完成OMU与OBA单板间的连接，如图2-221所示。

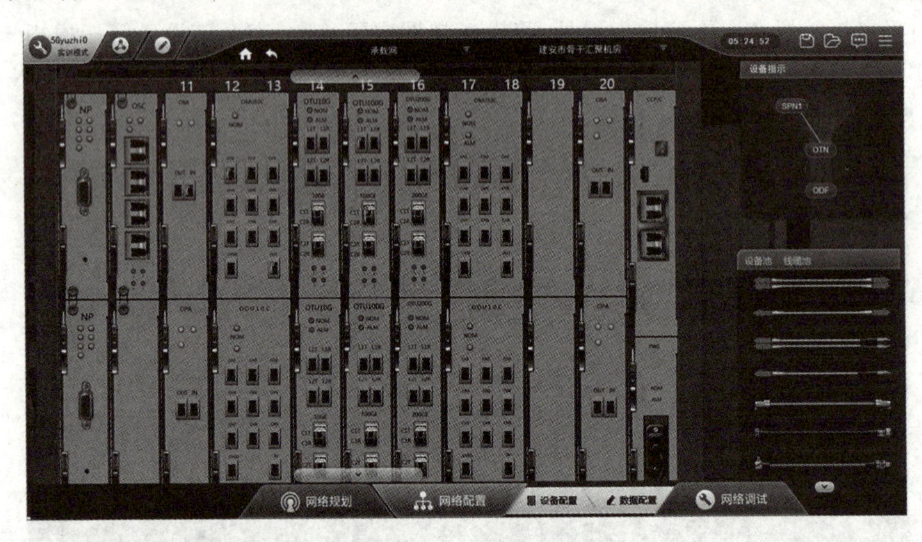

图2-221　OTN连线示意3

步骤12：在线缆池中找到并单击“LC-FC光纤”，单击OTN设备11号槽位OBA单板的OUT接口，再单击设备指示图中ODF配线架，点击ODF配线架1T接口，如图2-222所示。

步骤13：在线缆池中找到并单击“LC-FC光纤”，单击ODF配线架1R接口，再单击设备指示图中OTN设备，找到并单击该设备21号槽位OPA单板的IN接口，完成OTN设备与ODF配线架间的线缆连接。如图2-223所示。

步骤14：在线缆池中找到并单击“LC-LC光纤”，点击该设备21号槽位OPA单板的OUT接口，再单击22号槽位ODU单板的IN接口，完成OPA与ODU间线缆连接，如图2-224所示。

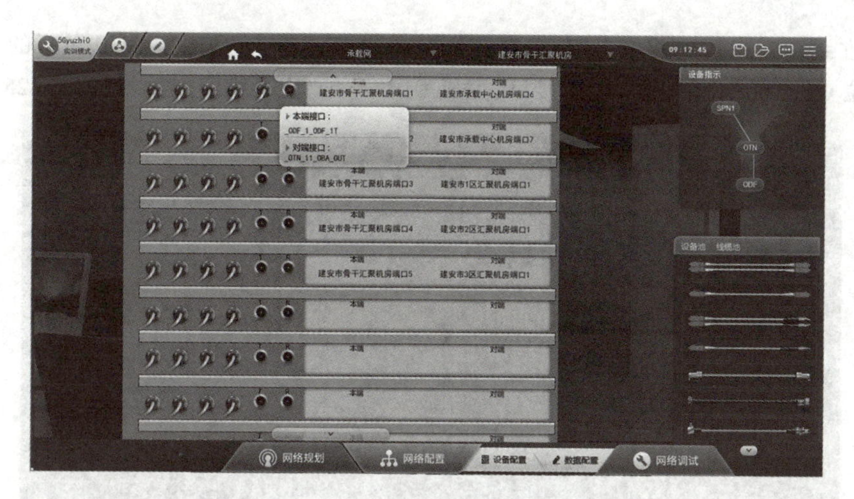

图 2-222　ODF-OTN 连线示意 1

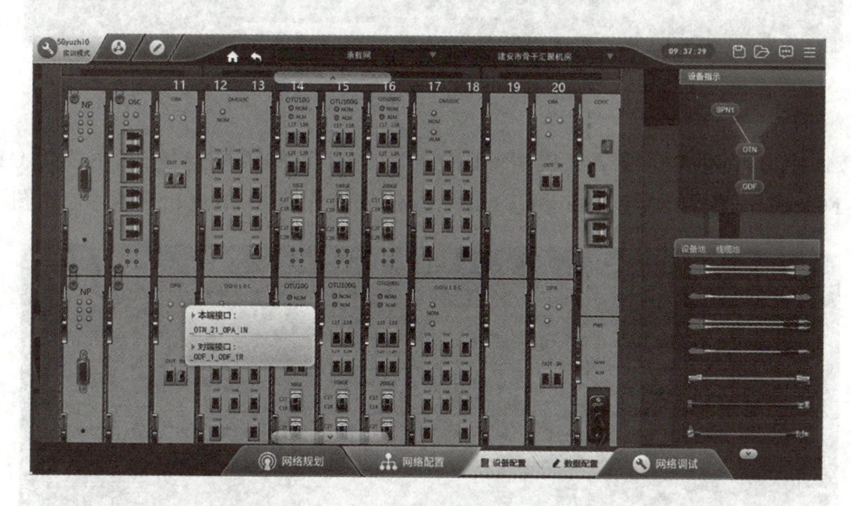

图 2-223　ODF-OTN 连线示意 2

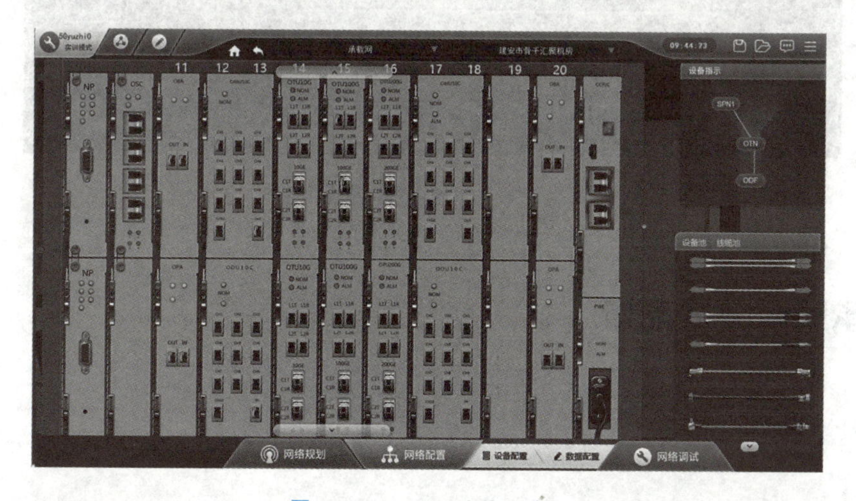

图 2-224　OTN 连线示意 4

步骤 15：在线缆池中找到并单击“LC-LC 光纤”，单击该设备 22 号槽位 ODU 单板的 CH1 接口，再单击 15 号槽位 OTU100GE 单板的 L1R 接口，完成 ODU 与 OTU 间线缆连接，见图 2-225 所示。

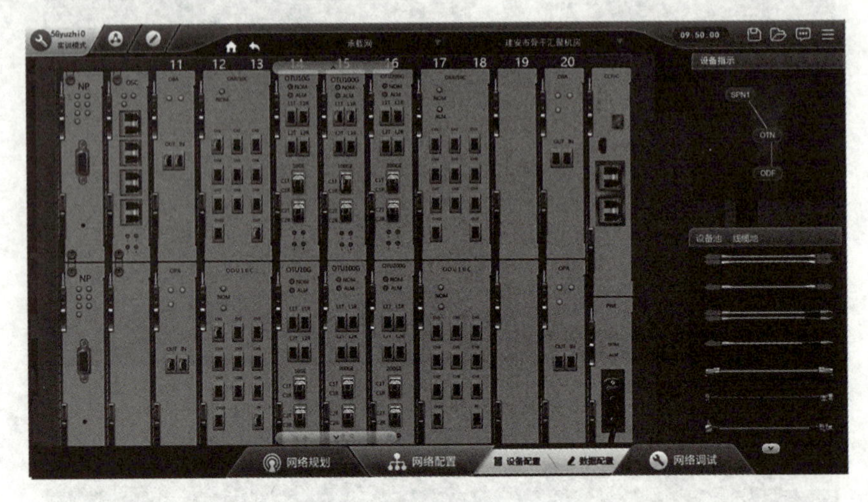

图 2-225　OTN 连线示意 5

步骤 16：按照上述步骤即完成了该机房 ODF、SPN、OTN 间的线缆连接，在不使用 OTN 时，仅需要使用“成对 LC-FC 光纤”将 SPN 与 ODF 相连即可，以建安市 3 区 B 站点机房为例，如图 2-226 所示。

图 2-226　ODF-SPN 连线示意

2.17 承载网数据配置

2.17.1　理论概述

无。

2.17.2　实训目的

掌握承载网典型设备数据配置方式。

2.17.3　实训任务

完成建安市承载网典型设备参数配置。

2.17.4　建议时长

2 课时。

2.17.5　实训规划

建安市承载网设备 IP 规划，如图 2-227 所示。

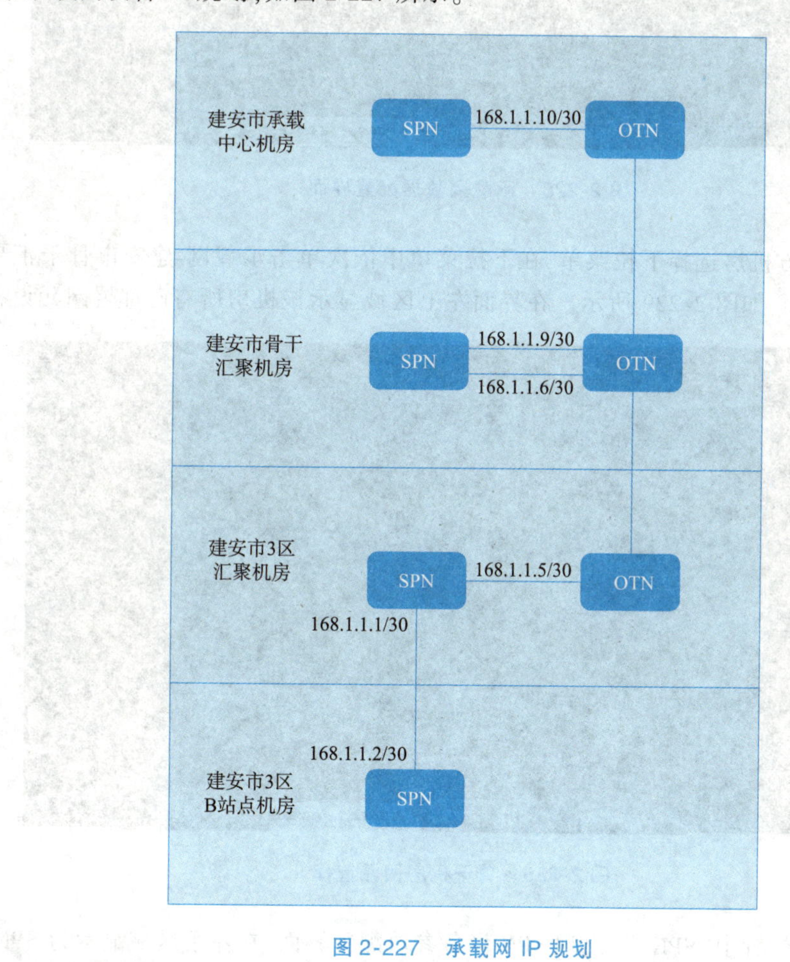

图 2-227　承载网 IP 规划

2.17.6 实训步骤

步骤1:登录IUV-5G全网部署与优化的客户端,单击下方的“网络配置-数据配置”按钮,如图2-228所示。

图2-228 承载网数据配置界面

步骤2:单击正上方机房选择下拉菜单,在下拉菜单中依次单击承载网-建安市骨干汇聚机房,进入该机房设备配置界面,如图2-229所示。在界面左上区域显示该机房所有已部署网元设备。

图2-229 骨干机房网元选择

步骤3:单击网元配置中“SPN1”,出现SPN设备参数配置界面,在左下区域显示为SPN参数配置导航,单击其中的物理接口配置,进入该设备物理接口配置界面,如图2-230所示。

图 2-230　SPN 物理接口配置界面

步骤 4:按照数据规划与设备连线情况,按照图 2-231 完成对该设备接口的 IP 地址和子网掩码的配置,配置完成后单击“确定”按钮完成数据保存。

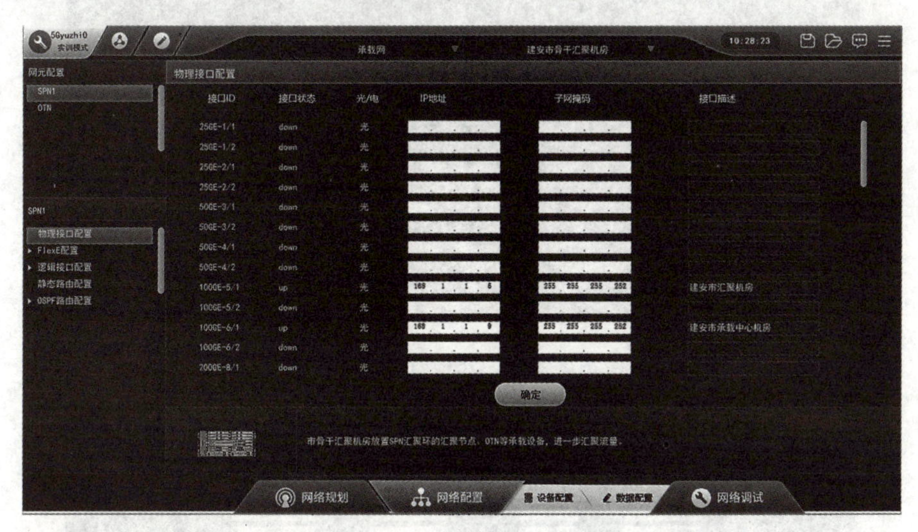

图 2-231　SPN 物理接口配置

步骤 5:单击左侧“OSPF 路由配置”中的“OSPF 全局配置”,在主界面中启用 OSPF 协议,并设置进程号为 1,route-id 使用本设备的任意接口 IP 地址即可,配置完成后,单击“确认”按钮进行数据保存,完成后界面如图 2-232 所示。

步骤 6:单击左侧“OSPF 路由配置”中的“OSPF 接口配置”,在主界面中,为每个接口均启用 OSPF 协议,结果如图 2-233 所示。

步骤 7:单击网元配置中 OTN 设备,在下方参数配置选项中选择“频率配置”,在主界中单击图标,根据设备线缆连接情况,如实选择 OTU100GE 单板,槽位为 15,接口为 L1T 和 L2T,频率选择为 CH1_192.1THz,配置完成界面如图 2-234 所示。

图 2-232　OSPF 全局配置

图 2-233　OSPF 接口配置

图 2-234　OTN 频率配置

2.18 承载网设备检测与调试

2.18.1　理论概述

无。

2.18.2　实训目的

掌握承载网设备的检测与调试工作。

2.18.3　实训任务

完成建安市承载网设备的检测与调试工作。

2.18.4　建议时长

2 课时。

2.18.5　实训规划

建安市承载网设备连线与 IP 规划,如图 2-235 所示。

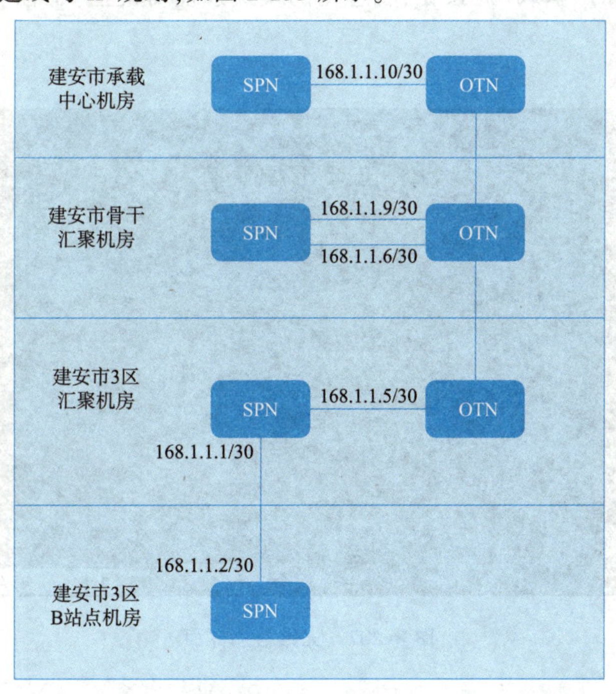

图 2-235　承载网 IP 规划

2.18.6 实训步骤

步骤 1:登录 IUV-5G 全网部署与优化的客户端,单击下方的"网络调试-业务调试"按钮,如图 2-236 所示。

图 2-236 业务验证界面

步骤 2:单击正上方的"承载网"按钮,将左侧的模式选址切换至"工程",再单击"光路检测"按钮,如图 2-237 所示。

图 2-237 光路检测界面

步骤 3:鼠标移动至建安市承载中心机房 OTN 设备上,根据设备线缆连接情况,如实选择设为源

-OTU100GE(slot15)-C1T/C1R,再将鼠标移动至建安市骨干汇聚机房 OTN 设备上,根据设备线缆连接情况,如实选择设为目的-OTU100GE(slot15)-C2T/C2R。单击“执行”按钮,显示光路检测成功,如图 2-238 所示。即 OTN 设备连线与数据配置正确。

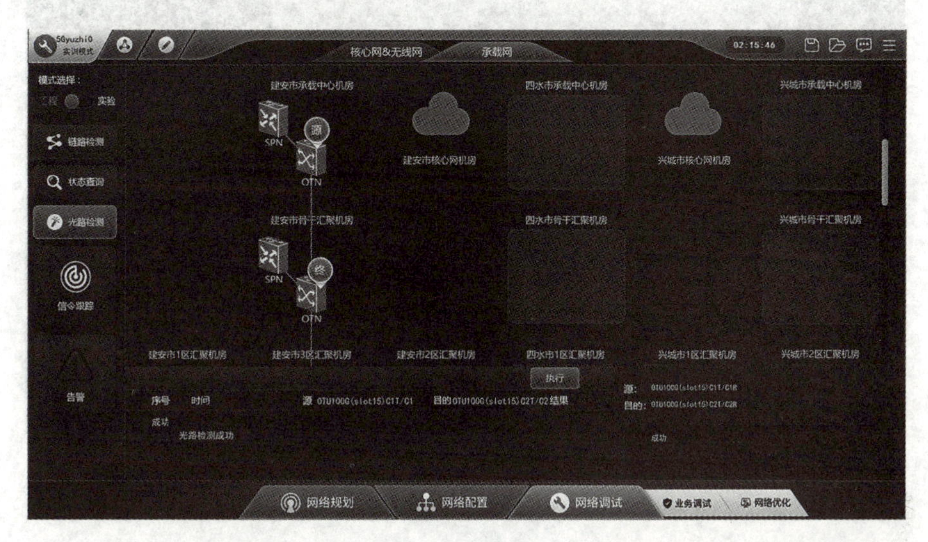

图 2-238　光路检测调试

步骤 4:单击左侧的链路检测按钮,再将鼠标移动至建安市承载中心机房 SPN 设备上,根据设备数据配置情况,如实选择设为源-168.1.1.10,再将鼠标移动至建安市 3 区 B 站点机房 SPN 设备上,根据设备数据配置情况,如实选择设为目的-168.1.1.2。点击 Ping,显示光成功,如图 2-239 所示。即 SPN 设备间数据链路配置正确。

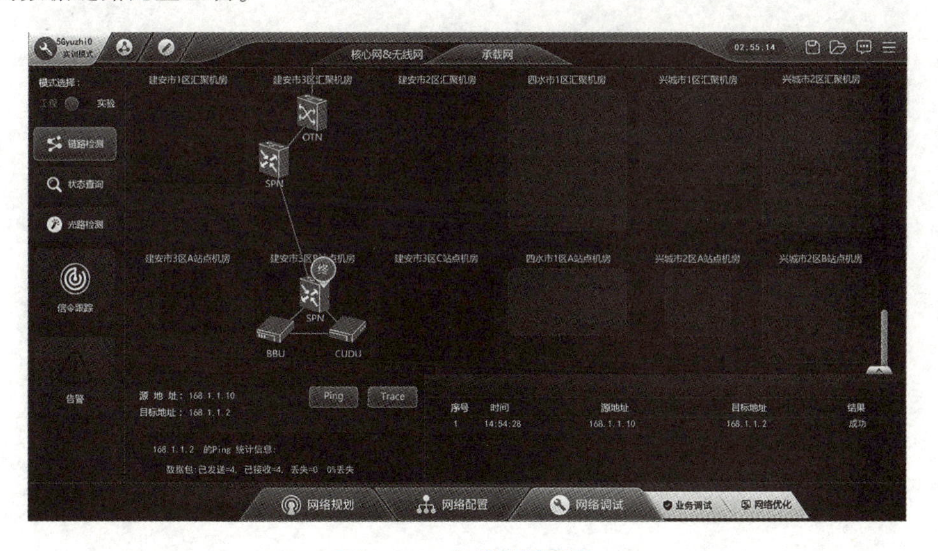

图 2-239　链路检测界面

步骤 5:单击左侧的状态查询按钮,将鼠标移动到 SPN 上可以查看物理接口、路由表、OSPF 邻居等信息。将鼠标移动 SPN 上可以查看电交叉链接、频率配置信息。我们以查看建安市 3 区汇聚机房的路由表为例，如图 2-240 所示。以上信息可以帮助找到链路中存在的问题。

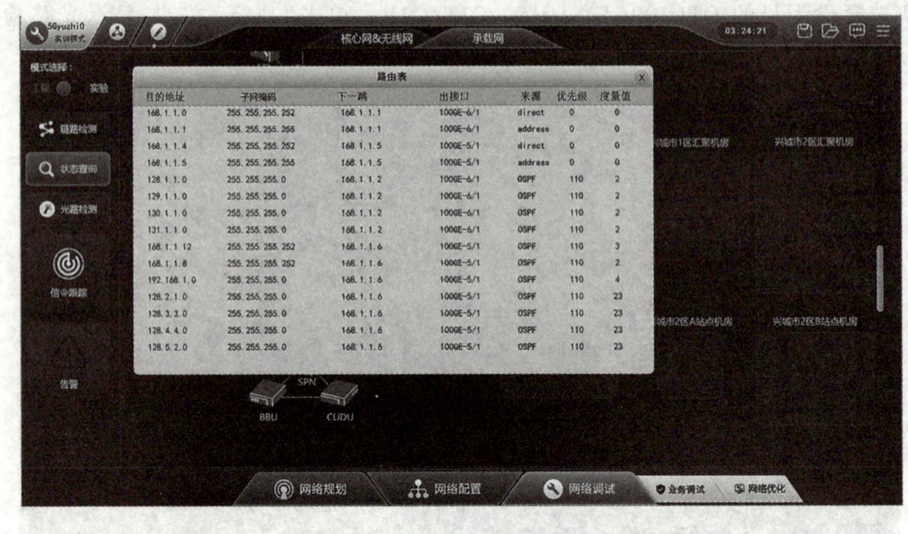

目的地址	子网掩码	下一跳	出接口	来源	优先级	度量值
168.1.1.0	255.255.255.252	168.1.1.1	100GE-6/1	direct	0	0
168.1.1.1	255.255.255.255	168.1.1.1	100GE-6/1	address	0	0
168.1.1.4	255.255.255.252	168.1.1.5	100GE-5/1	direct	0	0
168.1.1.5	255.255.255.255	168.1.1.5	100GE-5/1	address	0	0
128.1.1.0	255.255.255.0	168.1.1.2	100GE-6/1	OSPF	110	2
129.1.1.0	255.255.255.0	168.1.1.2	100GE-6/1	OSPF	110	2
130.1.1.0	255.255.255.0	168.1.1.2	100GE-6/1	OSPF	110	2
131.1.1.0	255.255.255.0	168.1.1.2	100GE-6/1	OSPF	110	2
168.1.1.12	255.255.255.252	168.1.1.6	100GE-5/1	OSPF	110	3
168.1.1.8	255.255.255.252	168.1.1.6	100GE-5/1	OSPF	110	2
192.168.1.0	255.255.255.0	168.1.1.6	100GE-5/1	OSPF	110	4
128.2.1.0	255.255.255.0	168.1.1.6	100GE-5/1	OSPF	110	23
128.3.3.0	255.255.255.0	168.1.1.6	100GE-5/1	OSPF	110	23
128.4.4.0	255.255.255.0	168.1.1.6	100GE-5/1	OSPF	110	23
128.5.2.0	255.255.255.0	168.1.1.6	100GE-5/1	OSPF	110	23

图 2-240　状态查询界面

第3章

进阶优化调试

3.1 信号质量优化

3.1.1 理论概述

无线网络信号质量是网络业务和性能的基石,通过开展无线网络信号优化工作,可以使网络覆盖范围更合理、覆盖水平更高、干扰水平更低,为业务应用和性能提升提供重要保障。信号质量优化工作伴随实验网建设、预商用网络建设、工程优化、日常运维优化、专项优化等各个网络发展阶段,是网络优化工作的主要组成部分。3G 与 4G 网络一般通过 RSRP (Reference Signal Receiving Power,参考信号接收功率)来表示信号强度,通过 SINR(Signal to Interference plus Noise Ratio,信号与干扰加扰噪声比)来表示信号质量。在 5G 网络中,为实现资源最大化利用,取消了 CRS 信号,转为通过 SS-RSRP (SSB RSRP)/SS-SINR(SSB SINR)来表示网络质量。在网络测量中,若 SSB RSRP 低于考核设定值则表示此区域存在弱覆盖,若 SSB RSRP 数值达标但 SSB SINR 低于考核设定值则表明此区域存在干扰问题。

商用环境中,一般通过定点测试与 DT 路测发现信号问题,信号质量优化的一般原则如图 3-1 所示。

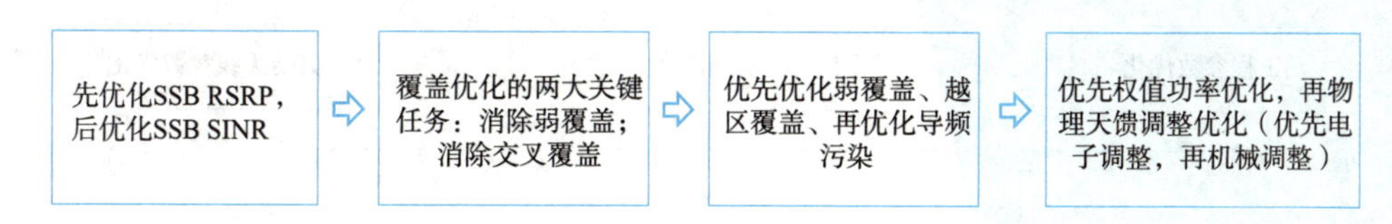

图 3-1 信号质量优化原则

在进行 5G NR 信号优化时,无论是 SA 网络或者 NSA 网络,均可参考以下优化方法:

1. 工程参数优化

调整内容：下倾角、方位角、小区 RE 参考功率、天线高度、站址位置；

调整原则：首先调整天馈角度与挂高，其次调整功率，最后进行站址搬迁。

2. 无线参数优化

优化参数：频点、PCI、PRACH 根序列、邻区、切换门限、波束权值。

3. 信道覆盖增强技术

SSB/PBCH：默认宽波束，波束轮询有 5dB 的增益；

PDCCH：PDCCH Boosting；PDSCH/PDCCH：BC/BF；

SmallCDD：开启后终端上行由单发调整为 4 发，上行有 5 - 6dB 的覆盖增益。

需注意在信号质量优化时，RSRP 优化与 SINR 优化的平衡关系，避免产生过覆盖情形。优化完成后必须进行多轮复测，以保证问题闭环质量。

3.1.2 实训目的

通过软件中无线参数配置，合理调整网络参数，优化网络 RSRP、SINR 等信号指标参数。通过实际问题的处理为读者提供一种网络优化的思路与操作指导。

3.1.3 实训任务

进行信号质量优化的主要流程如图 3-2 所示。

(1)初始测试

①工程参数优化

②功率优化

③其他无线参数优化

(2)复测

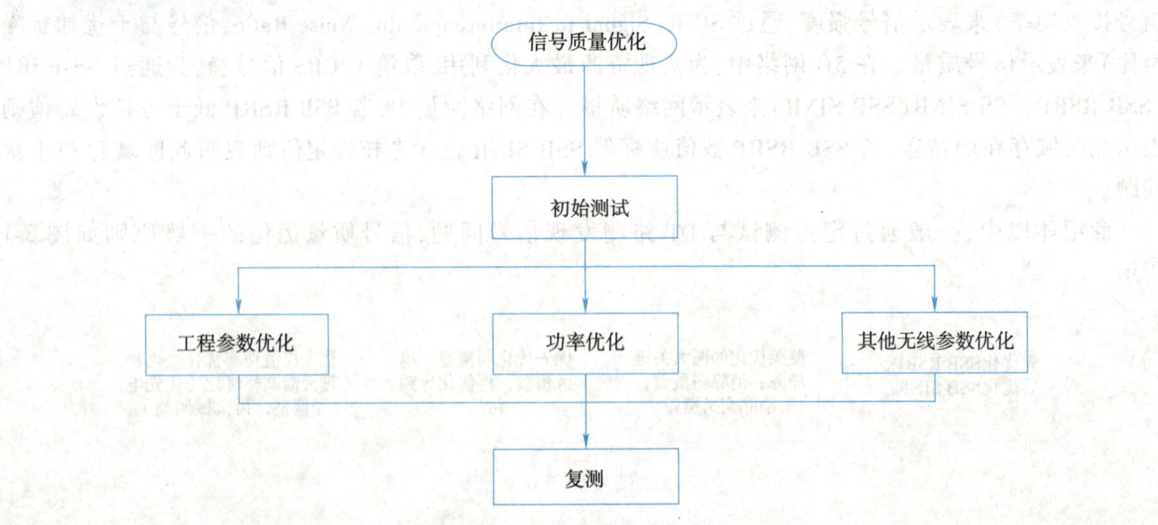

图 3-2 信号质量优化流程

3.1.4　建议时长

4 课时。

3.1.5　实训规划

实训前需保证物理信道参数配置、站点选址相关工程参数、基础优化终端配置已完成，且小区可正常进行注册与会话（联网）验证。本项目以建安市 B 站点为例，需优化 J6 点信号，相关参数规划见表 3-1。

表 3-1　信号质量优化基础规划参数

位　置	参　数	取　值
站点选址	塔高(m)	10
	扇区 1 方位角	0
	扇区 1 下倾角	3
	扇区 2 方位角	120
	扇区 2 下倾角	3
	扇区 3 方位角	240
	扇区 3 下倾角	3
无线小区参数	小区 1 中心频点	630 000
	小区 1 小区 RE 参考功率	130
	小区 2 中心频点	630 000
	小区 2 小区 RE 参考功率	130
	小区 3 中心频点	630 000
	小区 2 小区 RE 参考功率	130
小区 1 波束 0	方位角	-30
	下倾角	10
	水平波宽	60
	垂直波宽	60
小区 1 波束 1	方位角	30
	下倾角	10
	水平波宽	60
	垂直波宽	60
小区 2 波束 0	方位角	-30
	下倾角	10

续表

位　置	参　数	取　值
小区2波束0	水平波宽	60
	垂直波宽	60
小区2波束1	方位角	30
	下倾角	10
	水平波宽	60
	垂直波宽	60
小区3波束0	方位角	-30
	下倾角	10
	水平波宽	60
	垂直波宽	60
小区3波束1	方位角	30
	下倾角	10
	水平波宽	60
	垂直波宽	60
小区1NR重选	小区选择所需的最小RSRP接收水平	-134
小区2NR重选	小区选择所需的最小RSRP接收水平	-130
小区3NR重选	小区选择所需的最小RSRP接收水平	-135

3.1.6　实训步骤

登录IUV-5G全网部署与优化的客户端，打开网络调试-网络模块，选择基础优化模块中建安市，选择实验模式后，具体步骤如下：

(1)将左上角智能手机拖放至J6点位，进行信号初始测试；

(2)(若需要)选择网络规划-站点选址模块，修改J6对应小区的工程参数，如下倾角、方位角、塔高。也可在网络配置-数据配置模块的建安市B站点机房中的小区业务配置中调整波束配置的方位角、下倾角、水平波宽和垂直波宽中相关参数；

(3)(若需要)选择网络配置-数据配置模块，下拉选择建安市B站点无线机房，选择J6点对应的DU小区配置，增大小区RE参考功率(0.1 dbm)；

(4)(若需要)选择网络配置-数据配置模块，下拉选择建安市B站点无线机房，选择J6点对应的DU小区配置，修改PCI或中心频点，需注意频点修改时PointA频点、带宽需满足相应规则。也可修改其他邻区的PCI或频点。

(5)修改完优化参数后，将左上角智能手机拖放至J6点位，进行信号复测，达到标准后即完成信号优化，此处要求RSRP≥-95 dbm，SINR≥20 db。

信号初始测试时，将终端拖到 J6 附近，终端可自动吸附至 J6 点位之上。右侧 NR 测量结果将自动显示实时测量信息，软件中相关界面如图 3-3 所示。

图 3-3　信号初测

站点选址工程参数调整时，可将占用波束调整为中心位置正对测试点位（一般情况下优先调整波束），预置数据中已调整为最佳角度，无需调整。软件中界面如图 3-4 所示。

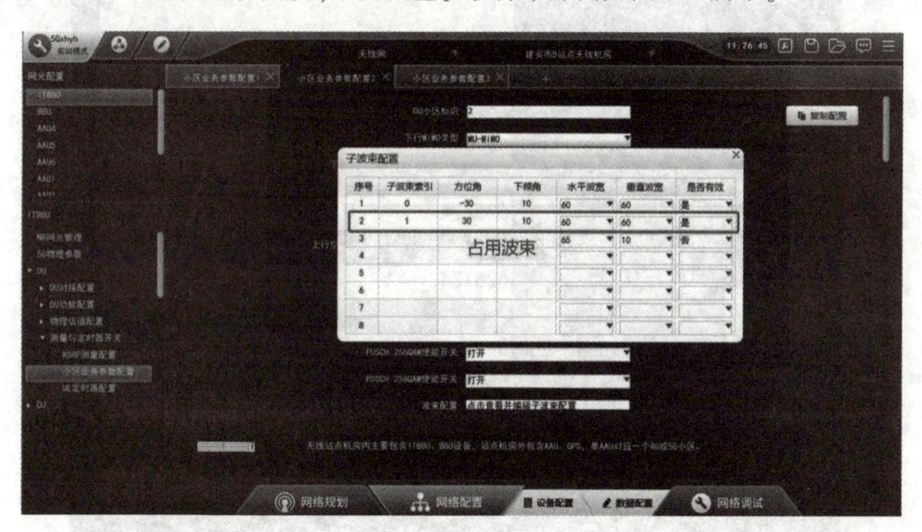

图 3-4　波束配置

功率优化时，在同频情况下不可盲目增大，需注意由于功率过大造成越区覆盖引发同频干扰。软件中相关界面如图 3-5 所示。

PCI 优化与频点优化一般用于同频干扰严重情况下，本项目主要问题为功率不足引发的弱覆盖，无需进行相关参数修改，软件中参数位置位于 DU 小区配置内，相关界面如图 3-6 所示。

优化完成后，需进行信号复测，要求测试位置与测试前保持一致，软件中界面如图 3-7 所示。

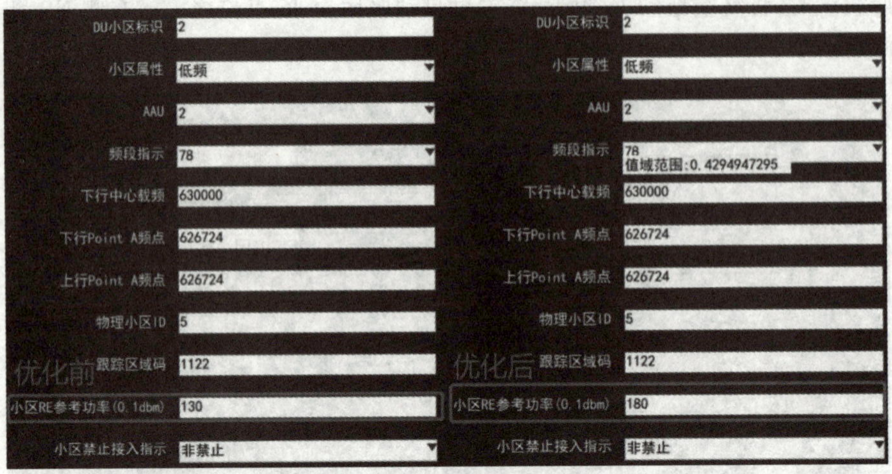

DU小区标识 2
小区属性 低频
AAU 2
频段指示 78
下行中心载频 630000
下行Point A频点 626724
上行Point A频点 626724
物理小区ID 5
跟踪区域码 1122
优化前
小区RE参考功率(0.1dbm) 130
小区禁止接入指示 非禁止
DU小区标识 2
小区属性 低频
AAU 2
频段指示 78
值域范围:0.4294947295
下行中心载频 630000
下行Point A频点 626724
上行Point A频点 626724
物理小区ID 5
跟踪区域码 1122
优化后
小区RE参考功率(0.1dbm) 180
小区禁止接入指示 非禁止

图 3-5　小区 RE 功率优化

DU小区标识 2
小区属性 低频
AAU 2
频段指示 78
中心频点
下行中心载频 630000
下行Point A频点 626724
上行Point A频点 626724
PCI
物理小区ID 5
跟踪区域码 1122
小区RE参考功率(0.1dbm) 160
小区禁止接入指示 非禁止

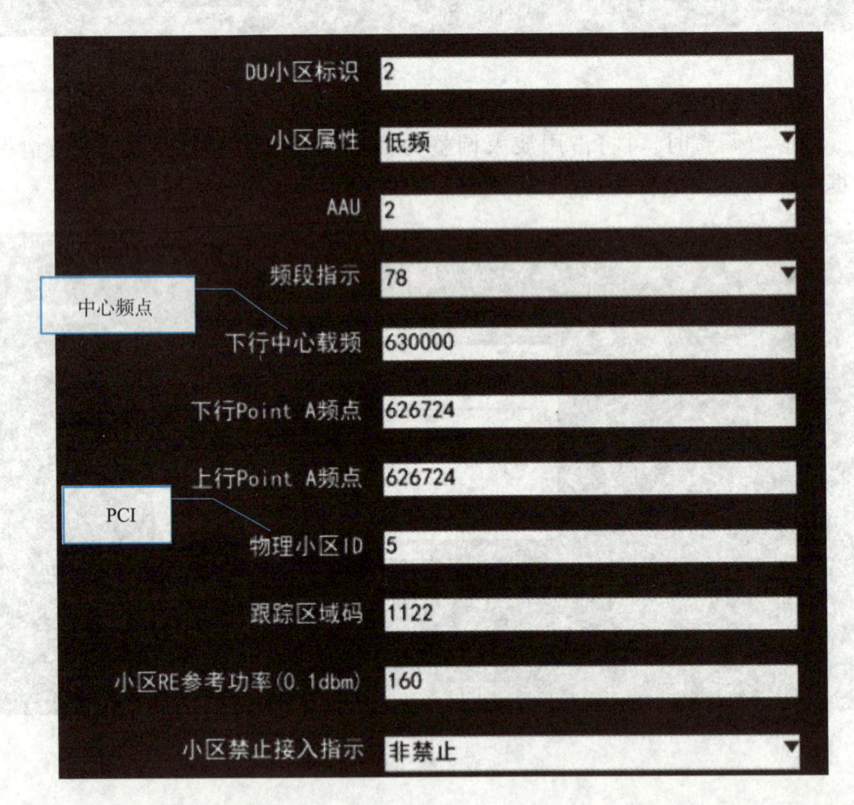

图 3-6　PCI 与频点参数位置

图 3-7　复测结果

由上图可知，RSRP 为 -94.81 dbm，SINR 为 22.75 db，均已达到预期目标，则此优化问题闭环。

3.2 上行速率优化

3.2.1　理论概述

由 2.3 小节中 UE 最大速率计算公式可知，影响 5G NR 的速率的主要因素涵盖调度资源、收发模式、调制方式、载波数等，每个因素均对应多个无线参数。

在 NR TDD 模式中，由于上下行共用调度资源，在进行调度资源优化分配时需注意上下行速率间的平衡关系。上行速率优化的主要方法如下：

(1)上行调度资源优化时，与网络制式有关，当网络为 NR TDD 模式时，可增大帧配置中上行符号占比、UE 激活的上行 BWP RB 个数，也可减小其他控制信道与信号占用资源，此外也可调整上行资源调度方式。当网络为 NR FDD 模式时，主要通过增大 UE 激活的上行 BWP 带宽、减小上行控制信道与上行信号占用资源进行优化。

(2)收发模式优化时，需考虑天线收发模式、终端收发模式与 MIMO 类型与 MIMO 层数等参数，在现网中一般受终端收发模式限制，当前的商用终端多为 2T4R 收发模式，上行为 2 发，仿真时无限制。

(3)调制方式优化时，若追求峰值速率，可将上行 64QAM 打开，需注意信号质量必须满足 64QAM 的要求，否则将采用相应信号质量对应的低阶调制方式。

(4)载波数即为终端进行上行业务时占用的载波数量，不采用上行载波聚合时，载波数为 1，采用上行载波聚合时，为终端实际激活的上行载波数量。与调制优化类似，激活辅载波对本小区与辅载波所在小区的信号质量均存在一定要求。

上述优化方法中，信号质量均对上行速率优化存在较大影响，在进行速率优化时应首先核查信号质量，若存在信号质量问题应优先进行优化。

3.2.2 实训目的

通过软件中无线参数配置部分,合理调整网络参数,优化上行速率指标参数。通过实际问题的处理为读者提供一种网络优化的思路与操作指导。

3.2.3 实训任务

上行速率优化需要的配置有:以太网带宽优化、上行BWP优化、PUCCH信道参数优化、PUSCH信道参数优化、PDCCH信道参数优化、上行流数优化、上行时隙优化。其中5G基础优化影响上行速率最大的几个参数主要有系统带宽、上行接口速率、帧周期的结构、波束配置等。上行速率优化流程如图3-8所示。

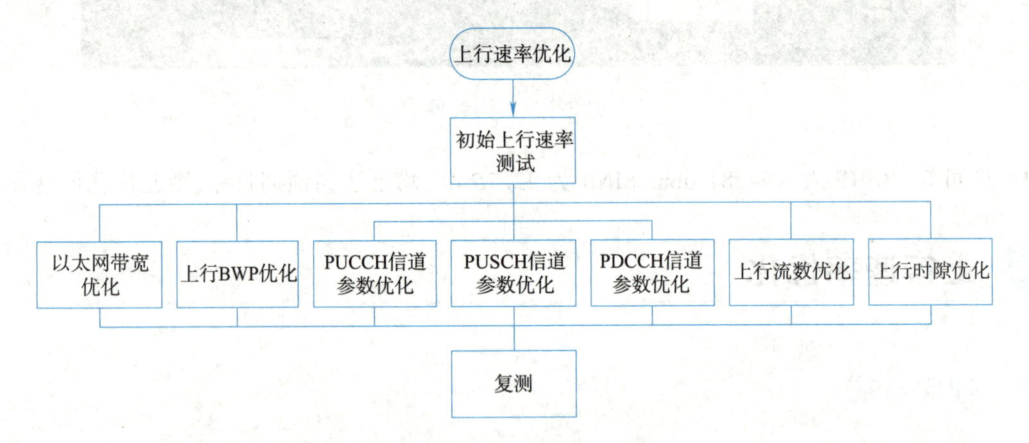

图3-8 上行速率优化流程

3.2.4 建议时长

4课时。

3.2.5 实训规划

上行速率优化的前提需保证小区注册与会话拨测正常,且信号质量正常,若存在弱覆盖或干扰问题可参考3.1小节信号质量优化内容优先完成信号优化。本项目以兴城市B站点为例,需完成X4点上行速率优化,X4点规划占用小区为3小区1号波束。相关小区与波束参数见表3-2。

表3-2 兴城市B站点3小区相关参数规划

参数类型	参数名称	取值
站点选址	塔高	10
	扇区3方位角	240
	扇区3下倾角	3

续表

参数类型	参数名称	取　　值
小区 3 参数	下行中心载频	630 000
	物理小区 ID	3
1 号波束配置	方位角	30
	下倾角	0
	水平波宽	65
	垂直波宽	65

3.2.6　实训步骤

上行速率优化时,需保证优化前后测试点均在相同点位(本项目为兴城市 X4),主要优化内容如下:

(1)以太网带宽优化;

(2)上行部分带宽优化;

(3)PUCCH 信道参数优化;

(4)PUSCH 信道参数优化;

(5)PDCCH 信道参数优化;

(6)上行流数优化;

(7)上行时隙优化。

以太网带宽优化时,主要调整以太网接口—接收带宽,数值增大,上行速率增大,如图 3-9 和图 3-10 所示。

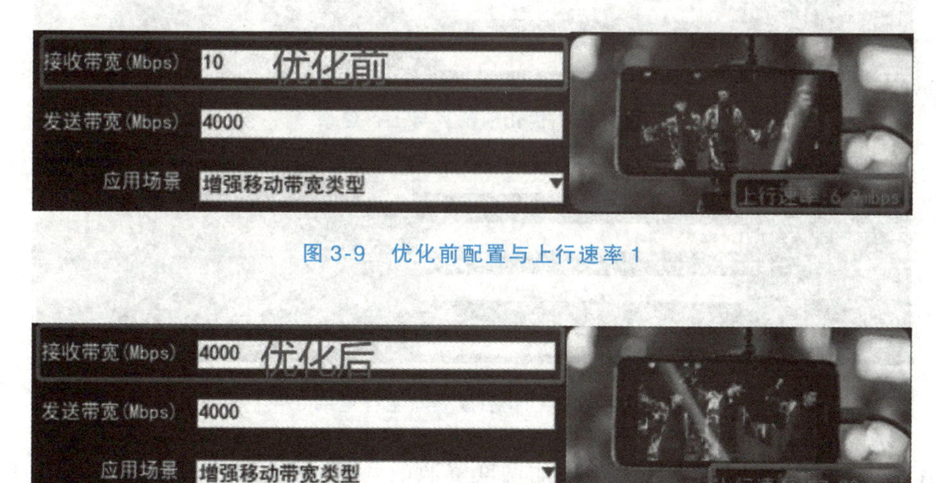

图 3-9　优化前配置与上行速率 1

图 3-10　优化后配置与上行速率 1

上行部分带宽优化可将上行 BWP RB 个数增大,但不可超过最大系统带宽,优化效果如下

图 3-11 和图 3-12 所示,需注意此优化步骤应在以太网优化完成的基础上进行。

图 3-11　优化前配置与上行速率 2

图 3-12　优化后配置与上行速率 2

PUCCH 信道参数优化主要通过减小上行控制信息占用资源。调度信息资源减少后,可能引发调度问题,影响后续丢包指标等 KPI。PUCCH 信道优化主要通过减小 SR PUCCH RB 个数或 SR PUCCH 符号数实现,内容如图 3-13 和图 3-14 所示。

图 3-13　优化前配置与上行速率 3

图 3-14　优化后配置与上行速率 3

PUSCH 信道参数优化的主要目的为增加调度资源的数目,采用最优调度策略。UL DMRS 最大符号数相同条件下,PUSCH DMRS 类型为 type2 时支持的最大流数更大。当 PUSCH DMRS 映射类型为 typeA 时,单次调度资源更大。同时 RB 分配采用频选策略时速率更优。软件中优化内容如图 3-15 和图 3-16 所示。

参数	值
DU小区标识	3
UE专用的PUSCH DMRS类型	type1
UL DMRS最大符号数	len1
UE专用的PUSCH DMRS映射类型	typeB
上行RB分配策略	broadband
上行PMI频选最大RB数门限	10
mini-slot调度时隙数	2

优化前

图 3-15　优化前配置与上行速率 4

参数	值
DU小区标识	3
UE专用的PUSCH DMRS类型	type2
UL DMRS最大符号数	len2
UE专用的PUSCH DMRS映射类型	typeA
上行RB分配策略	frequency-selection
上行PMI频选最大RB数门限	64
mini-slot调度时隙数	2

优化后

图 3-16　优化后配置与上行速率 4

PDCCH 信道参数优化与 PUCCH 信道参数优化类似,均为减小调度控制信息占用资源,包含 CORESET 时频资源。同时 REG 束交织越分散,信号质量越好,速率越快。优化时同样需要注意不可设置太小,以免影响丢包等其他 KPI。优化内容如图 3-17 和图 3-18 所示。

优化前

参数	值
DU小区标识	3
PDCCH空分每个regbundle最大流数	4
Corset频域资源	111111111111111
Corset时域符号个数	3
CCE-to-REG的映射方式	interleaved 交织
Reg Bundling大小	n2
交织矩阵的行数	n2
公共PDCC和的CCE聚合度	4
初始Corset对应的CCE聚合度	4

图 3-17　优化前配置与上行速率 5

优化后

参数	值
DU小区标识	3
PDCCH空分每个regbundle最大流数	4
Corset频域资源	11
Corset时域符号个数	1
CCE-to-REG的映射方式	interleaved 交织
Reg Bundling大小	n6
交织矩阵的行数	n6
公共PDCC和的CCE聚合度	16
初始Corset对应的CCE聚合度	4

图 3-18　优化后配置与上行速率 5

上行流数优化内容较多，除基础天线收发模式、终端收发模式外，还需考虑 MIMO 层数、PUSCH 调度方式（已在 PUSCH 信道优化中体现）、PDCCHREG 捆绑流数（已在 PDCCH 信道优化中体现）等，本项目主要考查 MIMO 层数优化，选择 SU-MIMO 或 MU-MIMO 时，单用户最大流数或最大支持层数是影响实际终端流数优化的关键，软件中优化内容如图 3-19 和图 3-20 所示。

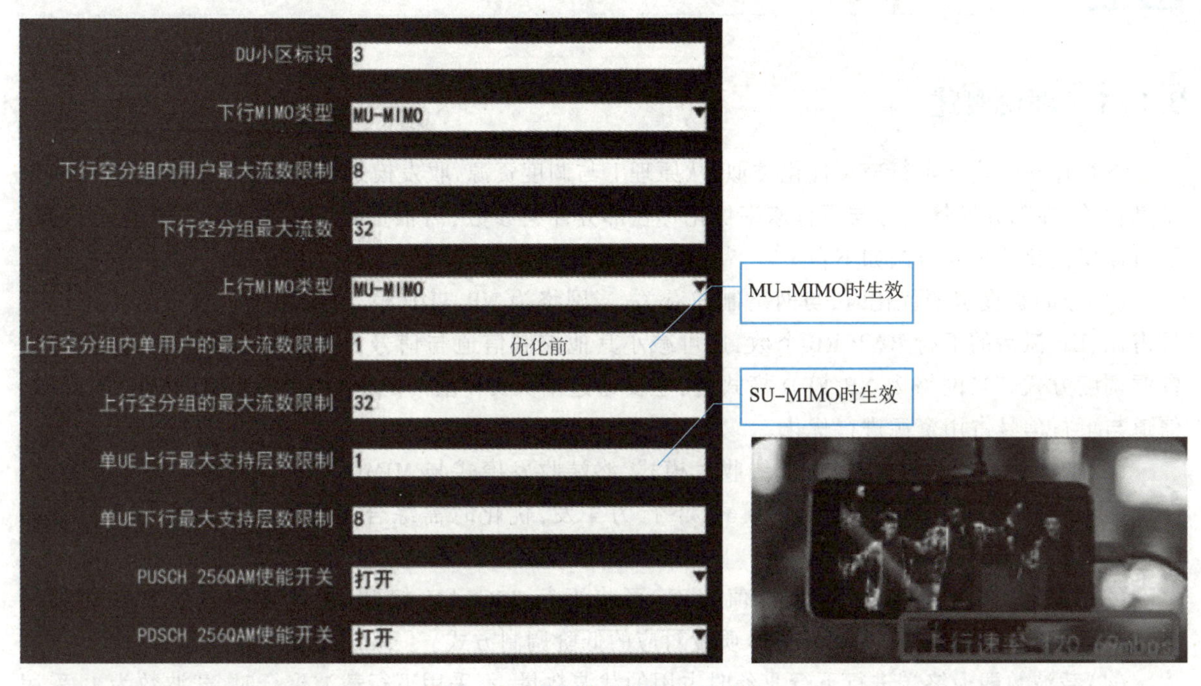

图 3-19　优化前配置与上行速率 6

DU小区标识	3
下行MIMO类型	MU-MIMO
下行空分组内用户最大流数限制	8
下行空分组最大流数	32
上行MIMO类型	MU-MIMO
上行空分组内单用户的最大流数限制	2
上行空分组的最大流数限制	32
单UE上行最大支持层数限制	2
单UE下行最大支持层数限制	8
PUSCH 256QAM使能开关	打开
PDSCH 256QAM使能开关	打开

优化后

图 3-20　优化后配置与上行速率 6

除上述优化内容外，还可增加周期内上行时隙占比或特殊时隙内上行符号占比优化速率，优化时需注意上下行配置的合理性，不可盲目增大，本项目不做相关演示。

3.3 下行速率优化

3.3.1 理论概述

下行速率优化与上行速率优化类似，从原理上与调度资源、收发模式、调制方式、载波数等各模块息息相关，在部分场景上行与下行速率优化存在部分冲突参数，需根据实际需求平衡相关优化参数。下行速率优化的主要方法如下：

（1）下行调度资源优化时，与网络制式有关，当网络为 NR TDD 模式时，可增大帧配置中下行符号占比、UE 激活的下行 BWP RB 个数，也可减小其他控制信道与信号占用资源，此外也可调整下行资源调度方式。当网络为 NR FDD 模式时，主要通过增大 UE 激活的下行 BWP 带宽、减小下行控制信道与下行信号占用资源进行优化。

（2）收发模式优化时，需考虑天线收发模式、终端收发模式与 MIMO 类型与 MIMO 层数等参数，在现网中商用终端多为 2T4R 收发模式，下行为 4 发，优化时需综合考虑 MIMO 层数与下行终端流数。

（3）调制方式优化时，若追求峰值速率，可将下行 256QAM 打开，需注意信号质量必须满足 256QAM 的要求，否则将采用相应信号质量对应的低阶调制方式。

（4）载波数即为终端进行下行业务时占用的载波数量，不采用下行载波聚合时，载波数为 1，采用下行载波聚合时，为终端实际激活的下行载波数量。与调制优化类似，激活辅载波对本小区与辅载波所在小区的信号质量均存在一定要求。

上述优化方法中，信号质量均对下行速率优化存在较大影响，在进行速率优化时应首先核查信号质量，若存在信号质量问题应优先进行优化。

3.3.2 实训目的

通过软件中无线参数配置部分，合理调整网络参数，优化下行速率指标参数。通过实际问题的处理为读者提供一种网络优化的思路与操作指导。

3.3.3 实训任务

影响下行速率优化的参数配置有：以太网带宽优化、下行 BWP 优化、PUCCH 信道参数优化、PUSCH 信道参数优化、PDCCH 信道参数优化、下行流数优化、下行时隙优化。完成下行相关参数配置后，即可进行复测以便完成下行速率优化的需求。下行速率优化流程如图 3-21 所示。

3.3.4 建议时长

4 课时。

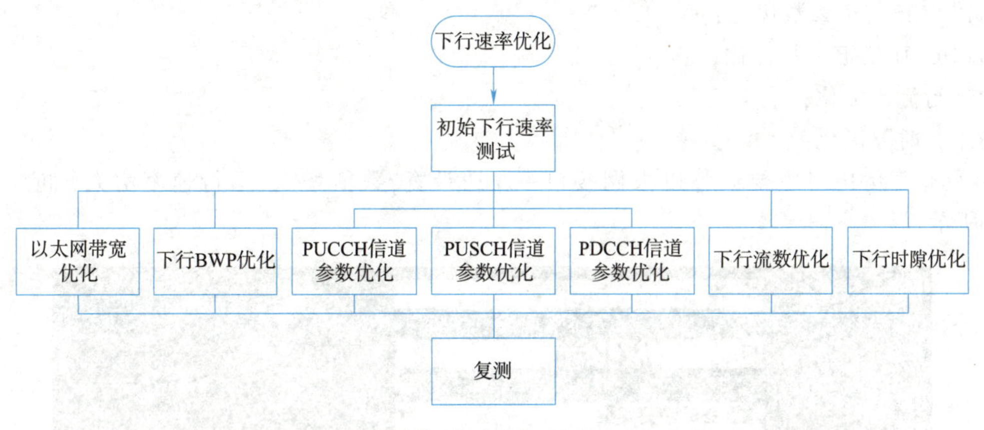

图 3-21　下行速率优化流程

3.3.5　实训规划

下行速率优化的前提需保证小区注册与会话拨测正常，且信号质量正常，若存在弱覆盖或干扰问题可参考 3.1 小节信号质量优化内容优先完成信号优化。本项目以兴城市 B 站点为例，需完成 X5 点下行速率优化，X5 点规划占用小区为 1 小区 2 号波束。相关小区与波束参数见表 3-3。

表 3-3　兴城市 B 站点 1 小区相关参数规划

参数类型	参数名称	取　值
站点选址	塔高	10
	扇区 3 方位角	0
	扇区 3 下倾角	3
小区 1 参数	下行中心载频	630 000
	物理小区 ID	1
2 号波束配置	方位角	60
	下倾角	-10
	水平波宽	65
	垂直波宽	65

3.2.6　实训步骤

下行速率优化时，需保证优化前后测试点均在相同点位（本项目为兴城市 X5），主要优化内容如下：

（1）以太网带宽优化；

（2）下行部分带宽优化；

（3）PUCCH 信道参数优化；

(4)PUSCH 信道参数优化;

(5)PDCCH 信道参数优化;

(6)下行流数优化;

(7)下行时隙优化。

以太网带宽优化时主要调整以太网接口—发送带宽,数值增大,下行速率增大,如图 3-22 和图 3-23 所示。

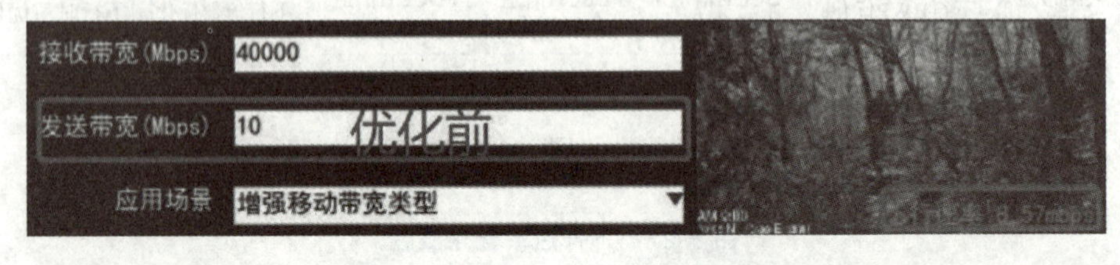

图 3-22　优化前配置与下行速率 1

图 3-23　优化后配置与下行速率 1

下行部分带宽优化可将下行 BWP RB 个数增大,但不可超过最大系统带宽,优化效果如图 3-24 和图 3-25 所示,需注意此优化步骤应在以太网优化完成的基础上进行。

图 3-24　优化前配置与下行速率 2

图 3-25　优化后配置与下行速率 2

PUSCH 信道参数优化的主要目的为增加调度资源的数目,采用最优调度策略。DL DMRS 最大符号数相同条件下，PDSCH DMRS 类型为 type2 时支持的最大流数更大。当 PDSCH DMRS 映射类型为 typeA 时，单次调度资源更大。软件中优化内容如图 3-26 和图 3-27 所示。

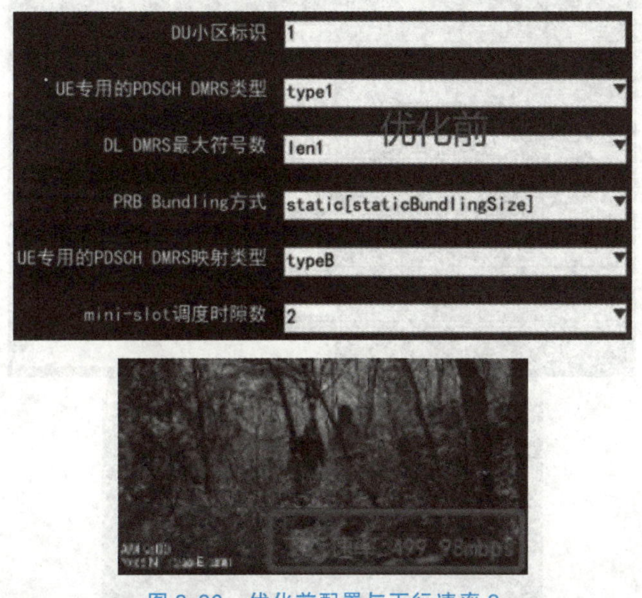

图 3-26　优化前配置与下行速率 3

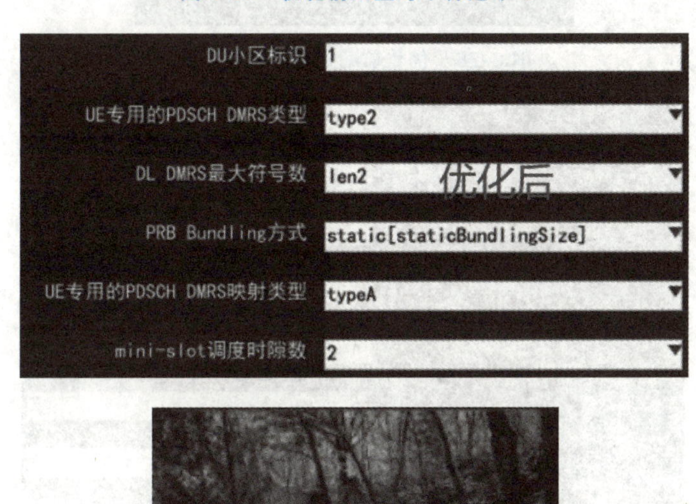

图 3-27　优化后配置与下行速率 3

PDCCH 信道参数优化与 PUCCH 信道参数优化类似，均为减小调度控制信息占用资源，包含 CORESET 时频资源。同时 REG 束交织越分散，信号质量越好，速率越快。优化时同样需要注意不可设置太小，以免影响丢包等其他 KPI。优化内容如图 3-28 和图 3-29 所示。

优化前

参数	值
DU小区标识	1
PDCCH空分每个regbundle最大流数	4
Corset频域资源	111111111111
Corset时域符号个数	3
CCE-to-REG的映射方式	interleaved 交织
Reg Bundling大小	n2
交织矩阵的行数	n2
公共PDCC和的CCE聚合度	4
初始Corset对应的CCE聚合度	4

图 3-28　优化前配置与下行速率 4

优化后

参数	值
DU小区标识	1
PDCCH空分每个regbundle最大流数	4
Corset频域资源	1
Corset时域符号个数	2
CCE-to-REG的映射方式	interleaved 交织
Reg Bundling大小	n6
交织矩阵的行数	n2
公共PDCC和的CCE聚合度	16
初始Corset对应的CCE聚合度	4

图 3-29　优化后配置与下行速率 4

下行流数优化内容较多，除基础天线收发模式、终端收发模式外，还需考虑 MIMO 层数、PDSCH 调度方式（已在 PDSCH 信道优化中体现）、PDCCHREG 捆绑流数（已在 PDCCH 信道优化中体现）等，本项目主要考查 MIMO 层数优化，选择 SU-MIMO 或 MU-MIMO 时，单用户最大流数或最大支持层数是影响实际终端流数优化的关键。同时下行可打开 256QAM 开关，当信号达到一定要求后即可使用 256QAM 调制方式。软件中优化内容如图 3-30、图 3-31 所示。

优化前

参数	值
DU小区标识	1
下行MIMO类型	MU-MIMO
下行空分组内用户最大流数限制	2
下行空分组最大流数	8
上行MIMO类型	MU-MIMO
上行空分组内单用户的最大流数限制	2
上行空分组的最大流数限制	4
单UE上行最大支持层数限制	2
单UE下行最大支持层数限制	2
PUSCH 256QAM使能开关	关闭
PDSCH 256QAM使能开关	打开

MU-MIMO时生效

SU-MIMO时生效

图 3-30　优化前配置与下行速率 5

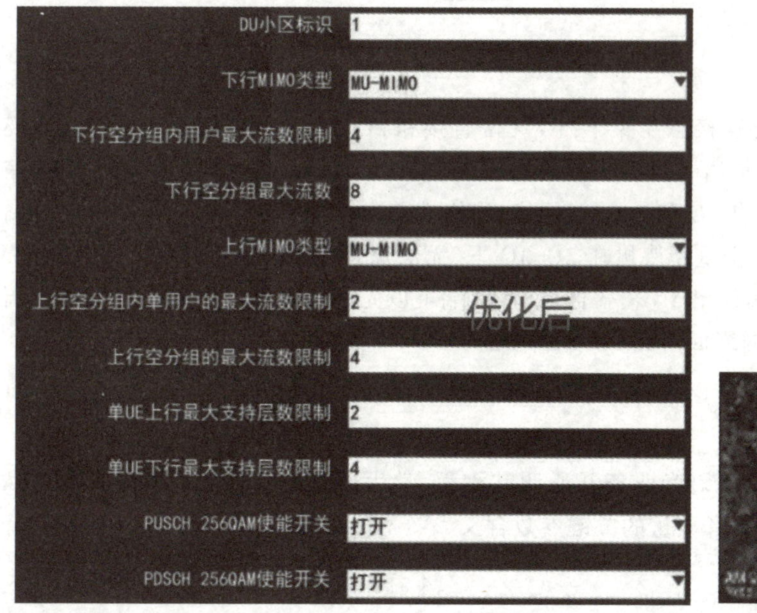
优化后

参数	值
DU小区标识	1
下行MIMO类型	MU-MIMO
下行空分组内用户最大流数限制	4
下行空分组最大流数	8
上行MIMO类型	MU-MIMO
上行空分组内单用户的最大流数限制	2
上行空分组的最大流数限制	4
单UE上行最大支持层数限制	2
单UE下行最大支持层数限制	4
PUSCH 256QAM使能开关	打开
PDSCH 256QAM使能开关	打开

图 3-31　优化后配置与下行速率 5

下行时隙优化同样在小区业务参数配置模块下进行,可增大下行时隙占比或增大特殊时隙中下行符号数,同样需注意上下行时隙平衡的合理性。

3.4 语音业务开通优化

3.4.1 理论概述

5G网络中语音业务延续了4G中的VoLTE IP语音解决方案,制定了5G时代的全IP语音VoNR,且相关标准仍在不断完善之中。VoNR是由5G NR提供语音业务,5G核心网5GC引入IMS,借助4G VoLTE/IMS组网经验,开通VoNR难度不大,但需在TTI bundling、编码速率、SPS、半静态调度等参数上有所调整。在VoNR下,终端驻留5G网络,语音和数据均承载在5G网络,在5G边缘区域信号较差时,可通过基于覆盖、质量的切换方式来实现与4G网络的互操作,由LTE网络提供语音业务,如图3-32所示。

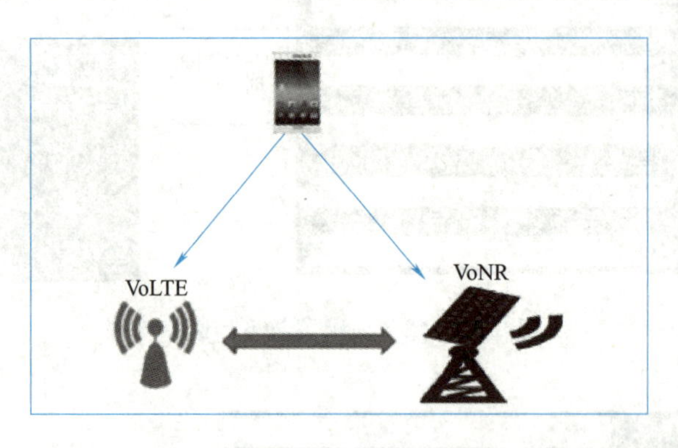

图3-32 语音业务

当前商用网络中,5G仅和4G有连接态互操作,5G无法直接和2G、3G进行连接态互操作。当终端移出5G覆盖区域时,无论数据还是语音业务只能切换或回落到4G网络,VoNR与VoLTE架构差异如图3-33所示。如果某个区域只有5G和2G、3G网络,当终端移出5G覆盖区域时,终端将会掉话或脱网,然后可以通过网络重选等流程重新待机在2G、3G下,无法保持5G下语音和数据的连续性。如果有5G、4G、3G、2G网络。当终端移出5G覆盖区域时,终端可以先回落到4G网络,当终端继续离开4G网络时,终端可以继续从4G网络回落到2G、3G网络。

3.4.2 实训目的

本项目涵盖了Option2组网选项下语音业务开通调试流程,学生通过此项目实训可掌握5G SA组网下语音业务原理,了解影响5G语音质量的关键参数含义。

3.4.3 实训任务

基于5GC的语音业务开通与基于EPC的语音业务开通大体类似,均需保证此小区可正常进行上

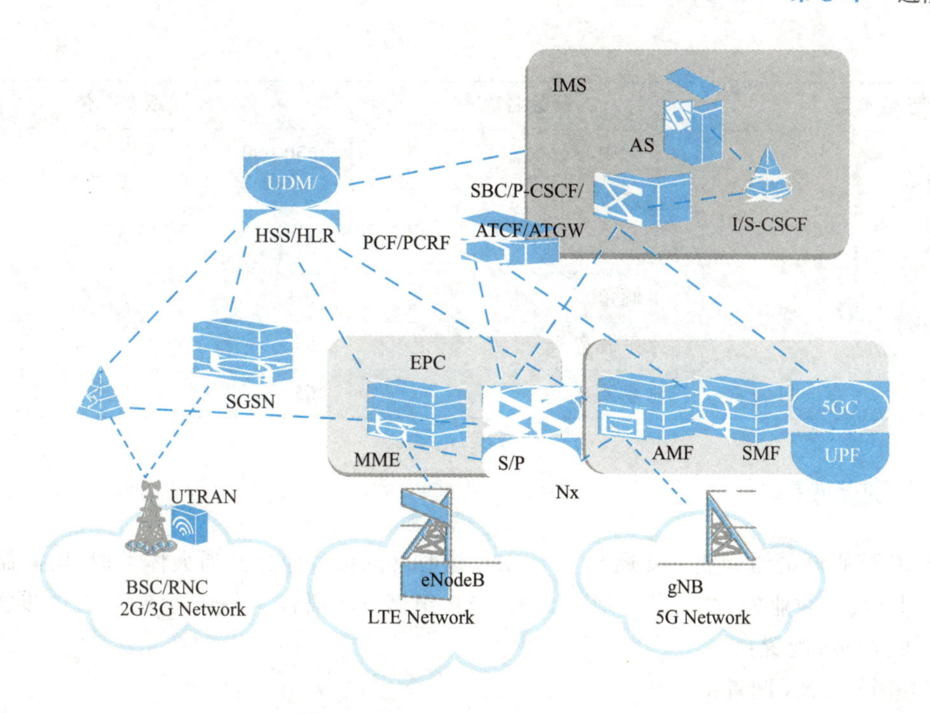

图 3-33　VoNR 与 VoLTE 架构

传、下载业务，本项目仅阐述5GC + NR 组网下的语音业务开通流程如图 3-34 所示，具体步骤如下：

(1)无线侧 QoS 配置；

(2)核心网侧 DNN 配置；

(3)CU 语音开关。

语音业务开通优化
无线侧QoS配置
核心网侧DNN配置
CU语音开关

图 3-34　5G 语音业务开通流程

3.4.4　建议时长

4 课时。

3.4.5　实训规划

本项目以兴城市 B 站点下 X6 点语音业务开通为例，组网选项为 Option2，占用 3 小区 0 号波束，相关小区参数见表 3-4。

表 3-4　兴城市 B 站点 3 小区相关参数规划

参数类型	参数名称	取　值
站点选址	塔高	10
	扇区 3 方位角	240
	扇区 3 下倾角	3

续表

参数类型	参数名称	取　　值
小区3参数	下行中心载频	630 000
	物理小区ID	3
0号波束配置	方位角	0
	下倾角	0
	水平波宽	65
	垂直波宽	65

3.4.6 实训步骤

基于5GC核心网的语音业务开通与基于EPC核心网的语音业务开通大体类似,均需保证此小区可正常进行上传、下载业务,本项目仅阐述5GC+NR组网下的语音业务开通流程,具体步骤如下:

(1)无线侧QoS配置;

(2)核心网侧DNN配置;

(3)CU语音开关。

无线侧QoS配置主要内容为添加5QI标识为1和5的QoS配置,分别对应着VoIP与IMS信令,需注意不同QoS对应的具体参数不同,软件中配置界面如图3-35所示。

图3-35　DU侧QoS业务配置

核心网侧DNN配置即为UDM处DNN管理添加无线侧新增的5QI,多个5QI之间用分号隔开,软件中配置如图3-36所示。

DNN ID 1
DNN test
5QI 1;5;9;83
ARP优先级 1
Session-AMBR-UL(Kbit/s) 99999999
Session-AMBR-DL(Kbit/s) 99999999

图3-36　核心网侧DNN配置

CU 语音开关为 CU 侧语音管理开关，配置时需注意选择 DU 小区归属的正确 CU 小区，软件中配置如图 3-37 所示。

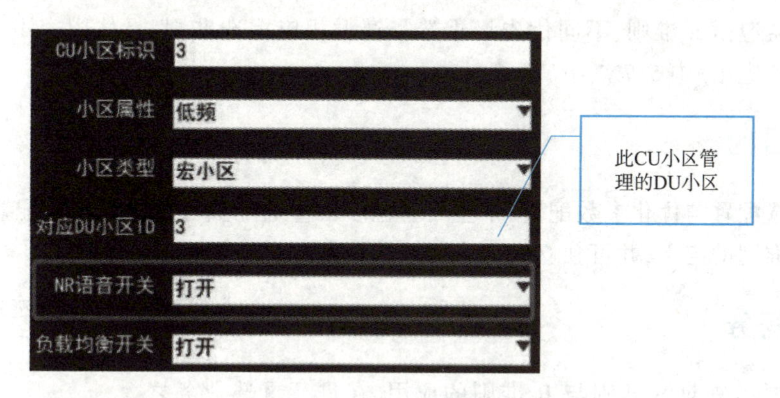

图 3-37　CU 语音开关

完成上述流程配置步骤后，即可在网络优化－基础优化模块进行语音业务测试，测试过程中可实时查看 MOS 值大小，若 MOS 值过低，可通过优化信号质量、上下行速率提升语音质量，详细内容与 3.1、3.2、3.3 小节内容相同，此处不再说明。软件中测试结果如图 3-38 所示。

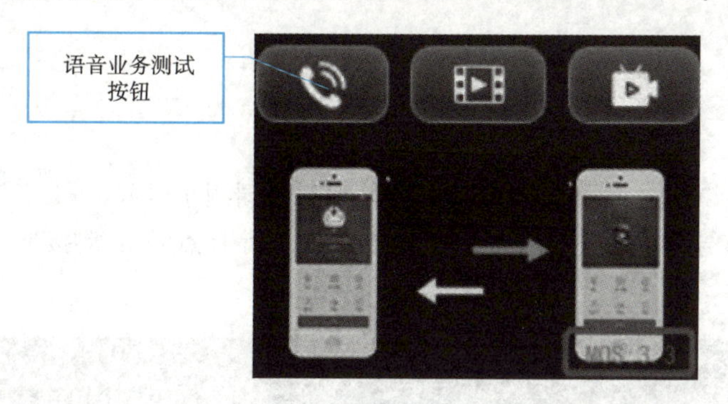

图 3-38　语音测试

3.5　小区重选配置与优化

3.5.1　理论概述

UE 处于 RRC-IDEL 态或 RRC-INACTIVE 态时，均可进行小区重选。小区重选根据目标小区与服务小区的频点差异可分为同频重选和异频重选，异频重选又可根据目标频点优先级与服务小区频点优先级差异分为异频低优先级重选、异频同优先级重选与异频高优先重选。NR 中将频点优先级进行了细分：

实际的频点优先级＝频点重选优先级＋频点重选子优先级

除向高优先级频点重选外，所有重选都需要经历重选启动测量、重选判决，高优先级重选会一直测量，无需启动测量过程。不同类型的小区重选流程均需满足 UE 驻留在服务小区超过 1 秒。

小区重选依据服务小区与目标小区的优先级的差异可分为多种类型，分别为同频小区重选、异频同优先级小区重选、异频高优先级小区重选、异频低优先级小区重选，不同类型的准则各不相同，同频与异频同优先级需遵循 R 准则，不同优先级重选需遵循相应重选准则，具体内容可参考《新一代 5G 网络——从原理到应用》中 5.7.1 小节。

3.5.2　实训目的

通过小区重选配置与优化参数配置，学生可掌握小区重选配置与优化原理与配置规范，了解重选的流程以及重选准则的定义，并可独立完成小区重选业务配置与优化。

3.5.3　实训任务

小区重选主要考查对 S 准则与 R 准则的应用，在进行重选业务之前，要求重选路径上所有点可正常接收基站信号，需要用到的配置有：波束规划与配置、NR 重选参数配置、重选测试。如图 3-39 所示。

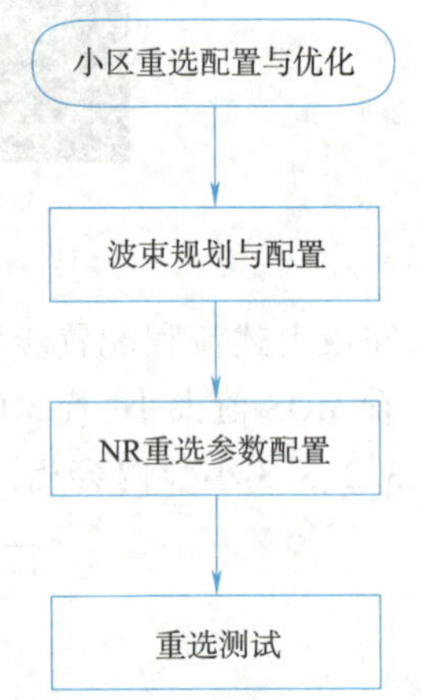

图 3-39　小区重选配置流程

3.5.4　建议时长

4 课时。

3.5.5　实训规划

本项目重选方向为 X6（小区 2）→X4（小区 1），类型为同频小区间重选，主要考查 S 准则与 R 准则应用。要求重选路径上所有点可正常接收基站信号。如图 3-40 所示。

图 3-40　小区重选规划路线

软件中相关参数规划见表 3-5。

表 3-5　重选参数说明

参数名称		参数说明	参数值
NR 重选配置	CU 小区标识	指示该 CU 小区的标识	1/2/3
	小区选择所需的最小 RSRP 接收水平(dBm)	小区在进行选择时所需要的 RSRP 最小接受水平	-130
	小区选择所需的最小 RSRP 接收电平偏移	小区在进行选择时所需要的 RSRP 最小接受电平的偏移	0
	UE 发射功率最大值	UE 所能发射功率的最大值	23
	同频测量 RSRP 判决门限	同频重选启动测量的门限,该值越大,重选测量启动越快	20
	服务小区重选迟滞	服务小区进行重选时的迟滞,该值越大,重选越不容易进行	-30
	频内小区重选判决定时器时长	同频小区进行重选判决时,依据此参数判断信号是否在该时间内好于本小区	1
	乒乓重选抑制(同位置最大重选 1 次)	防止小区进行乒乓重选	打开
	同/低优先级 RSRP 测量判决门限(dB)	异频小区重选至同、低优先级启动测量门限	0
	频点重选优先级	异频小区重选时频点重选的优先级	1
	频点重选子优先级	异频小区重选时频点重选的子优先级	0
	频点重选偏移	异频小区重选时频点重选的偏移量,可使相邻小区的信号质量被低估,延迟小区重选	0
	小区异频重选所需的最小 RSRP 接收水平(dBm)	小区异频重选所需的最小 RSRP 接收水平,小区满足选择或重选条件的最小接收功率级别值	-31
	重选到低优先级频点时服务小区的 RSRP 判决门限	重选到低优先级频点时服务小区的 RSRP 判决门限,该值越大,重选至低优先级小区越容易	1
	异频频点低优先级重选门限	异频频点低优先级重选门限,该值越大,重选至低优先级小区越困难	1
	异频频点高优先级重选门限	小区重选至高优先级的重选判决门限,该值越小,重选至高优先级小区越容易	1

重选规划小区工程参数配置如图 3-41 所示。

3.5.6　实训步骤

在进行重选配置之前请先依据信号质量优化 3.1 小节中的站点选址方位角与波束配置的方式完成针对重选的波束配置,如图 3-42、图 3-43 所示。

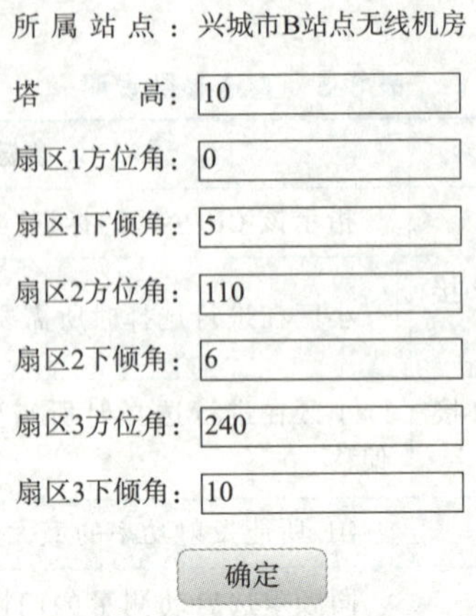

所 属 站 点 ： 兴城市B站点无线机房
塔 高： 10
扇区1方位角： 0
扇区1下倾角： 5
扇区2方位角： 110
扇区2下倾角： 6
扇区3方位角： 240
扇区3下倾角： 10
确定

图 3-41　重选规划小区工程参数配置

小区业务参数配置1
小区业务参数配置2
小区业务参数配置3
DU小区标识 1
复制配置
下行MIMO类型 MU-MIMO
子波束配置
序号 子波束索引 方位角 下倾角 水平波宽 垂直波宽 是否有效
1 0 50 0 65 65 是
2 1 60 0 65 65 否
3 65 65 否
4 65 65 否
5 65 65 否
6
7
8
上行空
PUSCH 256QAM使能开关 打开

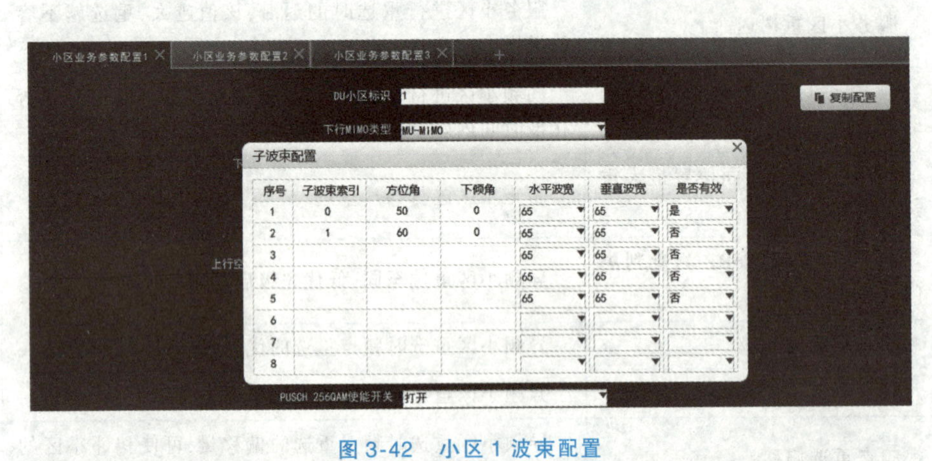

图 3-42　小区 1 波束配置

小区业务参数配置1
小区业务参数配置2
小区业务参数配置3
DU小区标识 2
复制配置
下行MIMO类型 MU-MIMO
子波束配置
序号 子波束索引 方位角 下倾角 水平波宽 垂直波宽 是否有效
1 1 20 0 65 65 否
2 2 40 0 65 65 否
3 3 10 0 65 65 是
4 4 0 0 65 65 是
5
6
7
8
上行空

图 3-43　小区 2 波束配置

NR 重选配置需配置小区 2 的重选参数，NR 重选配置参数说明及规划见表 3-5，NR 重选配置软件配置如图 3-44 所示。

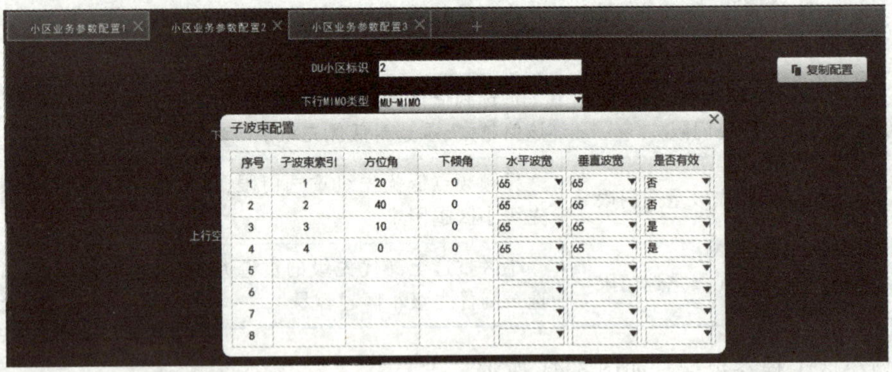

重选测量1	重选测量2
CU小区标识	2
小区选择所需的最小RSRP接收水平(dBm)	-130
小区选择所需的最小RSRP接收电平偏移	0
UE发射功率最大值	23
同频测量RSRP判决门限	20
服务小区重选迟滞	-30
频内小区重选判决定时器时长	1
乒乓重选抑制（同位置最大重选1次）	打开
同/低优先级RSRP测量判决门限(dB)	30
频点重选优先级	1
频点重选子优先级	0.8
频点重选偏移	
小区异频重选所需的最小RSRP接收水平(dBm)	-31
重选到低优先级频点时服务小区的RSRP判决门限	0
异频频点低优先级重选门限	1
异频频点高优先级重选门限	1

确定

图 3-44　小区 2 重选配置

配置完成后，在网络优化—移动性管理模块选择空载进行重选验证，如图 3-45 所示。

图 3-45　重选测试结果

重选成功率为 100% 即为重选成功，任意发生一次重选失败即表明重选配置错误，需对重选相关参数进行优化。

3.6 小区切换配置与优化

3.6.1 理论概述

小区切换(Channel Switch)是指在无线通信系统中,当移动台从一个小区(指基站或者基站的覆盖范围)移动到另一个小区时,为了保持移动用户不中断通信需要进行的信道切换。如何成功并快捷地完成小区切换,是无线通信系统中蜂窝小区系统设计的重要内容之一。

切换分为同频切换与异频切换,包括测量、判决、执行三个流程;

(1)测量:由 RRCConnectionReconfiguration 消息携带下发,测量 NR 的 SSB,EUTRAN 的 CSI-RS;

(2)判决:UE 上报 MR(该 MR 可以是周期性的也可以是事件性的),基站判断是否满足门限;

(3)执行:基站将 UE 切换到的目标小区下发给 UE。

网管侧可根据实际情况配置具体的切换测量事件类型,不同切换事件含义见表 3-6。

表 3-6　切换事件

事件类型	事件含义
A1	服务小区高于绝对门限
A2	服务小区低于绝对门限
A3	邻区—服务小区高于相对门限
A4	邻区高于绝对门限
A5	邻区高于绝对门限且服务小区低于绝对门限
A6	载波聚合中,辅载波与本区的 RSRP/RSRQ/SINR 差值比该值实际 dB 值大时,触发 RSRP/RSRQ/SINR 上报
B1	异系统邻区高于绝对门限
B2	本系统服务小区低于绝对门限且异系统邻区高于绝对门限

3.6.2 实训目的

通过小区切换配置与优化参数配置,学生可掌握小区切换配置与优化原理与配置规范,了解切换的流程以及切换准则的定义,并可独立完成小区切换业务配置与优化。

3.6.3 实训任务

5G 网络由于组网架构的多样性,切换类型也存在多种类型,其中 SA 组网下切换原理与 LTE 类似,NSA 组网下切换类型较多,主要分为 LTE 系统内和 NR 系统内切换。在小区切换配置与优化中,需要用到的配置有:覆盖切换配置、邻区配置、邻接关系配置。切换配置流程如图 3-46 所示。

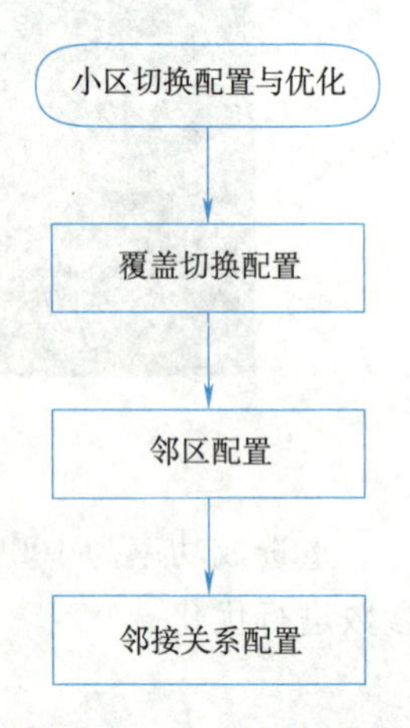

图 3-46　切换配置流程

3.6.4 建议时长

4 课时。

3.6.5 实训规划

切换方向 X6(小区 2)→X4(小区 1)如图 3-47 所示。

图 3-47 切换路径

软件中相关参数规划见表 3-7、表 3-8、表 3-9。

表 3-7 覆盖切换参数

参数名称		参数说明	参数值
覆盖切换	CU 小区标识	指示该 CU 小区的标识	1/2
	乒乓切换抑制(同位置最大重选 1 次)	防止小区进行乒乓切换	打开
	同频切换 A3 的偏移	用户在进行基于 A3 事件进行切换时小区的偏移量	-15/15
	同频切换 A3 的判决迟滞	用户在进行基于 A3 事件进行切换时小区的判决迟滞	0
	基于异频切换 A4、A5 的 A2 门限	用户在进行基于 A4、A5 事件的异频切换时的 A2 门限	-156
	基于异频切换 A4、A5 的 A1 门限	用户在进行基于 A4、A5 事件的异频切换时的 A1 门限	-31
	异频切换 A4 的邻区门限/A5 的门限 2	用户在进行基于 A4、A5 事件的异频切换时的邻区门限 2	-156

续表

参数名称		参数说明	参数值
覆盖切换	异频切换A5的门限1	用户在进行基于A5事件的异频切换时的门限1	-31
	基于异频切换A3的A2门限	用户在进行基于A3事件的异频切换时的A2门限	-156
	基于异频切换A3的A1门限	用户在进行基于A3事件的异频切换时的A1门限	-31
	异频切换A3的偏移	用户在进行基于A3事件的异频切换时的偏移量	15
	异频切换A3的判决迟滞	用户在进行基于A3事件的异频切换时的判决迟滞	0

表3-8　邻区配置参数

参数名称		参数说明	参数规划
邻区配置	邻接小区基站标识	邻接小区的基站标识	1
	邻接小区DU标识	邻接小区的DU标识	1
	邻接小区标识	邻接小区的小区标识	1/2
	邻接小区PLMN	邻接小区的PLMN	46 001
	邻接小区跟踪区码TAC	邻接小区的跟踪区码TAC	1 111
	邻接小区物理小区识别码PCI	邻接小区物理小区识别码PCI	7/8
	邻接小区频段指示	邻接小区频段指示	78
	邻接小区下行链路的中心载频	邻接小区下行链路的中心载频	630 000
	邻接小区的频域带宽	邻接小区的频域带宽	273
	异频邻接小区切换事件	异频邻接小区切换事件有A3、A4、A5	A3
	邻接小区偏移	邻接小区的偏移	0
	重选时邻接小区对服务小区偏差	重选时邻接小区对服务小区的偏差	0
	邻接小区协作类型	邻接小区是否支持协作,支持那种类型的协作	仅支持下行CA

表3-9　邻接关系表配置

参数名		参数解释
邻接关系配置	本地小区标识	该参数标识的是5G小区的标识,也就是ITBBU—DU小区配置中的DU小区标识
	FDD/TDD邻接小区	该参数标识的是4G的小区标识,也就是BBU中对TDD/FDD小区配置的标识
	NR邻接小区	该参数指的是将4G的小区与5G的小区建立连接关系,需要对应的参数为4G基站标识与4G小区标识,书写格式为:4G基站标识-4G小区标识

3.6.6　实训步骤

在进行切换配置之前需先进行小区基础优化配置，详见信号质量优化小节，此处波束位置与重选中所配置的波束一致。

小区切换步骤如下：

（1）覆盖切换配置，配置小区覆盖切换参数（此处为配置小区 2 至小区 1 的切换）。参数说明及规划见表 3-7。

（2）邻区配置，配置小区邻区。参数说明及规划见表 3-8。

（3）邻接关系配置，配置邻接关系表。参数说明及规划见表 3-9。

覆盖切换配置软件如图 3-48 所示，此处配置小区 2 的切换参数。

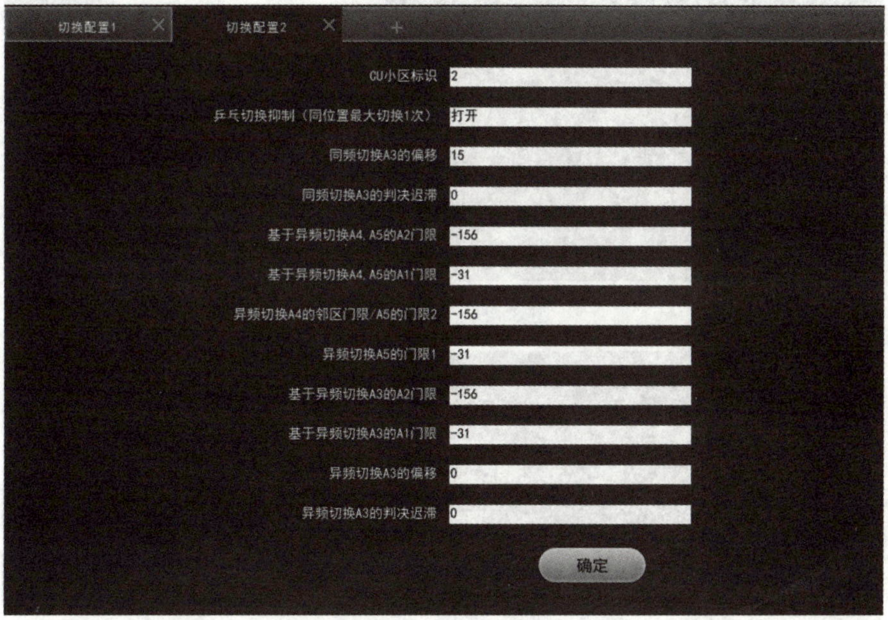

图 3-48　小区 2 切换参数配置

邻区配置为基站级配置，可理解为将部分小区纳入整个基站的邻区库，邻区配置并非为特定小区配置邻区。软件配置界面如图 3-49 所示。

邻接关系配置为本基站某特定小区配置邻接关系表。邻接关系表配置与小区基础参数配置中的邻接关系表一致，此处不再进行参数说明与规划，本项目为小区 2 切换至小区 1，需在小区 2 的邻区中将邻区 1 设为小区 2 的邻区，软件实操如图 3-50 所示。

配置完成后在网络优化-移动性管理模块选择 X6、X4 路径点位后，选择 FTP 上传业务后点击执行即可开始切换测试，如图 3-51 所示。需注意除空载外，其他所有业务类型均对应切换测试。

切换成功率为 100% 即视为切换成功。任意发生一次切换失败即表明相关配置错误，需对切换相关参数进行优化。

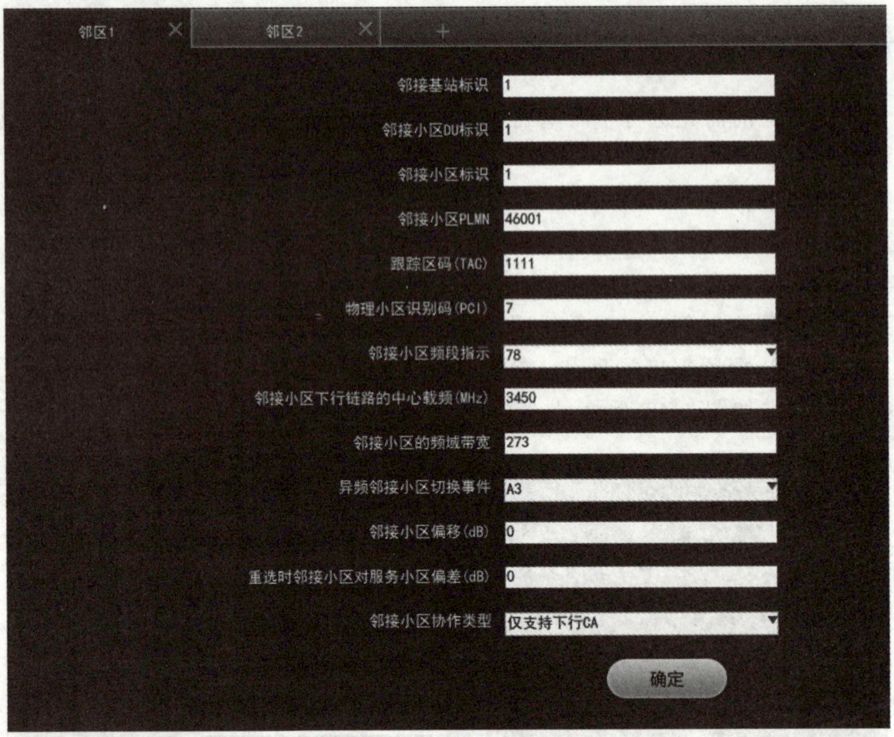

邻区1　邻区2　+

邻接基站标识	1
邻接小区DU标识	1
邻接小区标识	1
邻接小区PLMN	46001
跟踪区码(TAC)	1111
物理小区识别码(PCI)	7
邻接小区频段指示	78
邻接小区下行链路的中心载频(MHz)	3450
邻接小区的频域带宽	273
异频邻接小区切换事件	A3
邻接小区偏移(dB)	0
重选时邻接小区对服务小区偏差(dB)	0
邻接小区协作类型	仅支持下行CA

确定

图 3-49　邻区 1 配置

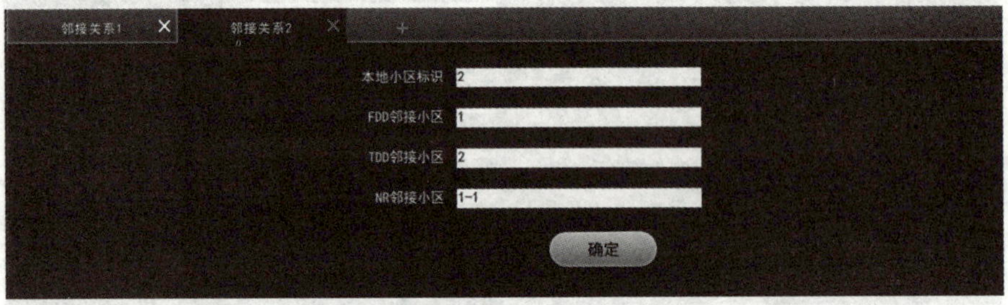

邻接关系1　邻接关系2　+

本地小区标识	2
FDD邻接小区	1
TDD邻接小区	2
NR邻接小区	1-1

确定

图 3-50　小区 2 邻接关系配置

图 3-51　小区切换测试

3.7 双连接配置

3.7.1 理论概述

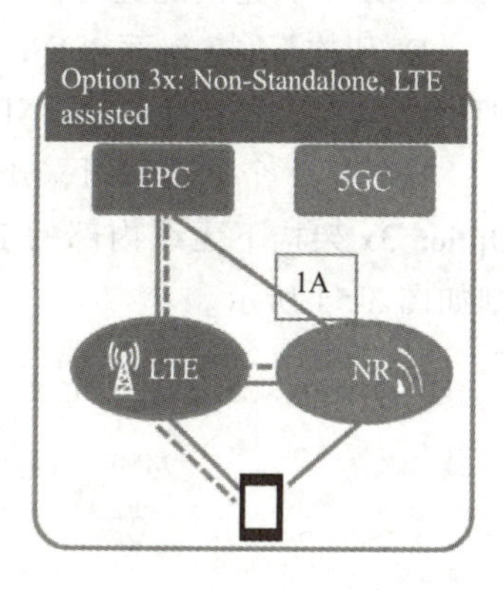

图 3-52　Option3x 组网

双连接(Dual Connectivity)最早在 3GPP 协议 R12 版本中提出,最初定义的 LTE 与 LTE 的双连接,即 UE 同时连接到两个 LTE 网络。R14 版本中,在 LTE 双连接的基础上,定义了 LTE 和 5G 的双连接技术,实现了 LTE 和 5G 融合组网。在 R15 协议中,提出了 5G 与 5G 的双连接技术,为充分发挥 5G 网络性能提供了关键技术保障。本项目主要介绍 LTE 与 5G 双连接,着重介绍 Option 3x 组网选项,组网架构如图 3-52 所示。

Option 3x 作为 Option3 的优化方案,将 NR 作为数据汇聚和分发点,充分利用 NR 设备处理能力更强的优势,极大提升网络处理能力。选项 3x 的特点如下:

(1)5G 基站的控制面锚定于 4G 基站。

(2)4G 和 5G 数据流量在 5G 基站分流后再传送到终端。

3.7.2 实训目的

本项目以 Option 3x 组网选项下 4G/5G 双连接配置为核心展开,通过本项目实训,学生可掌握 LTE 与 5G 双连接部署原理,并能熟练掌握双连接配置规范。此外,通过对双连接技术中的承载分流等关键技术的实训,学生可快速掌握 4G/5G 分流的基础特性,为双连接架构下网络速率优化奠定良好基础。

3.7.3 实训任务

在非独立组网模式中,双连接的模式有 LTE 和 5G NR 基站双连接 4G 核心网;5G NR 和 LTE 基站双连接 5G 核心网。双连接配置主要步骤如下:

(1)4G→5G X2 链路配置;

(2)5G→4G X2 链路配置;

(3)4G 锚点下 5G 邻区配置;

(4)4/5G 分流配置。

双连接配置任务流程如图 3-53 所示。

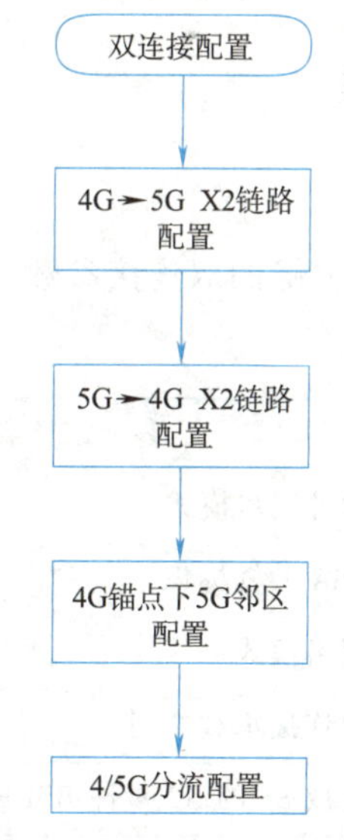

图 3-53　双连接配置任务流程

3.7.4 建议时长

2 课时。

3.7.5 实训规划

EN-DC双连接配置时，需保证有完整的4G小区和5G小区配置。

3X架构下，控制面以E-UTRAN为锚点，数据面在NR侧进行分流，即在基础LTE核心网与E-UTRAN对接的基础上，配置NR到SGW的数据链路，同时E-UTRAN与NR间均存在数据与信令链路。

软件中1个城市只可采用一种组网架构，本小节采用独立的IP规划作为双连接配置参考数据。Option 3x架构下无线内部的F1对接与E1对接与Option2架构下的配置方法一致。相关网元IP规划如图3-54所示。

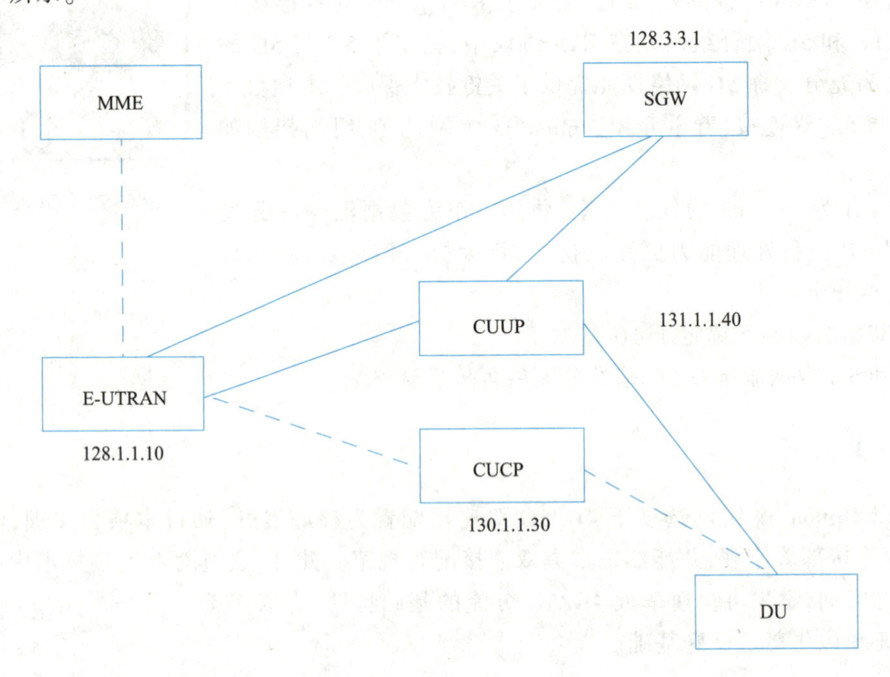

图3-54 双连接网元IP规划

关键的双连接参数规划见表3-10。

表3-10 双连接关键参数规划

参数名	取值
时钟同步模式	相位同步
NSA共框标识	1
网络模式	NSA
双连接承载类型	SCG Split模式
释放Sn的A2事件RSRP门限	-100
释放Sn的A2事件判决迟滞	1
LTE-NR双连接的支持指示	1

续表

参　数　名	取　值
Split 承载 QoS 分割模式	基于参数配置分割
SN QoS 分割比例(%)	90
下行流控模式	比例配置模式

3.7.6　实训步骤

登录 IUV-5G 全网部署与优化的客户端,打开网络配置-数据配置模块,下拉选择“无线网”“建安市B站点机房”,进入双连接相关 4G 与 5G 数据配置,如图 3-55 所示。本项目的前提条件为除双连接参数外,其他开通参数均已配置完成,且 4G/5G 设备也已配置完成。本项目 4G 网络采用独立的 BBU 设备。

图 3-55　无线数据配置界面

进入无线机房数据配置后,具体配置步骤如下:

(1)CUCP 至 4G X2 对接配置;

(2)4G 至 CUCP X2 对接配置;

(3)5G 至 4G 静态路由配置;

(4)4G 至 5G 路由配置;

(5)4G 侧 5G NR 邻区与邻接关系配置;

(6)CUUP 至 SGW 路由配置;

(7)5G 双连接功能配置;

(8)辅节点分流参数配置。

CUCP 至 4G X2 对接配置在 gNBCUCP 功能-SCTP 配置下,采用 SCTP 协议,配置时注意本端端口号与远端端口号的规划,偶联类型必须为 XN 偶联,远端 IP 地址为 4G 侧 IP 地址。软件配置界面如图 3-56 所示。

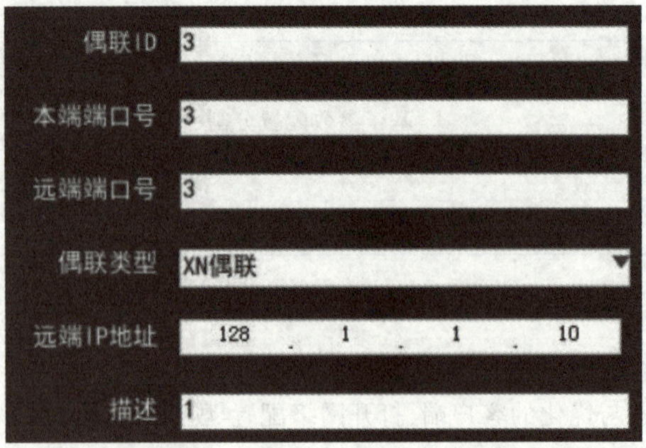

偶联ID 3

本端端口号 3

远端端口号 3

偶联类型 XN偶联

远端IP地址 128 . 1 . 1 . 10

描述 1

图3-56 CUCP X2 SCTP 配置

4G至CUCP X2对接配置采用SCTP协议，配置时本端端口号等于步骤(1)中远端端口号，远端端口号等于步骤(1)中本端端口号，偶联类型必须为XN偶联，远端IP地址为CUCP侧IP地址。软件配置界面如图3-57所示。

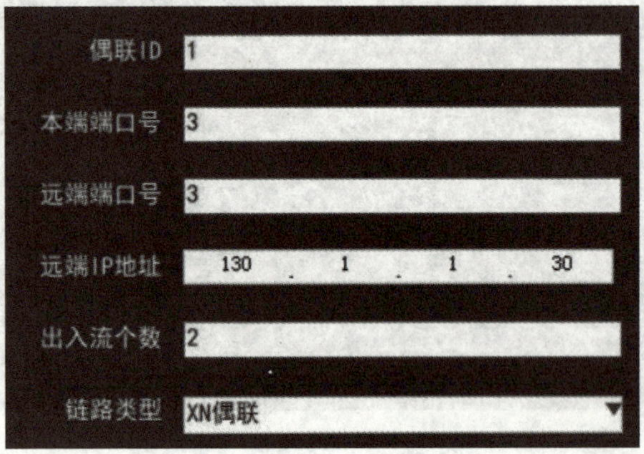

偶联ID 1

本端端口号 3

远端端口号 3

远端IP地址 130 . 1 . 1 . 30

出入流个数 2

链路类型 XN偶联

图3-57 4G X2 SCTP 配置

5G至4G静态路由配置时，可配置CUCP至4G路由或CUUP至4G路由，由于CUCP与CUUP均在统一设备上，故CUCP至4G或CUUP至4G的任意一条路由正确即可。无论是CUCP至4G的路由还是CUUP至4G的路由，目的IP地址需为4G侧IP地址，下一跳为SPN-逻辑接口配置-配置子接口下与自身IP在同一网段内的IP地址。掩码根据实际情况配置。软件配置界面如图3-58、图3-59所示。

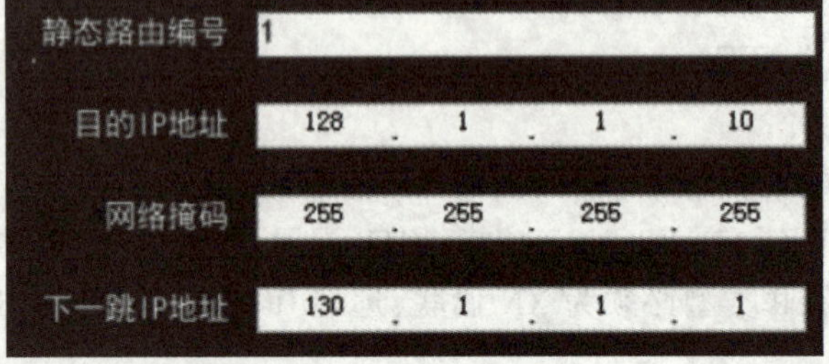

静态路由编号 1

目的IP地址 128 . 1 . 1 . 10

网络掩码 255 . 255 . 255 . 255

下一跳IP地址 130 . 1 . 1 . 1

图3-58 CUCP 静态路由

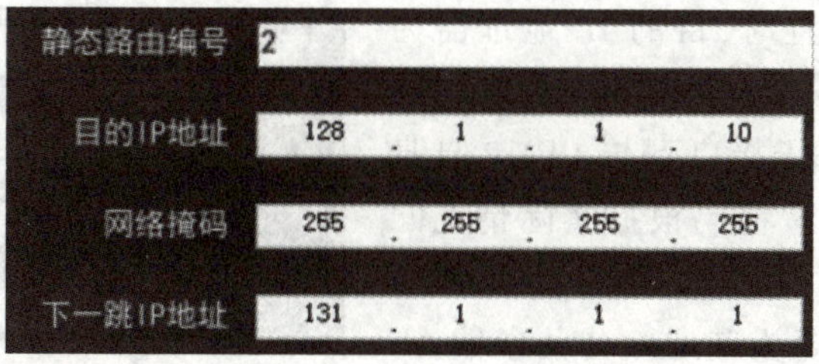

静态路由编号	2
目的IP地址	128 . 1 . 1 . 10
网络掩码	255 . 255 . 255 . 255
下一跳IP地址	131 . 1 . 1 . 1

图 3-59 CUUP 静态路由

4G 至 5G 路由配置在软件中有两种形式，可采用静态路由或默认路由，当配置了静态路由时，以静态路由为准，当静态路由未配置或配置错误时，也可通过网关侧默认路由形式到达 5G。若采用静态路由配置，4G 侧仅需配置任意一条至 CUCP 或 CUUP 的路由即可。软件中采用默认路由的方式，即不配置静态路由。

4G 侧 5G NR 邻区与邻接关系配置时，需首先在 BBU-无线参数-NR 邻接小区配置处增加邻区配置，邻区配置时，相关参数要与对应的 DU 小区配置保持一致，需注意邻区配置中的 NR 邻接小区的中心载频(MHz)为实际中心频点，需将 DU 小区侧中心频点转换。邻区添加后需 BBU-无线参数-邻接关系配置处配置 4G 小区的邻接关系，NR 邻接小区的配置格式为 DU 标识-DU 小区标识。本项目以建安市 B 站点 1 小区为例，软件配置界面如图 3-60、图 3-61 所示。

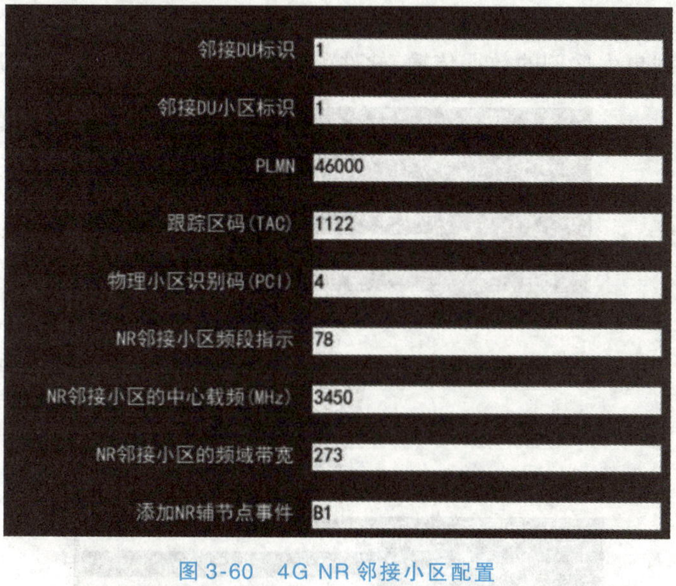

邻接DU标识	1
邻接DU小区标识	1
PLMN	46000
跟踪区码(TAC)	1122
物理小区识别码(PCI)	4
NR邻接小区频段指示	78
NR邻接小区的中心载频(MHz)	3450
NR邻接小区的频域带宽	273
添加NR辅节点事件	B1

图 3-60 4G NR 邻接小区配置

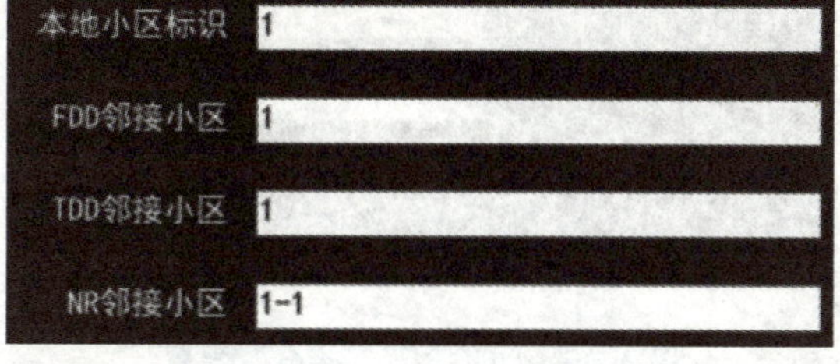

本地小区标识	1
FDD邻接小区	1
TDD邻接小区	1
NR邻接小区	1-1

图 3-61 4G 邻接关系配置

CUUP 至 SGW 路由配置时，目的 IP 地址需为 SGW 侧与 eNodeB 对接的 s1u-gtp-ipaddress，下一跳为 SPN-逻辑接口配置-配置子接口下与 CUUP 自身 IP 在同一网段内的 IP 地址。掩码根据实际情况配置。软件配置界面如图 3-62 所示。

静态路由编号 1
目的IP地址 128 . 3 . 3 . 1
网络掩码 255 . 255 . 255 . 255
下一跳IP地址 131 . 1 . 1 . 1

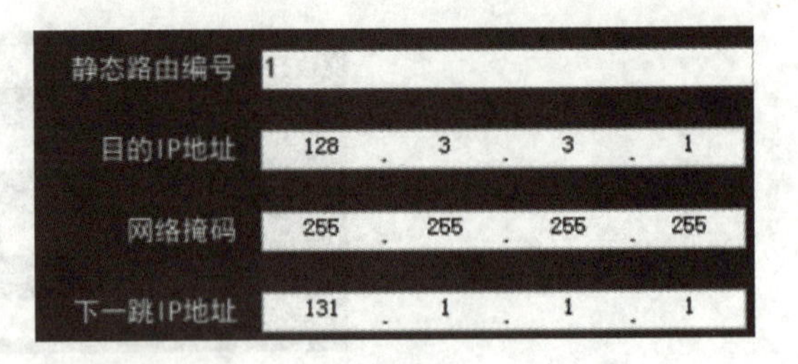

图 3-62　CUUP 至 SGW 路由配置

5G 双连接功能配置主要为基站级公共参数，需保证网络模式、同步模式、NSA 共框标识一致，软件中相应配置如图 3-63 所示。

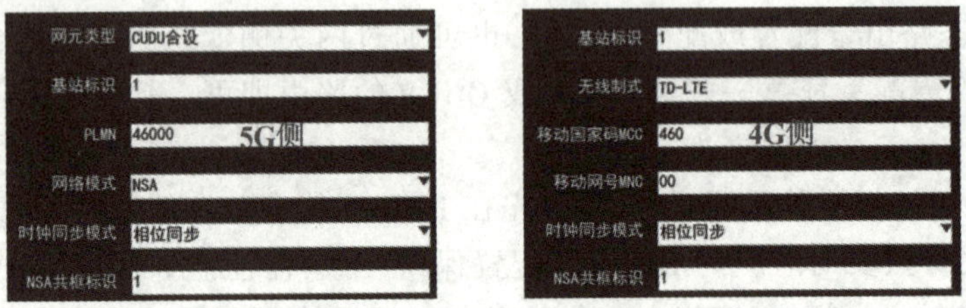

网元类型 CUDU合设
基站标识 1
PLMN 46000
5G侧
网络模式 NSA
时钟同步模式 相位同步
NSA共框标识 1
基站标识 1
无线制式 TD-LTE
移动国家码MCC 460
4G侧
移动网号MNC 00
时钟同步模式 相位同步
NSA共框标识 1

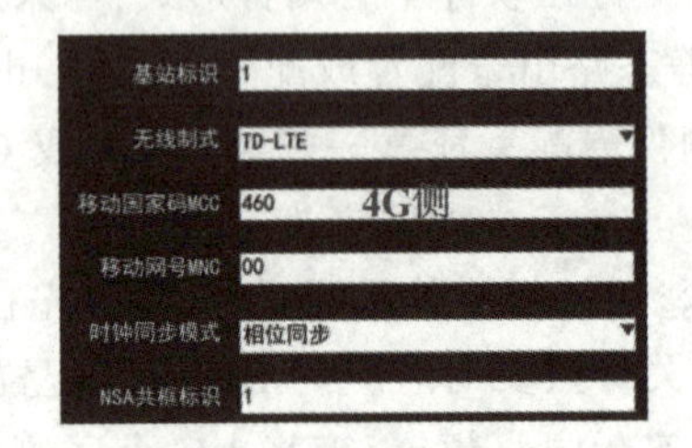

图 3-63　4G/5G 公共参数配置

辅节点分流参数配置主要为分流模式与分离比例配置，Option3x 组网下，BBU-无线参数-eNode 配置下的双连接承载类型为 SCG Split 模式。在 CUCP-增强双连接功能配置时，一般情况下配置为比例控制模式，由 5G 承载更大比例的数据传输，软件配置界面如图 3-64、图 3-65 所示。

网元ID 1
eNodeB标识 1
业务类型QCI编号 8
双连接承载类型 SCG Split模式

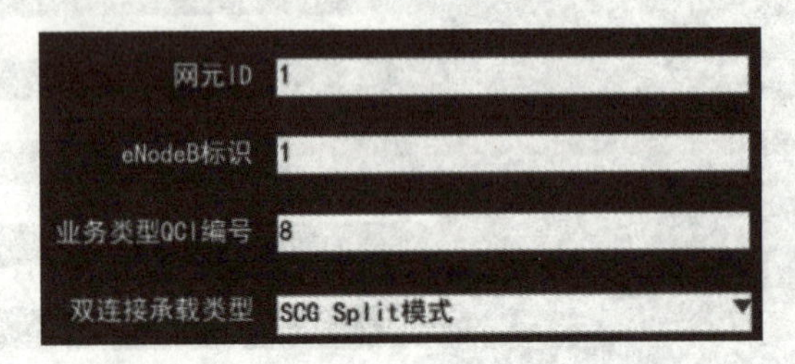

图 3-64　4G 双连接承载类型配置

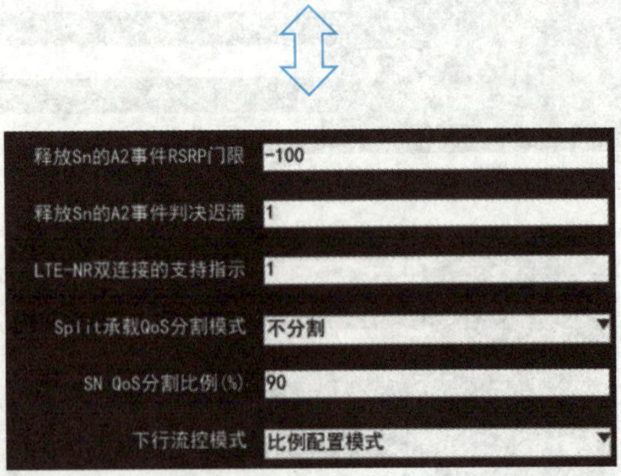

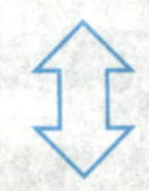

释放Sn的A2事件RSRP门限 -100
释放Sn的A2事件判决迟滞 1
LTE-NR双连接的支持指示 1
Split承载QoS分割模式 不分割
SN QoS分割比例(%) 90
下行流控模式 比例配置模式

图 3-65　CUCP 双连接分流配置

第4章

5G网络切片编排

4.1 自动驾驶应用与优化

4.1.1 理论概述

(1)网络切片架构

一个切片可以提供一个或多个服务,一个切片由一个或多个子切片组成,两个切片可以共享一个或多个子切片,一个UE能够同时支持1—8个网络切片。网络切片需要无线、承载、核心网共同参与,5GC内主要涉及到SMF、AMF、NRF、PCF、UPF网络功能。切片与会话中的QoS流密切相关,同一个Session的多个流只能在一个切片中。如果UE接入多个切片,AMF在切片间需要共享。切片架构如图4-1所示。

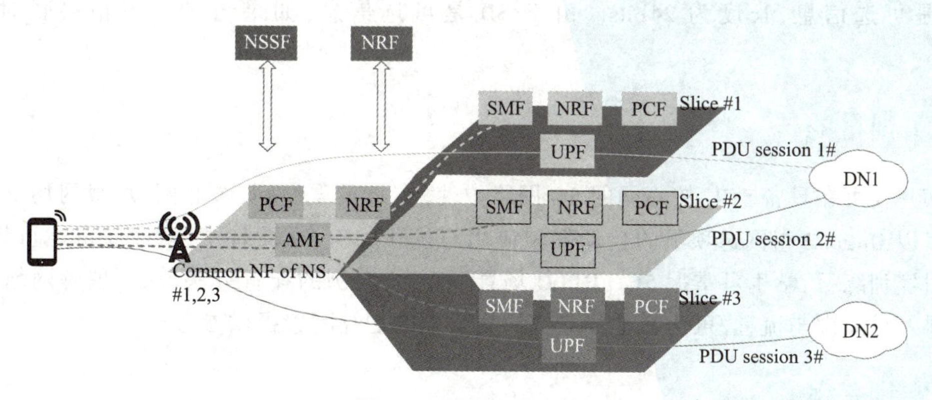

图4-1 网络切片架构

(2)网络切片关键参数

为区分不同的端到端网络切片,5G系统使用但网络切片选择辅助信息SNSSAI来标识1个切片,1个SNSSAI包括切片服务类型SST和切片差异区分器SD,多个SNSSAI可组成NSSSAI。本任务中采用1个SNSSAI来表示自动驾驶切片。

1个SNSSAI的组成示意图如图4-2所示。

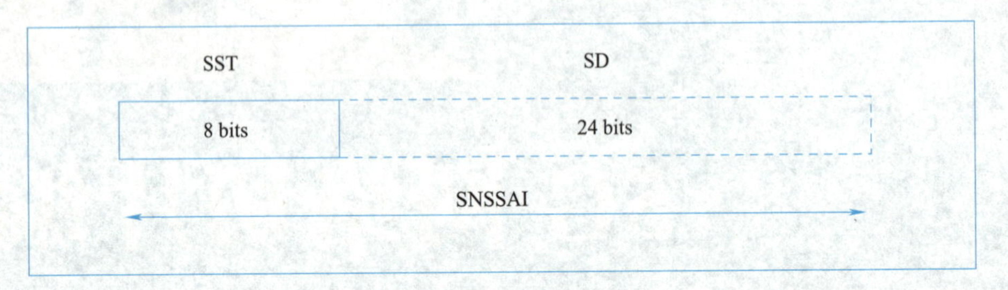

图4-2　SNSSAI格式

其中,SST取值规则见表4-1。

表4-1　SST取值规则

Slice/Service type	SST value	Characteristics
eMBB	1	适用于5G增强型移动宽带场景
URLLC	2	用户处理超可靠的低时延通信
MIoT	3	适用于海量物联网的切片
V2X	4	用于V2X服务处理的切片

V2X对时延和速率均有很高要求,是uRLLC场景的典型应用,在R15协议中,其对应的SST为2,R16协议中将其从uRLLC中独立出来,定义了单独的SST,取值为4,部分厂家前期也可选择uRLLC对应的SST,取值为3。SD可作为SST的补充,用于区分同一个SST下的多个网络切片,其在SNSSAI中是可选信息,长度为24bits。由于SD是可选信息,如果与SST不相关联时,其值为0xFFFFFF。

4.1.2　实训目的

网络切片仅可在具备5GC核心网的5G网络中使能,且需无线网、核心网、承载网均支持网络切片。本项目以Option2组网选项下的自动驾驶应用与优化为例,在软件中,对建安市进行切片验证。通过本项目实训练习,学生可掌握5G uRLLC场景下V2X实例的配置方法,深刻理解网络切片选择与切片编排基础原理与流程,可为其他场景或同场景下的切片配置提供参考。

4.1.3　实训任务

自动驾驶应用与优化主要配置流程说明如下:

(1)根据切片参数规划,完成对应的5GC切片参数配置、5G NR切片参数配置、5G承载网切片参数配置。

(2)根据终端切片配置规划表,在软件中网络优化-网络切片编排模块进行配置,包含业务类型选择、终端请求的切片信息、车辆驾驶管理等内容。

(3)进行自动驾驶业务测试,点击测试,若车辆成功由起点行驶至终点,则代表自动驾驶业务测试通过,无需进行后续步骤,否则需进入下一步 5G NR 切片参数优化。优化完成后需进行自动驾驶业务复测,点击测试,车辆成功由起点行驶至终点,即代表自动驾驶业务复测成功。

自动驾驶应用与优化主要配置流程如图 4-3 所示。

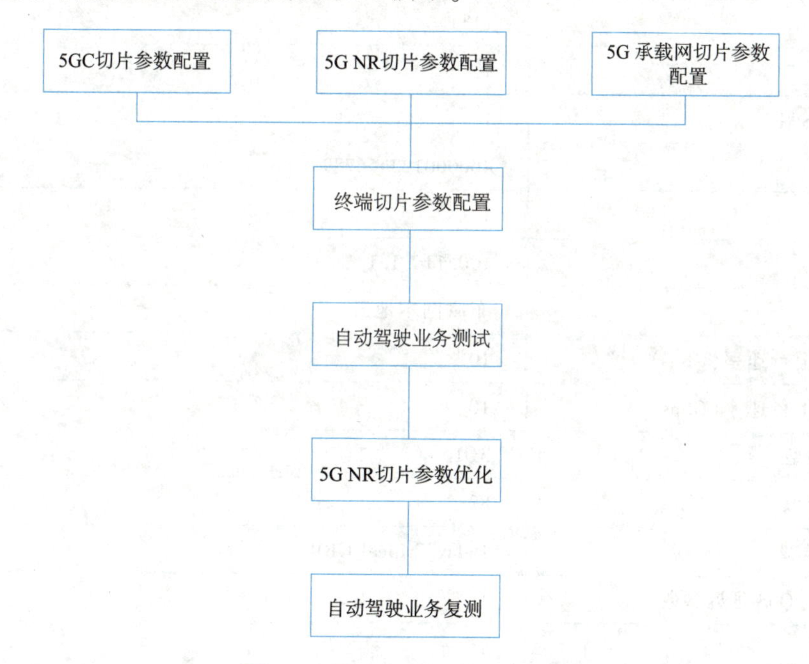

图 4-3　自动驾驶切片编排流程

4.1.4　建议时长

2 课时。

4.1.5　实训规划

本项目的前提条件为终端所在无线小区业务正常,可正常进行语音、上传及下载业务。自动驾驶切片相关参数规划见表 4-2、表 4-3。

表 4-2　切片参数规划

参数名称	取值示例
AMF-NSSF 客户端地址	195.168.77.11
AMF-NSSF 服务端地址	195.168.78.22
所有网元/NF-SNSSAI 标识/SNSSAI ID	1

续表

参数名称	取值示例
所有网元/NF-SST	V2X
所有网元/NF - SD	ffffff
NSSF-AMF ID	1
NSSF-AMF IP	195.168.21.12
NSSF-TAC	1111
UDM-PLMN ID	1
UDM-默认 SNSSAI	1
UDM-SUPI	460000123456789
SMF-UPF ID	1
UPF-DN 地址	100.110.1.1
UPF-DN 属性	车联网本地云
UPF-分片最大上行速率(Gbps)	10
UPF-分片最大下行速率(Gbps)	10
DU-QoS 标识类型	5QI
DU-QoS 分类标识	83
DU-业务承载类型	Delay Critical GBR
DU-业务数据包 QoS 延迟参数	1
DU-丢包率	1
DU-业务优先级	1
DU-业务类型名称	V2X message
DU/CU-PLMN	46000
DU-分片 IP 地址	10.10.10.1
DU-切片级下行保障速率(Gbps)	2
DU-切片级上行保障速率(Gbps)	2
DU-切片级下行最大速率(Gbps)	2
DU-切片级上行最大速率(Gbps)	2
DU-切片级流控窗长	10
DU-基于切片的用户数的接纳控制门限	10
CU-分片 IP 地址	30.30.30.2
SPN-FlexE Group ID	1
SPN-FlexE Group 状态	UP

续表

参数名称	取值示例
SPN-Calendar	A
SPN-成员接口配置	100GE-1/1
SPN-FlexE Client ID	1
SPN-FlexE Client 状态	UP
SPN-FlexE Group	1
SPN-时隙配置	点选,10G 以上
SPN-时隙匹配方式	自动
SPN-源 FlexE Group	1
SPN-源 FlexE Client	1
SPN-交叉连接	/
SPN-宿 FlexE Group	2
SPN-宿 FlexE Client	2

表 4-3　车辆切片配置

参数名称	取值示例
业务 SNSSAI	1
业务 SST	V2X
业务 SD	ffffff
FlexE Client	1
DN 属性	车联网本地云
位置服务	北斗
传感器数量	10
行为预判	打开
视频清晰度	高清

4.1.6　实训步骤

登录 IUV-5G 全网部署与优化的客户端,打开网络配置-数据配置模块,进行切片相关参数配置与切片参数优化。数据配置完成后,进入网络调试-网络优化模块,在网络切片编排中,在建安市中选择自动驾驶业务进行自动驾驶业务测试。车辆从图中旗帜处出发,经过指定路线后回到旗帜处则表示自动驾驶测试通过,否则测试失败。自动驾驶业务测试界面如图 4-4 所示。

图 4-4　自动驾驶测试界面

自动驾驶切片编排步骤如下：

(1)AMF 切片参数配置；

(2)NSSF 切片参数配置；

(3)UDM 切片参数配置；

(4)SMF 切片参数配置；

(5)UPF 切片参数配置；

(6)DU 网络切片参数配置；

(7)CU 网络切片参数配置；

(8)QoS 配置；

(9)SPN FlexE 参数配置；

(10)自动驾驶切片编排与驾驶管理配置；

(11)自动驾驶初测，若测试通过则无需进行后续(11)与(12)步骤，测试通过进入后续步骤；

(12)5G NR 时延与丢包率优化；

(13)自动驾驶完整性测试。

AMF、NSSF、UDM、SMF 及 UPF 参数配置时，需保证不同 NF 下部分标识类参数一致，需注意 NSSF 侧 AMF IP 地址为 AMF 的服务端地址。软件配置界面如图 4-5 ~ 图 4-10 所示。

NSSF客户端地址	195 . 168 . 77 . 11
NSSF服务端地址	195 . 168 . 78 . 22
NSSF端口号	1

图 4-5　AMF NSSF 地址配置

SNSSAI标识
1
SST
V2X
SD
ffffff

图 4-6　SNSSAI 配置

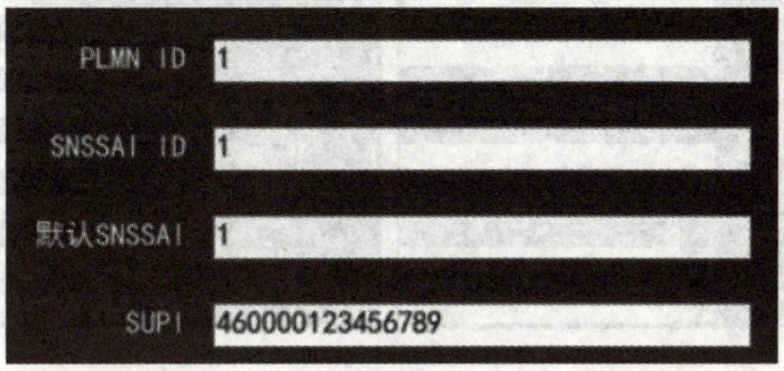

PLMN ID
1
SNSSAI ID
1
默认SNSSAI
1
SUPI
460000123456789

图 4-7　UDM 切片签约配置

UPF ID
1
SST
V2X
SD
ffffff

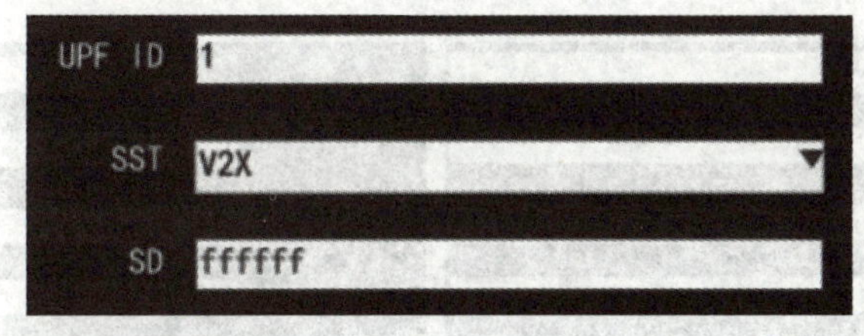

图 4-8　SMF UPF 支持的 SNSSAI 配置

SMF N4业务地址
195 . 168 . 124 . 14
UPF N4端口
2
UPF N4业务地址
195 . 118 . 114 . 11
DN地址
100 . 110 . 1 . 1
DN属性
车联网本地云
N3接口地址
195 . 166 . 115 . 11

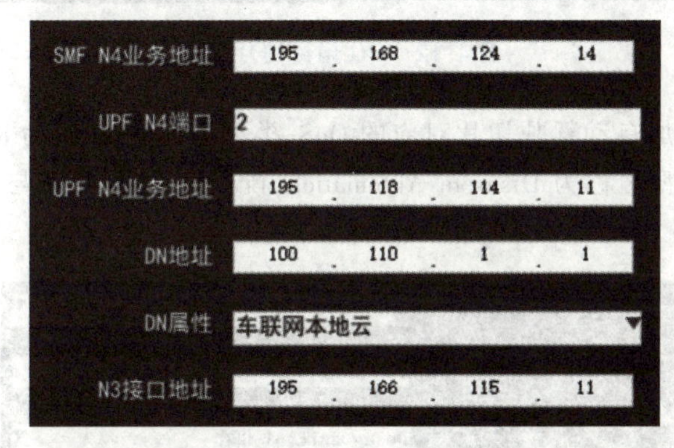

图 4-9　UPF 对接配置

SNSSAI标识
1
SST
V2X
SD
ffffff
分片最大上行速率（Gbps）
10
分片最大下行速率（Gbps）
10

图 4-10　UPF 切片功能配置

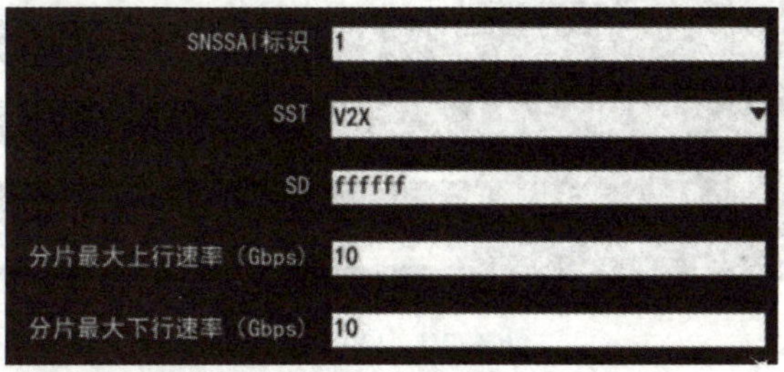

DU 与 CU 网络切片参数配置时，需保证区域内所有无线站点小区均支持规划的切片，本项目中涉及建安市 B 站点与建安市 C 站点两个站点。软件配置界面如图 4-11 和图 4-12 所示。

建安市B站点
PLMN 46000
NSSAI标识 1
SST V2X
SD ffffff
分片IP地址 10 . 10 . 10 . 1
切片级下行保障速率(Gbps) 2
切片级上行保障速率(Gbps) 2
切片级下行最大速率(Gbps) 2
切片级上行最大速率(Gbps) 2
切片级流控制窗长(ms) 10
基于切片的用户数的接纳控制门限 10
建安市C站点
PLMN 46000
NSSAI标识 1
SST V2X
SD ffffff
分片IP地址 100 . 100 . 100 . 1
切片级下行保障速率(Gbps) 2
切片级上行保障速率(Gbps) 2
切片级下行最大速率(Gbps) 2
切片级上行最大速率(Gbps) 2
切片级流控制窗长(ms) 10
基于切片的用户数的接纳控制门限 10

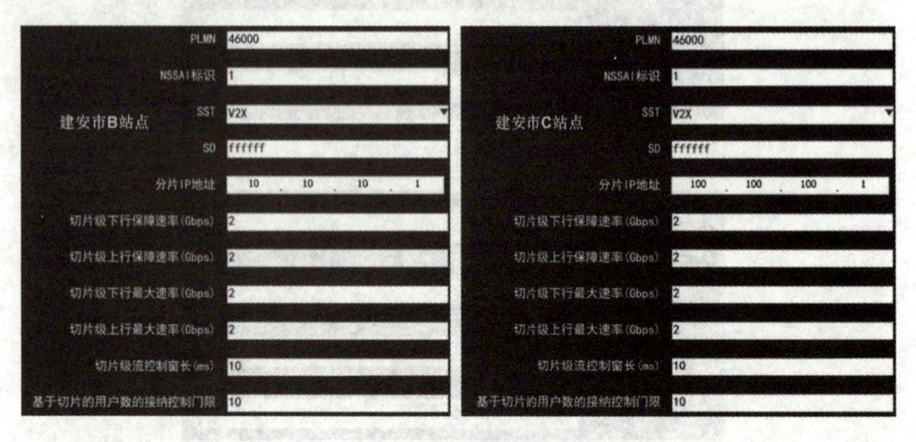

图 4-11　DU 网络切片配置

建安市B站点
PLMN 46000
NSSAI标识 1
SST V2X
SD ffffff
分片IP地址 30 . 30 . 30 . 2
建安市C站点
PLMN 46000
NSSAI标识 1
SST V2X
SD ffffff
分片IP地址 120 . 120 . 120 . 2

图 4-12　CU 网络切片配置

QoS 配置主要用于添加自动驾驶切片对应的 QoS，类型为 5QI，标识为 82 或 83，业务承载类型为 Delay Criticl GBR，业务类型名称为 Discrete Automation，配置完成后还需与 UDM 中的 DNN 相关联。软件中配置内容如图 4-13 和图 4-14 所示。

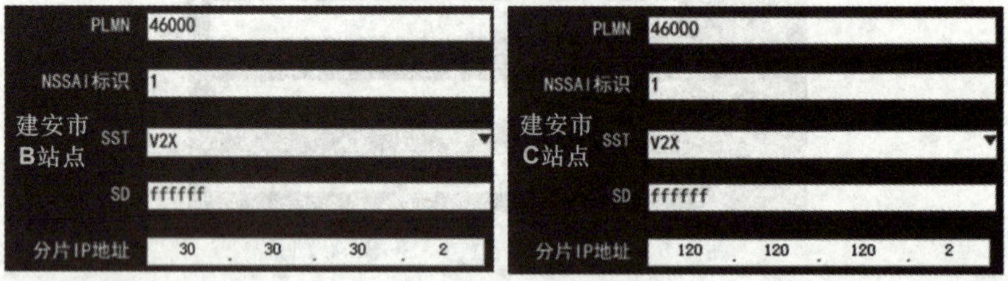

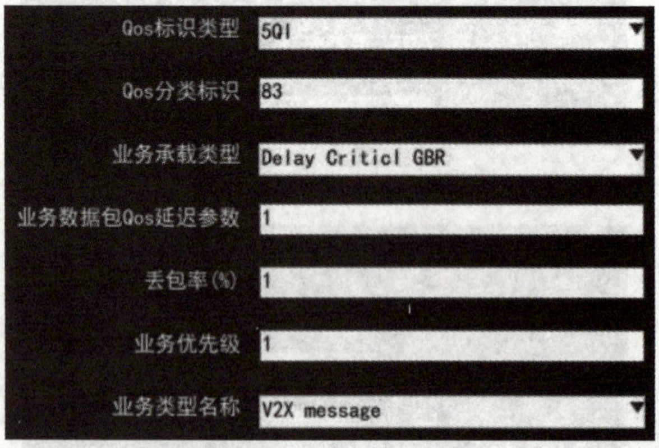

Qos标识类型 5QI
Qos分类标识 83
业务承载类型 Delay Criticl GBR
业务数据包Qos延迟参数 1
丢包率(%) 1
业务优先级 1
业务类型名称 V2X message

图 4-13　QoS 配置

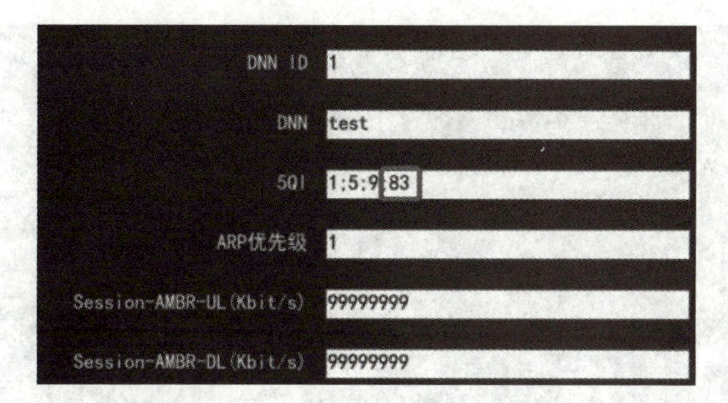

图 4-14　DNN 配置

SPN FlexE 参数配置为软件中工程模式下网络切片的配置项之一，实训模式可不配置，包含 FlexEGroup、FlexEClient、FlexE 交叉等配置。本项目为实验模式，暂不考虑 FlexE 相关配置。

自动驾驶切片编排与驾驶管理配置在软件中网络优化－网络切片编排模块进行配置，包含终端请求的切片信息、车辆驾驶管理等内容，软件中配置内容如图 4-15 和图 4-16 所示。

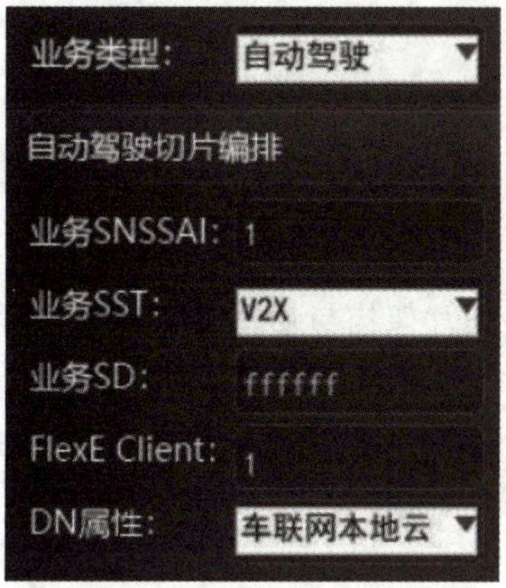

业务类型：自动驾驶
自动驾驶切片编排
业务SNSSAI：1
业务SST：V2X
业务SD：ffffff
FlexE Client：1
DN属性：车联网本地云

图 4-15　自动驾驶切片编排配置

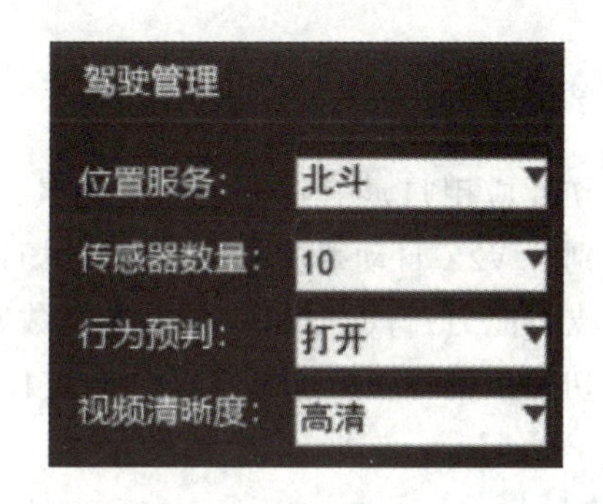

图 4-16　驾驶管理配置

自动驾驶初测主要对驾驶路线上的问题点进行挖掘定位，通过通知消息内提示信息定位网络问题，包含 QoS 映射问题、网络速率问题、丢包问题与时延问题。若初测即完成自动驾驶测试，则无需进行后续步骤，否则需进入下一步参数优化。

5G NR 时延与丢包率优化通过对无线参数进行优化完成时延与丢包率优化，需注意时延与丢包率优化参数的合理配置，对于部分优化参数，可能存在两者优化效果冲突，如调大数值后，丢包率降低，但时延升高；调小数值后，丢包率升高，但时延减少。相关优化参数包含物理信道配置、RLC 配置、PDCP 配置、小区业务参数等。

自动驾驶完整性测试为优化完成后进行的复测，车辆需成功由起点行驶至终点，如图 4-17 所示。

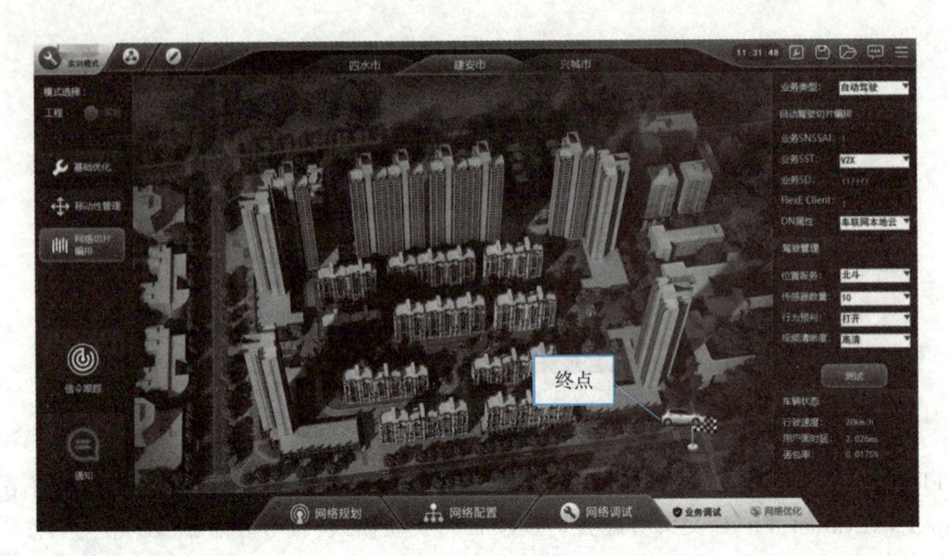

图 4-17　自动驾驶复测

4.2 智慧灯杆应用与优化

4.2.1 理论概述

智慧灯杆切片应用归属于 mMTC 应用场景，网络切片架构与切片参数等相关理论基础与 4.1.1 小节相同。区别于 V2X 自动驾驶应用，mMTC 场景下终端分布范围广、数量众多，不仅要求网络具备超千亿连接的支持能力，满足 100 万/km^2 连接数密度指标要求，而且还要保证终端的超低功耗和超低成本。相关切片架构与切片选择流程与 4.1.1 小节内容相同。

4.2.2 实训目的

网络切片仅可在具备 5GC 核心网的 5G 网络中使能，且需无线网、核心网、承载网均支持网络切片。本项目以 Option2 组网选项下的智慧灯杆应用与优化为例，在软件中对建安市进行切片验证。通过本项目实训练习，学生可掌握 5G mMTC 场景下智慧灯杆的配置方法，深刻理解网络切片选择与切片编排基础原理与流程，可为其他场景或同场景下的切片配置提供参考。

4.2.3 实训任务

智慧灯杆应用与优化主要配置流程说明如下：

(1) 根据切片参数规划，完成对应的 5GC 切片参数配置、5G NR 切片参数配置、5G 承载网切片参数配置，

(2) 根据终端切片配置表，在软件中网络优化—网络切片编排模块进行配置，包含业务类型选择、终端请求的切片信息、路灯管理等内容。

(3)进行智慧灯杆业务测试,点击开启照明,若初测 8 个路灯设备成功亮起,则代表智慧灯杆业务测试通过,无需进行后续步骤,否则需进入下一步 5G NR 切片参数优化。优化完成后需进行智慧农业业务复测,点击开启照明,8 个路灯设备均成功亮起,即代表智慧灯杆业务复测成功。

智慧灯杆应用与优化主要配置流程如图 4-18 所示。

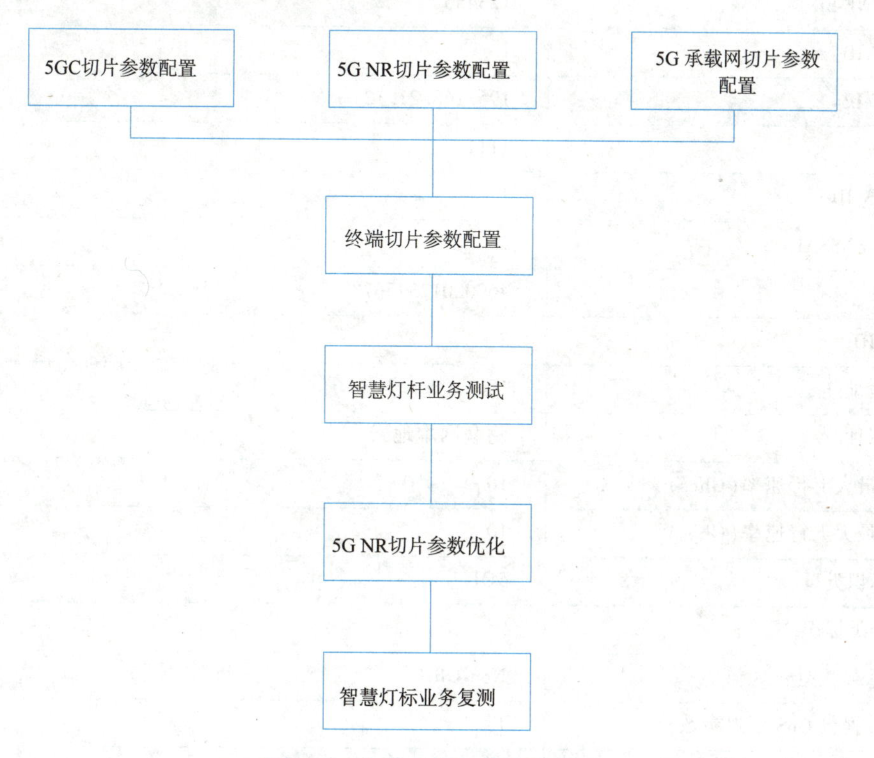

图 4-18　智慧灯杆切片编排流程

4.2.4　建议时长

2 课时。

4.2.5　实训规划

本项目的前提条件为终端所在无线小区业务正常,可正常进行语音、上传及下载业务。智慧灯杆切片相关参数规划见表 4-4 和表 4-5。

表 4-4　切片参数规划

参数名称	取值示例
AMF-NSSF 客户端地址	195.168.77.11
AMF-NSSF 服务端地址	195.168.78.22
所有网元/NF-SNSSAI 标识/SNSSAI ID	3

续表

参数名称	取值示例
所有网元/NF-SST	mMTC
所有网元/NF-SD	123456
NSSF-AMF ID	1
NSSF-AMF IP	195. 168. 21. 12
NSSF-TAC	1111
UDM-PLMN ID	1
UDM-默认 SNSSAI	1
UDM-SUPI	460000123456789
SMF-UPF ID	2
UPF-DN 地址	100. 100. 1. 1
UPF-DN 属性	物联网本地云
UPF-分片最大上行速率(Gbps)	10
UPF-分片最大下行速率(Gbps)	10
DU-QoS 标识类型	5QI
DU-QoS 分类标识	9
DU-业务承载类型	Non-GBR
DU-业务数据包 QoS 延迟参数	1
DU-丢包率	1
DU-业务优先级	1
DU-业务类型名称	NVIP default bearer
DU/CU-PLMN	46000
DU-分片 IP 地址	10. 10. 10. 2
DU-切片级下行保障速率(Gbps)	10
DU-切片级上行保障速率(Gbps)	10
DU-切片级下行最大速率(Gbps)	10
DU-切片级上行最大速率(Gbps)	10
DU-切片级流控窗长	10
DU-基于切片的用户数的接纳控制门限	100
CU-分片 IP 地址	30. 30. 30. 3
SPN-FlexE Group ID	1
SPN-FlexE Group 状态	UP

续表

参数名称	取值示例
SPN-Calendar	A
SPN-成员接口配置	100GE-1/1
SPN-FlexE Client ID	1
SPN-FlexE Client 状态	UP
SPN-FlexE Group	1
SPN-时隙配置	点选,10G 以上
SPN-时隙匹配方式	自动
SPN-源 FlexE Group	1
SPN-源 FlexE Client	1
SPN-交叉连接	/
SPN-宿 FlexE Group	2
SPN-宿 FlexE Client	2

表 4-5　路灯切片配置

参数名称	取值示例
业务 SNSSAI	3
业务 SST	mMTC
业务 SD	123456
FlexE Client	1
DN 属性	物联网本地云
环境监测	打开
视频监控	启用
WIFI 容量	10
充电桩系统	打开

4.2.6　实训步骤

登录 IUV-5G 全网部署与优化的客户端,打开网络配置-数据配置模块,进行切片相关参数配置与切片参数优化。数据配置完成后,进入网络调试-网络优化模块,在网络切片编排中,在建安市中进行智慧灯杆业务测试。场景内共有 8 个路灯设备,所有路灯成功亮起即为测试通过,任一路灯未发光即为测试不通过。智慧灯杆切片业务测试如图 4-19 所示。

图4-19　智慧灯杆切片测试

智慧灯杆切片编排步骤如下：

(1)AMF切片参数配置；

(2)NSSF切片参数配置；

(3)UDM切片参数配置；

(4)SMF切片参数配置；

(5)UPF切片参数配置；

(6)DU网络切片参数配置；

(7)CU网络切片参数配置；

(8)QoS配置；

(9)SPN FlexE参数配置；

(10)智慧灯杆切片编排与喷灌管理配置；

(11)智慧灯杆初测，若测试通过则无需进行后续(11)与(12)步骤，测试通过进入后续步骤；

(12)5G NR丢包率优化；

(13)智慧灯杆完整性测试。

AMF、NSSF、UDM、SMF及UPF参数配置时，需保证不同NF下部分标识类参数一致，需注意NSSF侧AMF IP地址为AMF的服务端地址。软件配置界面如图4-20至图4-25所示。

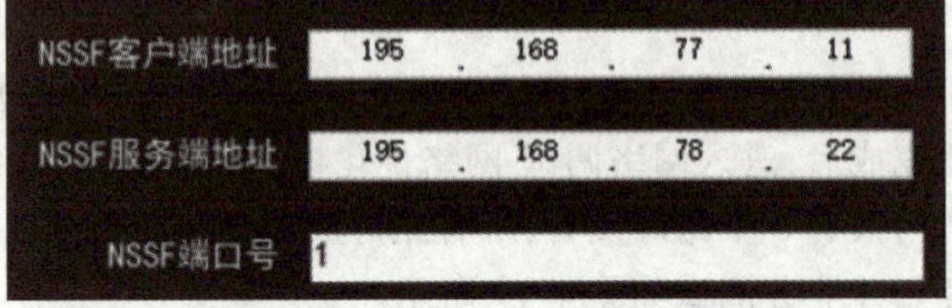

NSSF客户端地址　195 . 168 . 77 . 11

NSSF服务端地址　195 . 168 . 78 . 22

NSSF端口号　1

图4-20　AMF NSSF地址配置

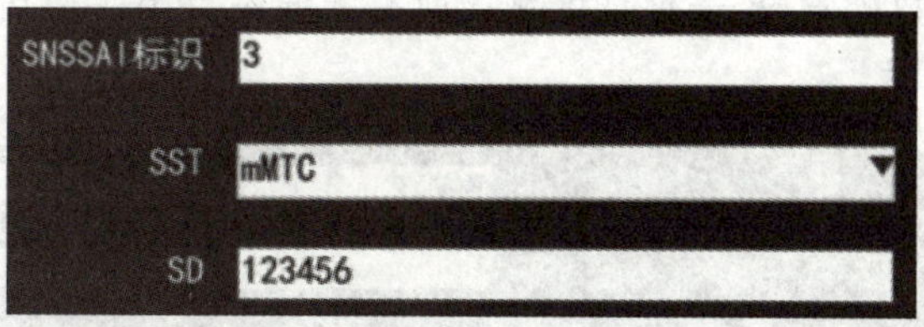

SNSSAI标识	3
SST	mMTC
SD	123456

图 4-21　SNSSAI 配置

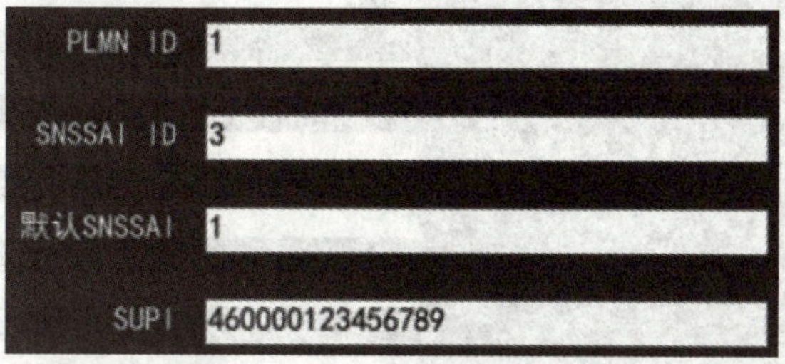

PLMN ID	1
SNSSAI ID	3
默认SNSSAI	1
SUPI	460000123456789

图 4-22　UDM 切片签约配置

UPF ID	2
SST	mMTC
SD	123456

图 4-23　SMF UPF 支持的 SNSSAI 配置

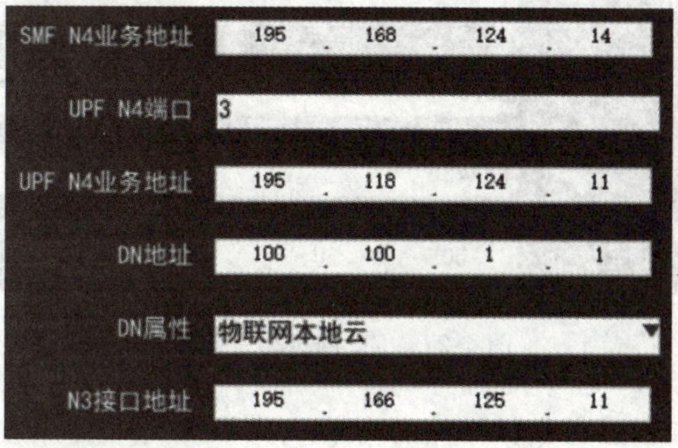

SMF N4业务地址	195 . 168 . 124 . 14
UPF N4端口	3
UPF N4业务地址	195 . 118 . 124 . 11
DN地址	100 . 100 . 1 . 1
DN属性	物联网本地云
N3接口地址	195 . 166 . 125 . 11

图 4-24　UPF 对接配置

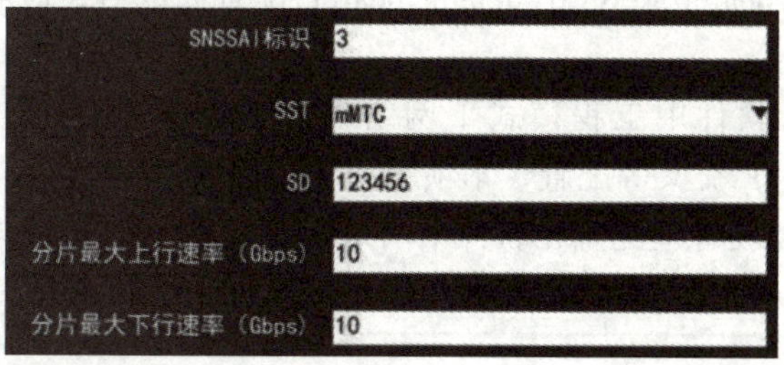

SNSSAI标识	3
SST	mMTC
SD	123456
分片最大上行速率（Gbps）	10
分片最大下行速率（Gbps）	10

图 4-25　UPF 切片功能配置

DU与CU网络切片参数配置时,需保证区域内所有无线站点小区均支持规划的切片。软件配置界面如图4-26和图4-27所示。

PLMN
46000
NSSAI标识
3
SST
mMTC
SD
123456
分片IP地址
10 . 10 . 10 . 2
切片级下行保障速率(Gbps)
10
切片级上行保障速率(Gbps)
10
切片级下行最大速率(Gbps)
10
切片级上行最大速率(Gbps)
10
切片级流控制窗长(ms)
10
基于切片的用户数的接纳控制门限
100

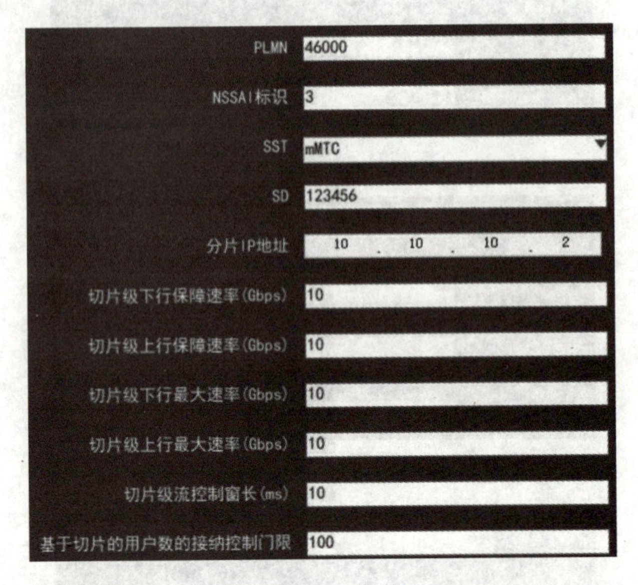

图4-26　DU网络切片配置

PLMN
46000
NSSAI标识
3
SST
mMTC
SD
123456
分片IP地址
30 . 30 . 30 . 3

图4-27　CU网络切片配置

QoS配置主要用于添加智慧农业切片对应的QoS,类型为5QI,标识为6、7、8、9、71、72、73、74或76任一项,业务承载类型根据不同5QI的标识进行配置,可取值Non-GBR或GBR,业务类型名称为Prior IP Service、VIP default bearer或NVIP default bearer,配置完成后还需与UDM中的DNN相关联。软件中配置内容如下:

SPN FlexE参数配置为软件中工程模式下网络切片的配置项之一,实训模式可不配置,包含FlexEGroup、FlexEClient、FlexE交叉等配置。本项目为实验模式,暂不考虑FlexE相关配置。

智慧灯杆切片编排与驾驶管理配置在软件中网络优化－网络切片编排模块进行配置,包含终端请求的切片信息、路灯管理等内容,软件中配置内容如图4-28～4-31所示。

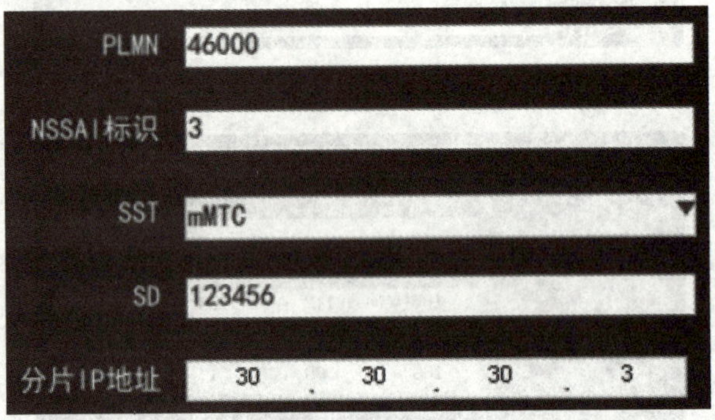

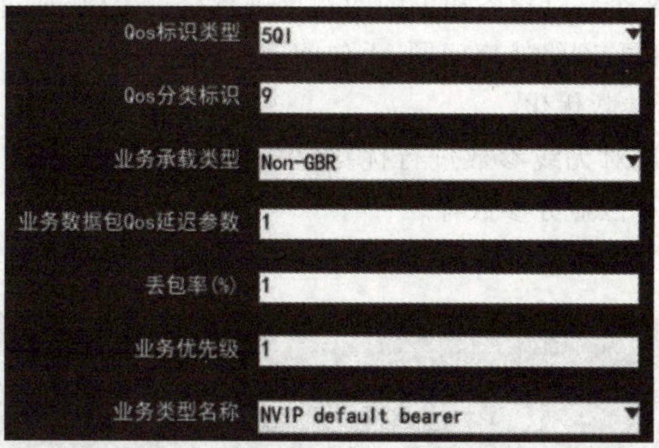

Qos标识类型	5QI
Qos分类标识	9
业务承载类型	Non-GBR
业务数据包Qos延迟参数	1
丢包率(%)	1
业务优先级	1
业务类型名称	NVIP default bearer

图 4-28　QoS 配置

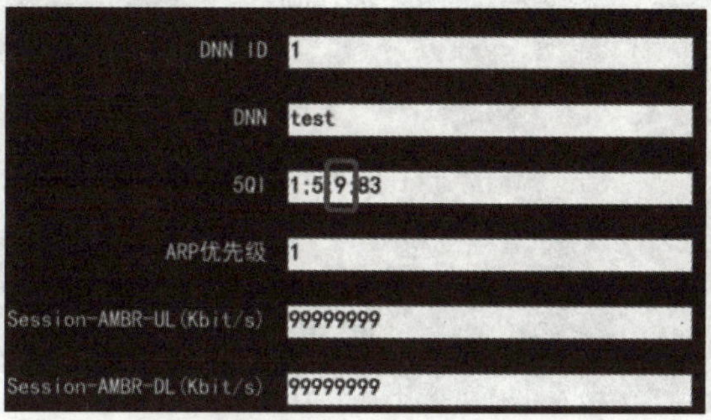

DNN ID	1
DNN	test
5QI	1:5:9:83
ARP优先级	1
Session-AMBR-UL(Kbit/s)	99999999
Session-AMBR-DL(Kbit/s)	99999999

图 4-29　DNN 配置

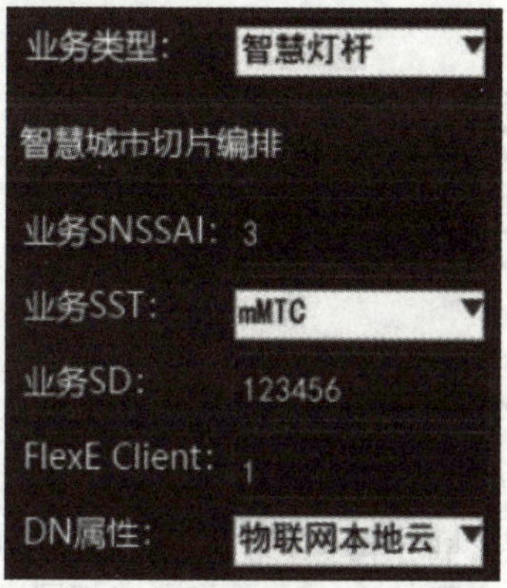

业务类型：	智慧灯杆
智慧城市切片编排	
业务SNSSAI：	3
业务SST：	mMTC
业务SD：	123456
FlexE Client：	1
DN属性：	物联网本地云

图 4-30　智慧灯杆切片编排配置

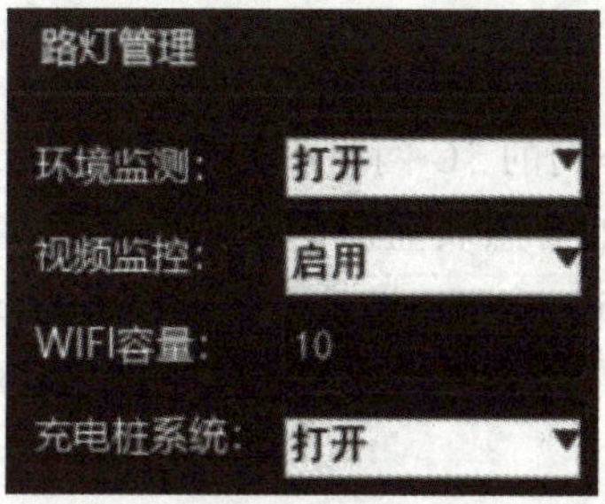

路灯管理	
环境监测：	打开
视频监控：	启用
WIFI容量：	10
充电桩系统：	打开

图 4-31　路灯管理配置

智慧路灯初测主要对8个路灯设备相关的问题点进行挖掘定位,通过通知消息内提示信息定位网络问题,包含QoS映射问题、网络速率问题、丢包问题。若初测8个路灯均正常亮起,则无需进行后续步骤,否则需进入下一步参数优化。

5G NR丢包率优化通过对无线参数进行优化完成丢包率优化,相关优化参数包含物理信道配置、RLC配置、PDCP配置、小区业务参数等。

智慧路灯完整性测试为优化完成后进行的复测,需保证8个路灯均正常工作,如图4-32所示。

图4-32 智慧灯杆复测

4.3 智慧农业应用与优化

4.3.1 理论概述

智慧农业切片应用归属于mMTC应用场景,网络切片架构与切片参数等相关理论基础与4.1.1小节相同。区别于V2X自动驾驶应用,mMTC场景下终端分布范围广、数量众多,不仅要求网络具备超千亿连接的支持能力,满足100万/km^2连接数密度指标要求,而且还要保证终端的超低功耗和超低成本。相关切片架构和切片选择流程与4.1.1小节内容相同。

4.3.2 实训目的

网络切片仅可在具备5GC核心网的5G网络中使能,且需无线网、核心网、承载网均支持网络切片。本项目以Option2组网选项下的智慧农业应用与优化为例,在软件中,对四水市进行切片验证。通过本项目实训练习,学生可掌握5G mMTC场景下智能喷灌系统的配置方法,深刻理解网络切片选择与切片编排基础原理与流程,可为其他场景或同场景下的切片配置提供参考。

4.3.3 实训任务

智慧农业应用与优化主要配置流程说明如下：

(1)根据切片参数规划，完成对应的 5GC 切片参数配置、5G NR 切片参数配置、5G 承载网切片参数配置。

(2)根据终端切片配置规划表，在软件中网络优化—网络切片编排模块进行配置，包含业务类型选择、终端请求的切片信息、喷灌管理等内容。

(3)进行智慧农业业务测试，点击开始喷灌，若初测 6 个喷灌设备均正常工作，则代表智慧农业业务测试通过，无需进行后续步骤，否则需进入下一步 5G NR 切片参数优化。优化完成后需进行智慧农业业务复测，点击开始喷灌，6 个喷灌设备均正常工作，即代表智慧农业业务复测通过。

智慧农业应用与优化主要配置流程如图 4-33 所示。

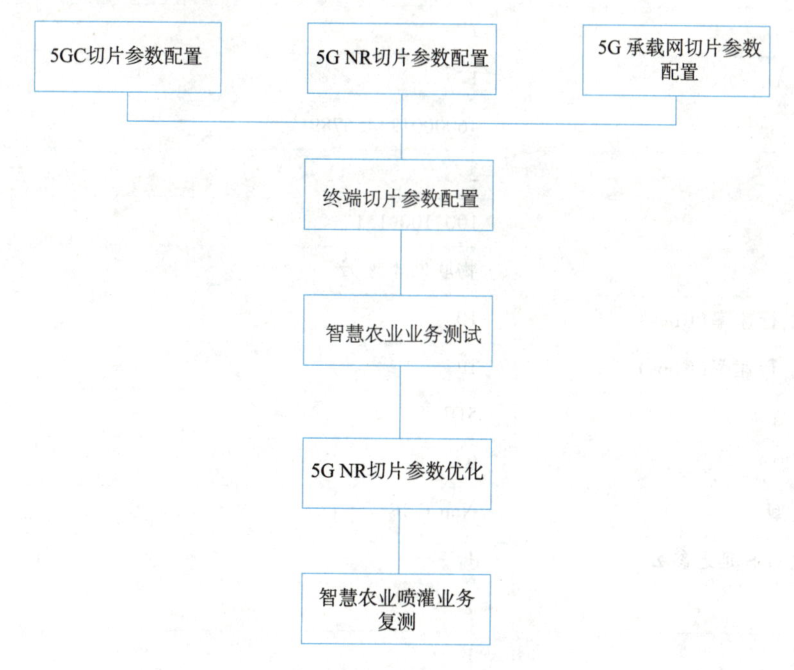

图 4-33 智慧农业切片编排流程

4.3.4 建议时长

2 课时。

4.3.5 实训规划

本项目的前提条件为终端所在无线小区业务正常，可正常进行语音、上传及下载业务。智慧农业切片相关参数规划见表 4-6 和表 4-7。

表4-6 切片参数规划

参数名称	取值示例
AMF-NSSF 客户端地址	195.168.77.11
AMF-NSSF 服务端地址	195.168.78.22
所有网元/NF-SNSSAI 标识/SNSSAI ID	1
所有网元/NF-SST	mMTC
所有网元/NF-SD	123456
NSSF-AMF ID	1
NSSF-AMF IP	195.168.21.12
NSSF-TAC	1111
UDM-PLMN ID	1
UDM-默认 SNSSAI	1
UDM-SUPI	460000123456789
SMF-UPF ID	2
UPF-DN 地址	100.100.1.1
UPF-DN 属性	物联网本地云
UPF-分片最大上行速率(Gbps)	10
UPF-分片最大下行速率(Gbps)	10
DU-QoS 标识类型	5QI
DU-QoS 分类标识	9
DU-业务承载类型	Non-GBR
DU-业务数据包 QoS 延迟参数	1
DU-丢包率	1
DU-业务优先级	1
DU-业务类型名称	VIP default bearer
DU/CU-PLMN	46000
DU-分片 IP 地址	50.50.50.10
DU-切片级下行保障速率(Gbps)	10
DU-切片级上行保障速率(Gbps)	10
DU-切片级下行最大速率(Gbps)	10
DU-切片级上行最大速率(Gbps)	10
DU-切片级流控窗长	10
DU-基于切片的用户数的接纳控制门限	100

续表

参数名称	取值示例
CU-分片 IP 地址	52.52.52.10
SPN-FlexE Group ID	1
SPN-FlexE Group 状态	UP
SPN-Calendar	A
SPN-成员接口配置	100GE-1/1
SPN-FlexE Client ID	1
SPN-FlexE Client 状态	UP
SPN-FlexE Group	1
SPN-时隙配置	点选,10G 以上
SPN-时隙匹配方式	自动
SPN-源 FlexE Group	1
SPN-源 FlexE Client	1
SPN-交叉连接	/
SPN-宿 FlexE Group	2
SPN-宿 FlexE Client	2

表 4-7　车辆切片配置

参数名称	取值示例
业务 SNSSAI	3
业务 SST	mMTC
业务 SD	123456
FlexE Client	1
DN 属性	物联网本地云
喷灌模式	全向模式
湿度监控	打开
喷灌时长	10 min
喷灌周期	1 天

4.3.6　实训步骤

登录 IUV-5G 全网部署与优化的客户端,打开网络配置-数据配置模块,进行切片相关参数配置与切片参数优化。数据配置完成后,进入网络调试-网络优化模块,在网络切片编排中,在四水市中进行智慧农业业务测试。场景内共有 6 个喷灌设备,所有设备成功洒水即为测试通过,任一设备未洒水即为测试不通过。智慧农业业务测试如图 4-34 所示。

图 4-34　智慧农业测试

智慧农业切片编排步骤如下：

(1)AMF 切片参数配置；

(2)NSSF 切片参数配置；

(3)UDM 切片参数配置；

(4)SMF 切片参数配置；

(5)UPF 切片参数配置；

(6)DU 网络切片参数配置；

(7)CU 网络切片参数配置；

(8)QoS 配置；

(9)SPN FlexE 参数配置；

(10)智慧农业切片编排与喷灌管理配置；

(11)智慧农业初测，若测试通过则无需进行后续(11)与(12)步骤，测试通过进入后续步骤；

(12)5G NR 丢包率优化；

(13)智慧农业完整性测试。

AMF、NSSF、UDM、SMF 及 UPF 参数配置时，需保证不同 NF 下部分标识类参数一致，需注意 NSSF 侧 AMF IP 地址为 AMF 的服务端地址。软件配置界面如图 4-35 ~ 图 4-40 所示。

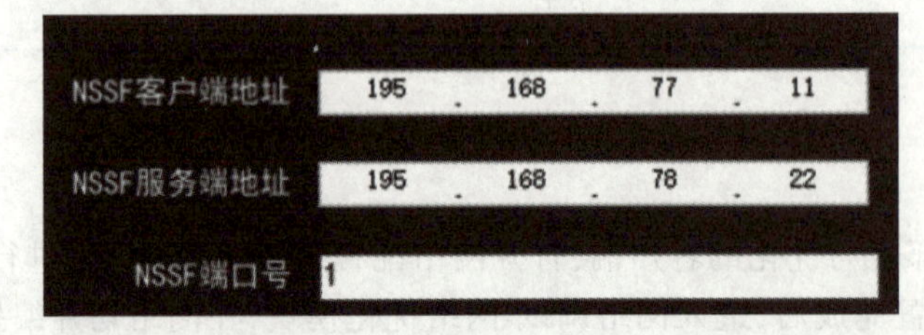

图 4-35　AMF NSSF 地址配置

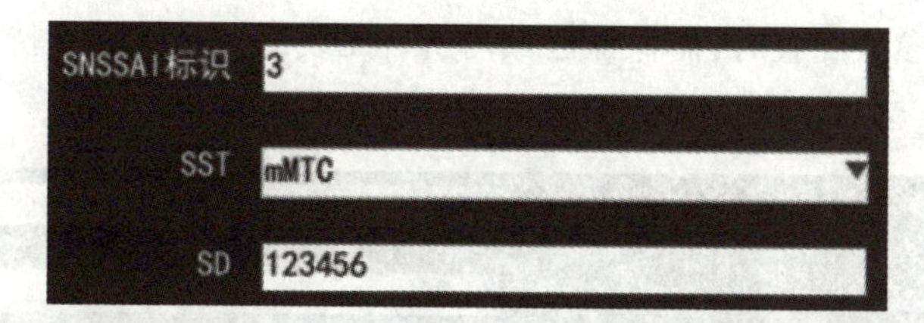

图 4-36　SNSSAI 配置

图 4-37　UDM 切片签约配置

图 4-38　SMF UPF 支持的 SNSSAI 配置

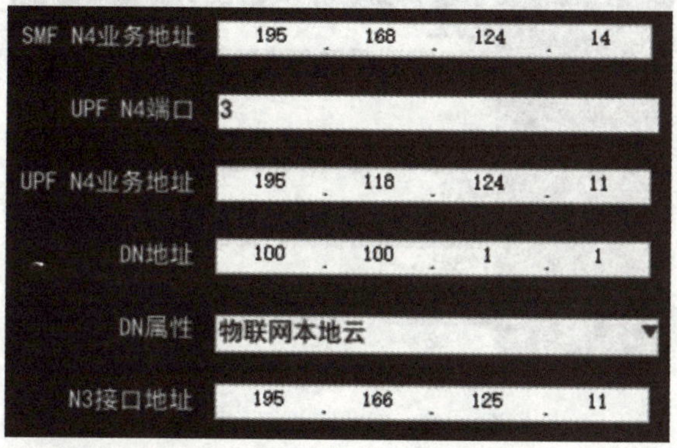

SMF N4业务地址	195 . 168 . 124 . 14
UPF N4端口	3
UPF N4业务地址	195 . 118 . 124 . 11
DN地址	100 . 100 . 1 . 1
DN属性	物联网本地云
N3接口地址	195 . 166 . 125 . 11

图 4-39　UPF 对接配置

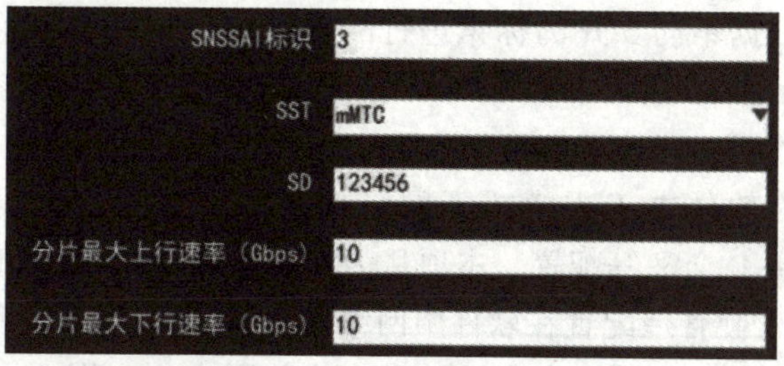

SNSSAI标识	3
SST	mMTC
SD	123456
分片最大上行速率（Gbps）	10
分片最大下行速率（Gbps）	10

图 4-40　UPF 切片功能配置

DU与CU网络切片参数配置时,需保证区域内所有无线站点小区均支持规划的切片。软件配置界面如图4-41和图4-42所示。

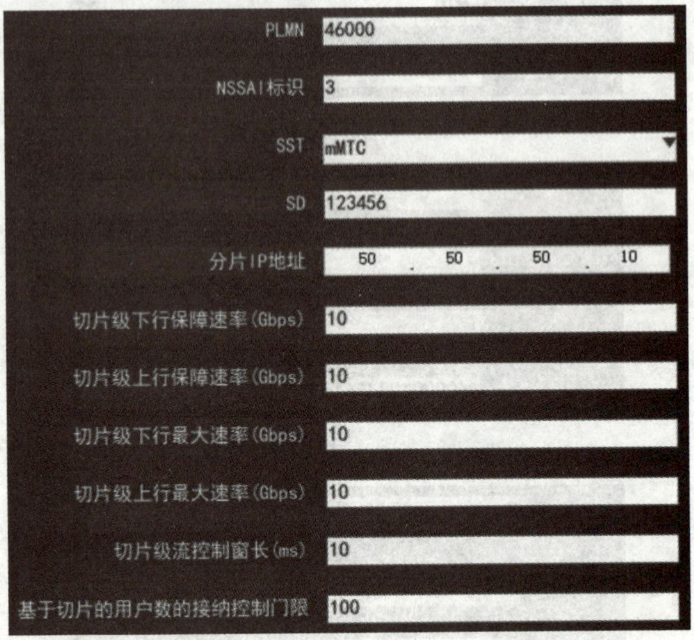

PLMN 46000
NSSAI标识 3
SST mMTC
SD 123456
分片IP地址 50.50.50.10
切片级下行保障速率(Gbps) 10
切片级上行保障速率(Gbps) 10
切片级下行最大速率(Gbps) 10
切片级上行最大速率(Gbps) 10
切片级流控制窗长(ms) 10
基于切片的用户数的接纳控制门限 100

图4-41 DU网络切片配置

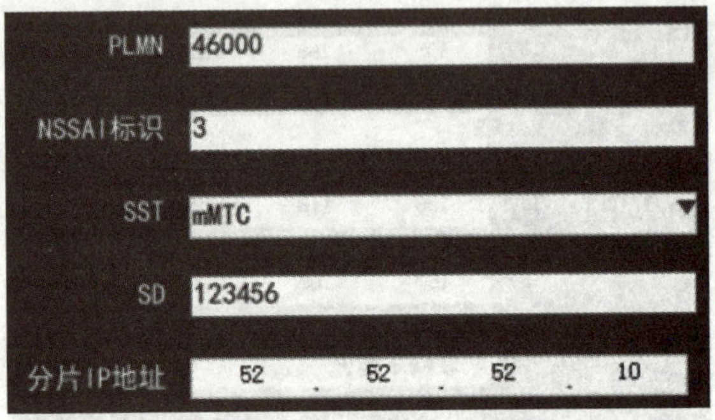

PLMN 46000
NSSAI标识 3
SST mMTC
SD 123456
分片IP地址 52.52.52.10

图4-42 CU网络切片配置

QoS配置主要用于添加智慧农业切片对应的QoS,类型为5QI,标识为6、7、8、9、71、72、73、74或76任一项,业务承载类型根据不同5QI的标识进行配置,可取值Non-GBR或GBR,业务类型名称为Prior IP Service、VIP default bearer或NVIP default bearer,配置完成后还需与UDM中的DNN相关联。软件中配置内容如下:

SPN FlexE参数配置为软件中工程模式下网络切片的配置项之一,实训模式可不配置,包含FlexEGroup、FlexEClient、FlexE交叉等配置。本项目为实验模式,暂不考虑FlexE相关配置。

智慧农业切片编排与驾驶管理配置在软件中网络优化-网络切片编排模块进行配置,包含终端请求的切片信息、设备的喷灌管理等内容,软件中配置内容如图4-43~图4-46所示。

Qos标识类型	5QI
Qos分类标识	9
业务承载类型	Non-GBR
业务数据包Qos延迟参数	1
丢包率(%)	1
业务优先级	1
业务类型名称	VIP default bearer

图 4-43　QoS 配置

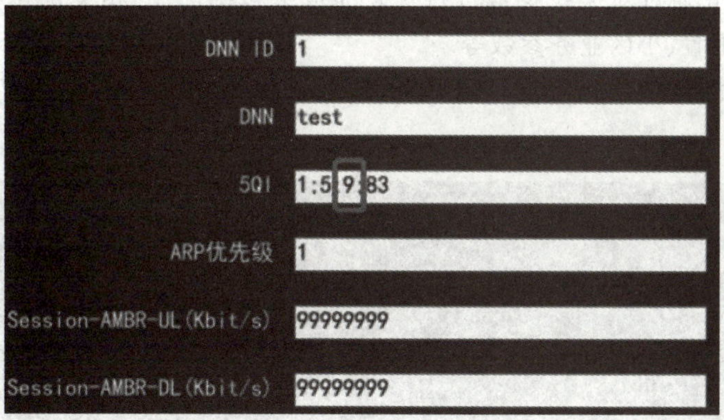

DNN ID	1
DNN	test
5QI	1:5:9:83
ARP优先级	1
Session-AMBR-UL(Kbit/s)	99999999
Session-AMBR-DL(Kbit/s)	99999999

图 4-44　DNN 配置

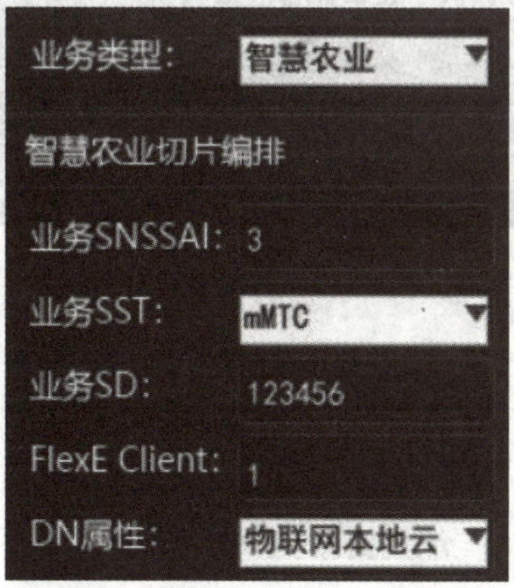

业务类型:	智慧农业
智慧农业切片编排	
业务SNSSAI:	3
业务SST:	mMTC
业务SD:	123456
FlexE Client:	1
DN属性:	物联网本地云

图 4-45　智慧农业切片编排配置

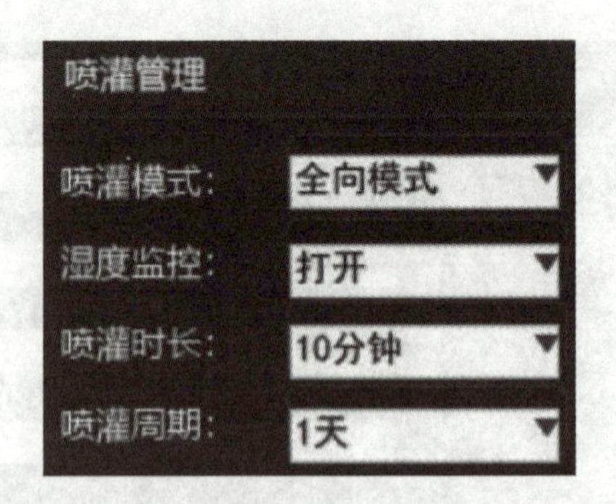

图 4-46　喷灌管理配置

智慧农业初测主要对 6 个喷灌设备相关的问题点进行挖掘定位，通过通知消息内提示信息定位网络问题，包含 QoS 映射问题、网络速率问题、丢包问题。若初测 6 个喷灌设备均正常工作，则无需进行后续步骤，否则需进入下一步参数优化。

5G NR 丢包率优化通过对无线参数进行优化完成丢包率优化，相关优化参数包含物理信道配置、RLC 配置、PDCP 配置、小区业务参数等。

智慧农业完整性测试为优化完成后进行的复测，需保证 6 个喷灌设备均正常工作，如图 4-47 所示。

图 4-47　智慧农业复测

4.4　远程医疗应用与优化

4.4.1　理论概述

远程医疗切片应用归属于 uRLLC 应用场景，网络切片架构与切片参数等相关理论基础与 4.1.1

小节相同。其切片性能要求与 V2X 自动驾驶应用大致相同，主要对丢包率与时延要求较高。相关切片架构与切片选择流程与 4.1.1 小节内容相同。

4.4.2　实训目的

网络切片仅可在具备 5GC 核心网的 5G 网络中使能，且需无线网、核心网、承载网均支持网络切片。本项目以 Option2 组网选项下的远程医疗应用与优化为例，在软件中，以兴城市进行切片验证。通过本项目实训练习，学生可掌握 5G uRLLC 场景下 uRLLC 实例的配置方法，深刻理解网络切片选择与切片编排基础原理及流程，可为其他场景或同场景下的切片配置提供参考。

4.4.3　实训任务

远程医疗应用与优化主要配置流程说明如下：

(1)根据切片参数规划，完成对应的 5GC 切片参数配置、5G NR 切片参数配置、5G 承载网切片参数配置，

(2)根据终端切片配置规划表，在软件中网络优化—网络切片编排模块进行配置，包含业务类型选择、终端请求的切片信息、设备管理等内容。

(3)进行远程医疗业务测试，点击 5G 智慧体验馆进入体验馆内部进行远程医疗业务测试。点击开始手术，手术界面出现，即表示远程医疗业务测试通过，无需进行后续步骤，否则需进入下一步 5G NR 切片参数优化。优化完成后需进行远程医疗业务复测，点击开始手术，手术界面出现，即代表远程医疗业务复测通过。

远程医疗应用与优化主要配置流程如图 4-48 所示。

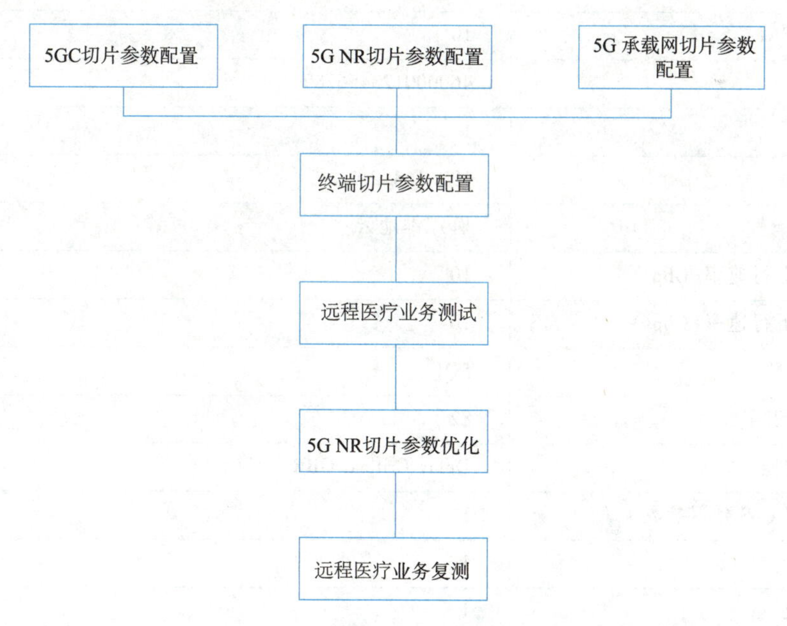

图 4-48　远程医疗切片编排流程

4.4.4 建议时长

2课时。

4.4.5 实训规划

本项目的前提条件为终端所在无线小区业务正常,可正常进行语音、上传及下载业务。自动驾驶切片相关参数规划见表4-8和表4-9。

表4-8 切片参数规划

参数名称	取值示例
AMF-NSSF客户端地址	83.83.83.83
AMF-NSSF服务端地址	83.83.83.83
所有网元/NF-SNSSAI标识/SNSSAI ID	10
所有网元/NF-SST	uRLLC
所有网元/NF-SD	111111
NSSF-AMF ID	1
NSSF-AMF IP	81.81.81.81
NSSF-TAC	1111
UDM-PLMN ID	1
UDM-默认SNSSAI	10
UDM-SUPI	460000123456789
SMF-UPF ID	1
UPF-DN地址	192.168.2.2
UPF-DN属性	医疗本地云
UPF-分片最大上行速率(Gbps)	10
UPF-分片最大下行速率(Gbps)	10
DU-QoS标识类型	5QI
DU-QoS分类标识	82
DU-业务承载类型	Delay Critical GBR
DU-业务数据包QoS延迟参数	1
DU-丢包率	1
DU-业务优先级	1
DU-业务类型名称	Discrete Automation
DU/CU-PLMN	46 000

续表

参数名称	取值示例
DU-分片 IP 地址	10.10.10.1
DU-切片级下行保障速率(Gbps)	10
DU-切片级上行保障速率(Gbps)	10
DU-切片级下行最大速率(Gbps)	10
DU-切片级上行最大速率(Gbps)	10
DU-切片级流控窗长	10
DU-基于切片的用户数的接纳控制门限	100
CU-分片 IP 地址	72.72.72.11
SPN-FlexE Group ID	1
SPN-FlexE Group 状态	UP
SPN-Calendar	A
SPN-成员接口配置	100GE-1/1
SPN-FlexE Client ID	1
SPN-FlexE Client 状态	UP
SPN-FlexE Group	1
SPN-时隙配置	点选,10G 以上
SPN-时隙匹配方式	自动
SPN-源 FlexE Group	1
SPN-源 FlexE Client	1
SPN-交叉连接	/
SPN-宿 FlexE Group	2
SPN-宿 FlexE Client	2

表 4-9 远程医疗(5G 体验馆)切片配置

参数名称	取值示例
业务 SNSSAI	10
业务 SST	uRLLC
业务 SD	111111
FlexE Client	1
DN 属性	医疗本地云
操作台模式	比例同步

续表

参数名称	取值示例
机械臂模式	比例同步
AR 眼镜视角	手术台
误操作校正	打开

4.4.6 实训步骤

登录 IUV-5G 全网部署与优化的客户端,打开网络配置-数据配置模块,进行切片相关参数配置与切片参数优化。数据配置完成后,进入网络调试－网络优化模块,在网络切片编排中,在兴城市中点击 5G 智慧体验馆,进入体验馆内部进行远程医疗测试。成功播放视频界面表示远程医疗测试通过,否则测试失败。远程医疗业务测试入口及测试界面如图 4-49 和图 4-50 所示。

图 4-49　远程医疗测试入口

图 4-50　远程医疗测试界面

自动驾驶切片编排步骤如下：

(1) AMF 切片参数配置；

(2) NSSF 切片参数配置；

(3) UDM 切片参数配置；

(4) SMF 切片参数配置；

(5) UPF 切片参数配置；

(6) DU 网络切片参数配置；

(7) CU 网络切片参数配置；

(8) QoS 配置；

(9) SPN FlexE 参数配置；

(10) 远程医疗切片编排与驾驶管理配置；

(11) 远程医疗初测，若测试通过则无需进行后续(11)与(12)步骤，测试通过进入后续步骤；

(12) 5G NR 时延与丢包率优化；

(13) 远程医疗完整性测试。

AMF、NSSF、UDM、SMF 及 UPF 参数配置时，需保证不同 NF 下部分标识类参数一致，需注意 NSSF 侧 AMF IP 地址为 AMF 的服务端地址。软件配置界面如图 4-51 ~ 图 4-56 所示。

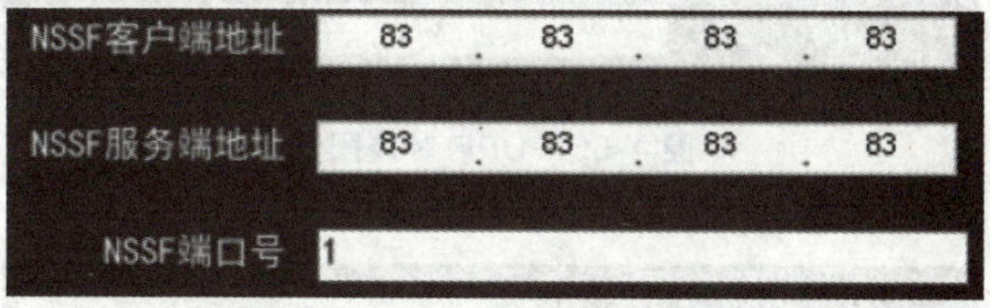

NSSF客户端地址
83 . 83 . 83 . 83
NSSF服务端地址
83 . 83 . 83 . 83
NSSF端口号
1

图 4-51　AMF NSSF 地址配置

SNSSAI标识
10
SST
uRLLC
SD
111111

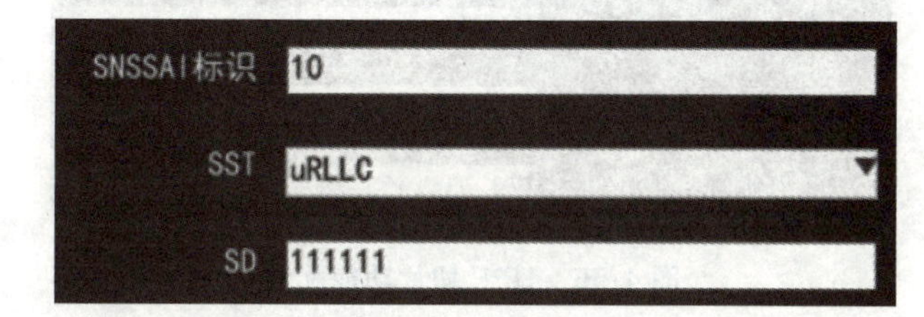

图 4-52　SNSSAI 配置

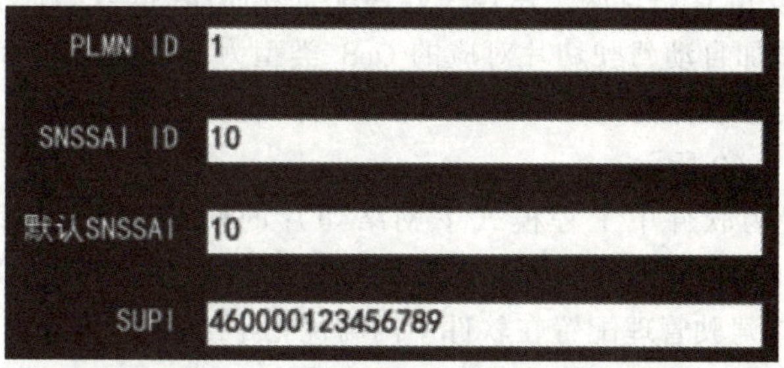

PLMN ID
1
SNSSAI ID
10
默认SNSSAI
10
SUPI
460000123456789

图 4-53　切片签约配置

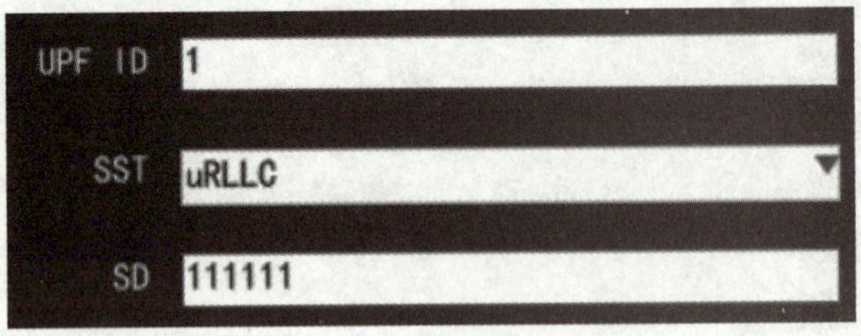

UPF ID 1
SST uRLLC
SD 111111

图4-54　SMF UPF支持的SNSSAI配置

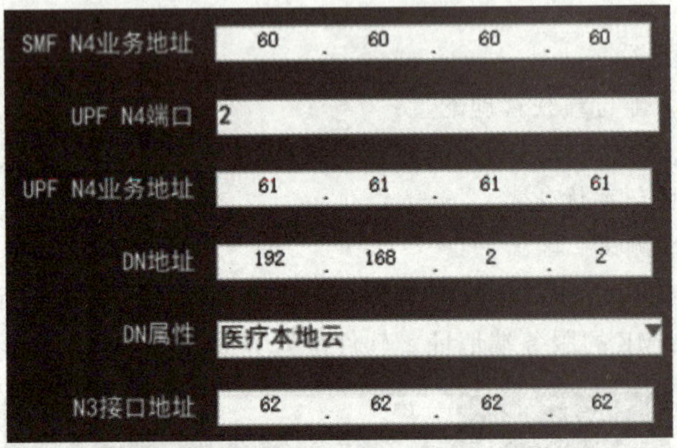

SMF N4业务地址 60 . 60 . 60 . 60
UPF N4端口 2
UPF N4业务地址 61 . 61 . 61 . 61
DN地址 192 . 168 . 2 . 2
DN属性 医疗本地云
N3接口地址 62 . 62 . 62 . 62

图4-55　UPF对接配置

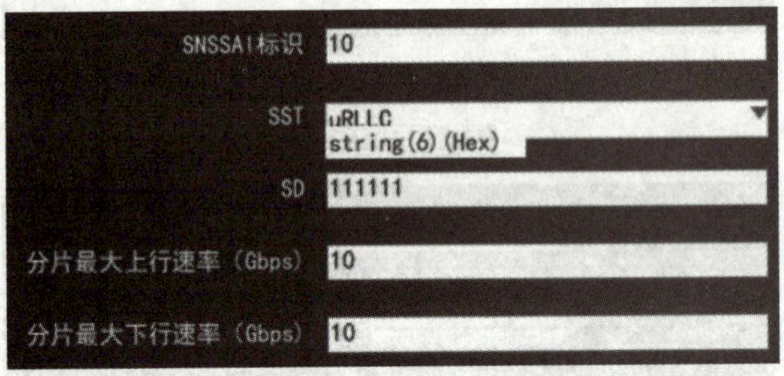

SNSSAI标识 10
SST uRLLC
string(6)(Hex)
SD 111111
分片最大上行速率（Gbps） 10
分片最大下行速率（Gbps） 10

图4-56　UPF切片功能配置

DU与CU网络切片参数配置时，需保证区域内所有无线站点小区均支持规划的切片，本项目中涉及建安市B站点与建安市C站点两个站点。软件配置界面如图4-57和图4-58所示。

QoS配置主要用于添加自动驾驶切片对应的QoS，类型为5QI，标识为82或83，业务承载类型为Delay Criticl GBR，业务类型名称为Discrete Automation，配置完成后还需与UDM中的DNN相关联。软件配置如图4-59和图4-60所示。

SPN FlexE参数配置为软件中工程模式下网络切片的配置项之一，实训模式可不配置，包含FlexEGroup、FlexEClient、FlexE交叉等配置。本项目为实验模式，暂不考虑FlexE相关配置。

远程医疗切片编排与驾驶管理配置在软件中网络优化-网络切片编排模块进行配置，包含终端请求的切片信息、车辆驾驶管理等内容，软件配置内容如图4-61和图4-62所示。

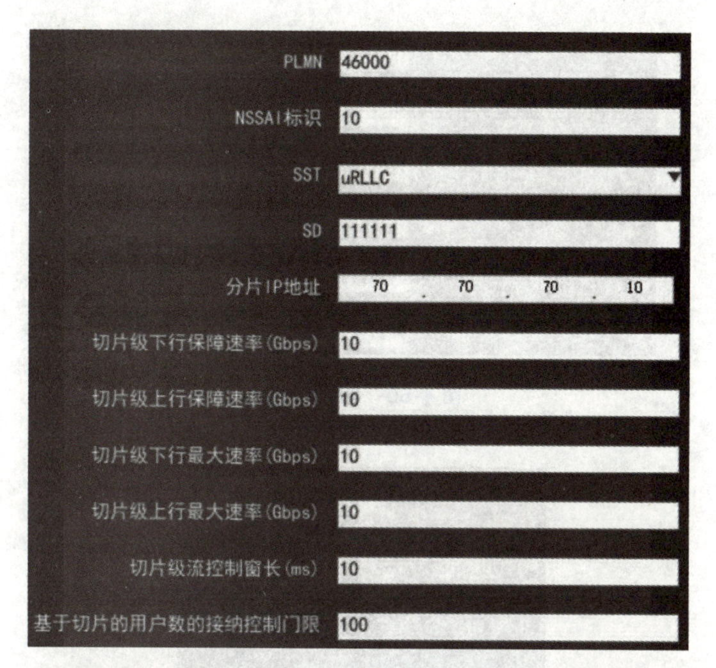

图 4-57　DU 网络切片配置

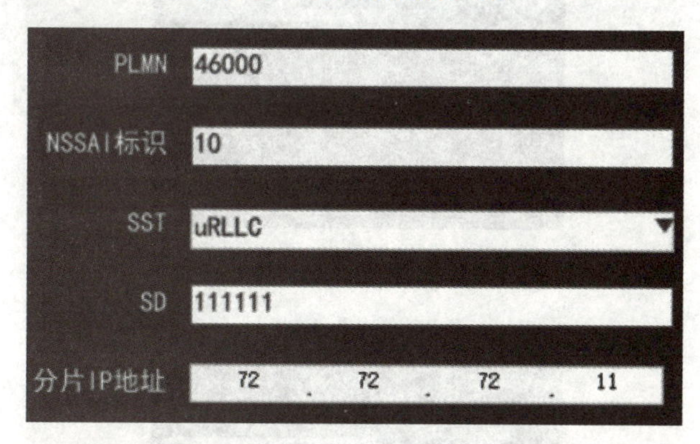

图 4-58　CU 网络切片配置

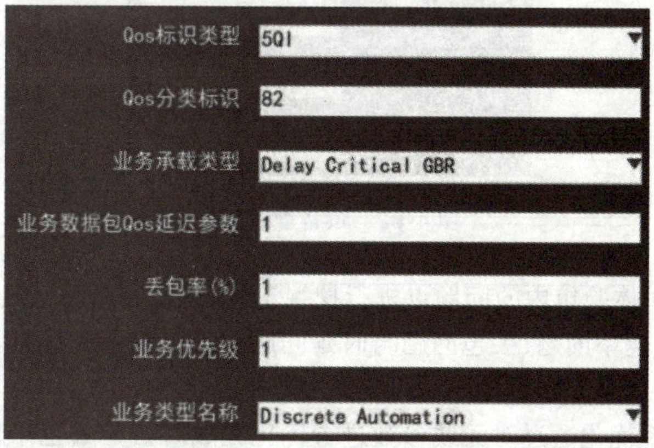

Qos标识类型　5QI
Qos分类标识　82
业务承载类型　Delay Critical GBR
业务数据包Qos延迟参数　1
丢包率(%)　1
业务优先级　1
业务类型名称　Discrete Automation

图 4-59　QoS 配置

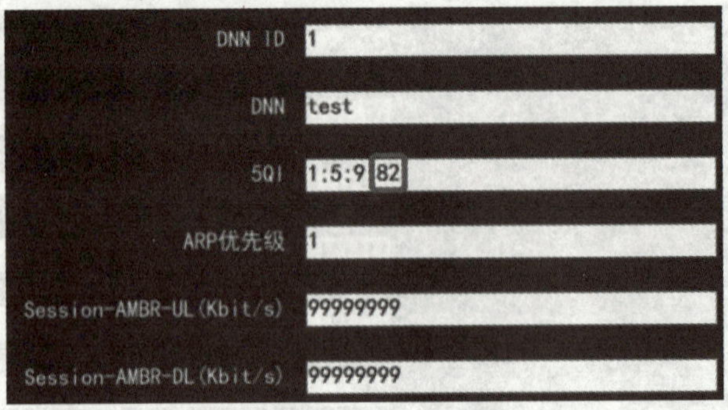

DNN ID 1
DNN test
5QI 1:5:9 82
ARP优先级 1
Session-AMBR-UL(Kbit/s) 99999999
Session-AMBR-DL(Kbit/s) 99999999

图4-60　DNN配置

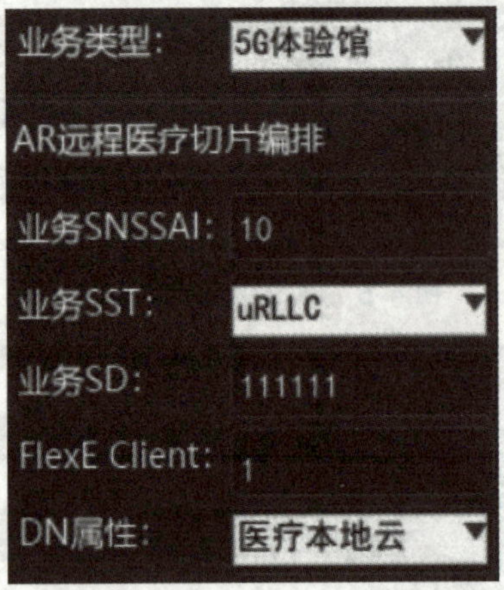

业务类型：5G体验馆
AR远程医疗切片编排
业务SNSSAI：10
业务SST：uRLLC
业务SD：111111
FlexE Client：1
DN属性：医疗本地云

图4-61　远程医疗切片编排配置

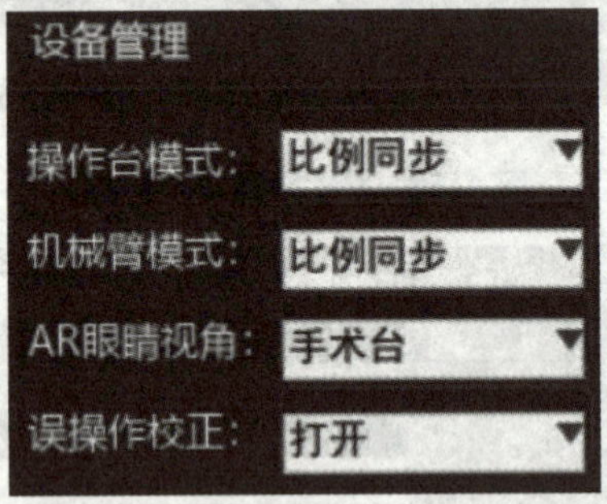

设备管理
操作台模式：比例同步
机械臂模式：比例同步
AR眼睛视角：手术台
误操作校正：打开

图4-62　设备管理配置

远程医疗初测主要对体验馆内的问题点进行挖掘定位，通过通知消息内提示信息定位网络问题，包含QoS映射问题、网络速率问题、丢包问题与时延问题。若初测即完成自动驾驶测试，则无需进行后续步骤，否则需进入下一步参数优化。

5G NR时延与丢包率优化通过对无线参数进行优化完成时延与丢包率优化，需注意时延与丢包率优化参数的合理配置，对于部分优化参数，可能存在两者优化效果冲突，如调大数值后，丢包率降低，但时延升高；调小数值后，丢包率升高，但时延减少。相关优化参数包含物理信道配置、RLC 配置、PDCP 配置、小区业务参数等。

远程医疗完整性测试为优化完成后进行的复测，单击“开始手术”按钮后，成功出现手术界面即为测试成功，如图 4-63 所示。

图 4-63　远程医疗复测